Friedrich Boas

Zeigerpflanzen

Friedrich Boas

Zeigerpflanzen

Umgang mit Unkräutern in der Ackerlandschaft

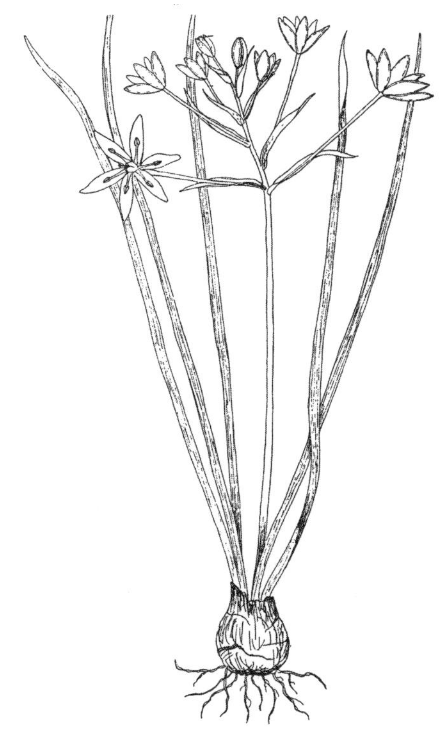

Manuscriptum

Neudruck der Originalausgabe von 1958.

Die Deutsche Nationalbibliothek verzeichnet diese Publikation
in der Deutschen Nationalbibliographie; detaillierte bibliographische
Daten sind im Internet über http://dnb.d-nb.de abrufbar.

2. Auflage 2020

Lüdinghausen und Berlin 2020
ISBN 978-3-937801-71-1
www.manuscriptum.de

ZUM GELEIT

Trotz all der reizvollen Abwechslung im Landschaftsbild unserer Heimat ist es doch eine überschaubare Anzahl von bestimmten, immer wiederkehrenden Leit- und Zeigerpflanzen der Wildflora, die ihren Standort nahezu unfehlbar charakterisieren. Reste der Wildflora und Begleitflanzen des Menschen in der Kulturlandschaft sind die Unkrautgemeinschaften des Ackerlandes. Wir begnügen uns heute nicht mehr damit, einzelne wildwachsende Kräuter über den mutmaßlichen Reaktionszustand des Bodens zu befragen. Uns interessiert vielmehr, welche Rückschlüsse auf die Struktur des Bodens, insbesondere auf seinen Feinbodenanteil und seinen Garezustand, ferner auf den Nährstoffgehalt, auf die Wasser- und Wärmeführung, auf die Eignung für bestimmte Fruchtarten und Wirtschaftsweisen eine Pflanzengesellschaft zuläßt.

Die Pflanzensoziologen bemühen sich seit langer Zeit, die Wildflora nach Vegetationsgesellschaften und Gesellschaftsverbänden zu gruppieren. Sie haben herausgefunden, daß auch die Vegetation gewissen Gesetzmäßigkeiten unterliegt und daß das Vorkommen bestimmter Zeigergemeinschaften dem Landwirt nicht nur wertvolle Hinweise auf den derzeitigen Zustand, sondern auch auf die Entwicklungsmöglichkeiten seines Bodens zu geben vermag.

Prof. Dr. Boas, München, der Verfasser der vorliegenden Ackerunkrautfibel, ist einer der erfolgreichsten Vorkämpfer einer ackerbiologischen Gesamtschau. Im Einvernehmen mit dem Bayer. Staatsministerium für Ernährung, Landwirtschaft und Forsten hat Prof. Dr. Boas in dankenswerter Weise seit 1948 botanische Wiederholungskurse für alle Wirtschaftsberater an den bayerischen Landwirtschaftsämtern abgehalten. Die Übungen fanden, und finden noch, grundsätzlich im Gelände statt. Oft waren es mehr als 25 Geländelehrgänge in einem einzigen Sommer. Diese Begehungen sind für Lehrer und Schüler stets sehr aufschlußreich verlaufen. Immer aber hat es sich gezeigt, daß die Unkrautbotanik nur durch wiederholte praktische

Übungen erlernt werden kann; fortschrittliche Landwirte, die sich an diesen Lehrgängen beteiligten, empfanden dasselbe. „Man müßte die Unkräuter besser kennen und über ihre standörtlichen Besonderheiten mehr Bescheid wissen" war der allgemeine Wunsch.

Prof. Dr. Boas ist nunmehr dieser eindringlichen Bitte nachgekommen. In mühsamen Farbaufnahmen und Bestimmungsarbeiten am Pflanzenstandort selbst schuf er die Voraussetzungen für den Druck. Nicht nur Standorte in Bayern, auch weite Teile des Bundesgebietes hat er wiederholt bereist. Es sollte eine Unkrautfibel für den Bauern in ganz Deutschland und für dessen Berater werden.

Das Werk liegt nunmehr vor.

Fast mühelos können wir uns anhand der vortrefflich wiedergegebenen Bildtafeln über die wichtigsten Unkräuter orientieren. Immerhin sind es 180 Pflanzenarten, die der Erwähnung würdig waren und die wir nun mit Hilfe dieser Fibel selbst bestimmen können. Somit ist jeder Interessierte in der Lage, sein ackerbaulich=botanisches Wissen zu vertiefen.

Prof. Dr. Boas ging aber noch einen Schritt weiter: Er berichtet aus dem reichen Schatz seiner Erfahrung, wie das Vorkommen der Kräuter und Unkräuter gedeutet werden muß, und er leitet uns in der Sprache des Naturfreundes dazu an, wie man auch oder gerade als Landwirt die Landschaft und den in ihr gewachsenen Boden sehen soll. Der Verfasser ist Botaniker, Bodenkundler und Geologe zugleich. Als Bauernsohn aus dem Frankenland ist er auch mit allen landwirtschaftlichen Fragen bestens vertraut. Im regelmäßigen Meinungsaustausch mit Landwirtschaftsberatern und praktischen Landwirten hat er selbst sein Wissen bereichern können. Jeder, der die vorliegende Fibel aufmerksam durchsieht, wird an der einfachen und doch so überzeugenden Sprache seine Freude haben und mir bei der Feststellung zustimmen, daß Prof. Dr. Boas mit seiner Fibel der ganzen Landwirtschaft ein überaus wertvolles Geschenk gemacht. Die Fibel wird aber auch allen Naturfreunden und den Lehrern der Jugend in Stadt und Land ein unentbehrliches Nachschlagewerk sein.

München, den 15. April 1958

(Lorch)

Ministerialrat im Bayer. Staatsministerium für Ernährung, Landwirtschaft und Forsten

VORWORT

Die vorliegende Darstellung ist aus zahlreichen Fragen, besonders aber aus Gesprächen am Acker über Bedeutung und Aussagewert der vorhandenen Pflanzen entstanden. Die gestellten Fragen reichen von der beschreibenden Botanik über die Standorts= und Gesellschaftslehre bis zur Bedeutungslehre für Ackerbau und Landschaftskenntnis.

Aus welchem Grund steht gerade diese oder jene Pflanze hier? Um die Beantwortung dieser wichtigen Frage dreht sich die Darstellung des vorliegenden Buches.

Infolge des großen Interesses an der Pflanzensoziologie mußte auch diese kurz dargestellt werden; im Brennpunkt steht aber die Standortslehre. Der beste Weg zum Eindringen in die Zusammenhänge innerhalb der Landschaftsvegetation ist die genaue Analyse bestimmter, möglichst gegensätzlicher Fluren. Die sehr vielfältigen Ackerbestände zeigen trotz aller scheinbar chaotischen Artenbuntheit eine gewisse, immer wiederkehrende Gesetzmäßigkeit der Pflanzenbesiedlung. Man kann geradezu von einer Wiederkehr des Ähnlichen und vereinzelt sogar von einer Wiederkehr des Gleichen im Acker sprechen. Diese Ähnlichkeit vieler Ackerfluren zwingt zu gewissen Wiederholungen, wenn man die standörtlichen (ökologischen) Ursachen der Pflanzenbesiedlung pädagogisch einigermaßen erfassen will. Im „Weg der Lehre" sagt Empedokles: „Notwendiges darf man auch zweimal sagen." Da die vorliegende Darstellung besonders für Anfänger geschrieben ist, erhält der Hinweis auf Empedokles eine besondere Berechtigung.

Bei den Abbildungen ergab sich die Tatsache, daß sich nicht wenige Arten photographiefeindlich verhalten. Jedenfalls ließen sich morphologisch=systematische Merkmale und gute Farbwiedergabe nicht immer am selben Bild vereinen. Diese Schwierigkeiten sind durch Beigabe erläuternder Schwarz=Weiß=Bilder und durch Texthinweise beseitigt.

Besonderer Wert wurde auf gute Standortsbilder gelegt. Dieses Ziel, Pflanzen im charakteristischen Standortsverband zu zeigen, ist in vielen Fällen erreicht worden. Sicher stellen Aufnahmen wie Lammkraut=Spörgel=Schmalwand, Mäuseschwanz, Stiefmütterchen im Verband oder Goldstern im Acker eine Abbildungsneuheit dar, auf die man mit Recht aufmerksam machen kann. Die Zahl der Farbbilder ist so groß, daß sie bis jetzt im deutschen agrarbotanischen Schrifttum von keinem anderen Werk erreicht wird.

Da sich das vorliegende Buch an weite Kreise wendet, wurden deutsche Bezeichnungen den systematisch=botanischen Ausdrücken und Pflanzennamen vorangestellt. Nur bei den soziologischen Listen, die ja von anderen Autoren übernommen sind und praktisch nicht geändert werden können, mußte ich mich an diese Vorlagen halten. Hier konnten nur geringfügige Änderungen vorgenommen werden.

Bei der botanischen Namengebung (Nomenklatur und Synonymie) hielt ich mich im allgemeinen an das offizielle Verfahren, soweit nicht aus pädagogischen Gründen einzelne Abweichungen notwendig waren.

Im Hauptregister sind bei den systematischen Namen auch die Autoren angegeben. Ferner ist die richtige Betonung durch Akzente gewährleistet.

Die vorliegende Darstellung ist durch langjährige Hilfe landwirtschaftlicher und botanischer Stellen wesentlich gefördert worden. In erster Linie muß ich meinen besonderen Dank Herrn Ministerialrat M. LORCH vom Staatsministerium für Ernährung, Landwirtschaft und Forsten aussprechen für sein großes Interesse an der Ackerflora. Weiter darf ich die vielen hilfsbereiten Mitarbeiter an den Bayerischen Landwirtschaftsämtern hervorheben. In Hannover hat Herr Reg.-Direktor GIESEKE Unterstützung gewährt; in Oldenburg erfreute ich mich der Hilfe der Herren Direktor NIESCHLAG und Dipl.-Landw. GIESE.

Besonderer Dank gebührt Herrn Dipl.-Landw. Senator h. c., Direktor H. E. BÖTTRICH, Hannover. Er hat das Erscheinen der vorliegenden Darstellung weitgehend gesichert.

Ferner seien bedankt: Prof. Dr. K. GAUCKLER, Nürnberg, Dr. habil. H. ZIEGENSPECK, Augsburg, Prof. Dr. F. MERKENSCHLAGER, Hauslach (Mittelfranken), Dozent Dr. MERXMÜLLER, Dr. Dr. HEINE vom botanisch-systematischen Museum der Universität München und Geheimrat E. HEPP, Ehrenvorsitzender der Bayerischen Botanischen Gesellschaft.

In wiederholten Besprechungen mit Reg.-Rat Dr. O. SCHWEIGHART, Reg.-Rat Dr. I. LUTZ und Reg.-Rat Dr. DANKAU, München, wurden viele Standortsfragen eingehend geprüft.

Um den Druck und die gute Ausstattung des vorliegenden Buches hat sich die E. GUNDLACH AG, Bielefeld, verdient gemacht. Dies sei mit besonderem Dank hervorgehoben.

Die ökologischen Grundlagen der vorliegenden Darstellung habe ich in langjähriger Beobachtung von den Hohen Tauern (Mallnitz) bis ans Meer bei Wilhelmshaven zu sichern versucht, wobei Bayern einen Beobachtungsschwerpunkt darstellt. Trotz dieser weitgespannten Beobachtung in verschiedenartigen Naturräumen möge sich der Benutzer klar sein, daß noch viele ökologische Angaben einen gewissen Unsicherheitsfaktor enthalten. Jedenfalls kann durch Eigenbeobachtung noch manche Standortsfrage geklärt werden. Dennoch kann man annehmen, daß die vorliegende Darstellung nicht nur bei der biologischen Acker- und Landschaftsbeurteilung, sondern auch bei Berufsschulen, bei den Lehrern der Biologie an den höheren Schulen und bei allen botanischen Excursionen nützlich sein wird.

München, Ostern 1958

FR. BOAS

Allgemeiner Teil

Arten, Standorteigenschaften, ökologisch=soziologische Ordnungsversuche bei der Ackerpflanze, biologische Ackerbeurteilungshinweise

1. Zahl der Ackerpflanzen. Regional=geographische Besiedlungseinflüsse.

Im Acker kommen etwa 70 Kulturpflanzen, d. h. angesäte, gewollte Pflanzen vor. Neben diesen Ansaatpflanzen finden sich im Acker, soweit er einigermaßen außerhalb der Grünlandsgebiete liegt, noch etwa 250 Acker=wildpflanzen. Diese Nichtansaatpflanzen im Acker bezeichnet man meist einfach als Unkräuter. Kiessling wollte sie Gastpflanzen im Acker nennen. Diese Bezeichnung wäre insofern anschaulich, als viele Ackerpflanzen aus sehr verschiedenen Gebieten herkommen wie die Sommergäste in einem Reiseland. Pflanzenwanderungen sind ja auch heute noch in vollem Gange, man denke nur an das Franzosenkraut, an das Frühlingsgreiskraut, auch an das begrannte Ruchgras.

Nur bei üppiger und unerwünschter Entwicklung ist der Ausdruck Unkraut berechtigt. Die sprachliche Unterscheidung zwischen nichtangesäten Acker=pflanzen einerseits und Unkraut andererseits ist sachlich notwendig, weil eine große Reihe von Ackerpflanzen als Zeiger für die biologische Acker=beurteilung wertvoll ist.

Beim Übergang ins Grünland dringen besonders an den Berührungsflächen (Kontaktzonen) Grünlandpflanzen in größerer Zahl in den Acker ein. Die=selbe Erscheinung zeigen Ebenen= bzw. Tallagen, in denen Acker und Wiese zusammenstoßen. Stark entwickeln sich Grünlandpflanzen im Acker der Egartenwirtschaft im Alpengebiet.

Umgekehrt tritt z. B. im Egartengebiet des Gasteiner Tales in etwa 1100 m Höhe der Ackerrettich (Raphanus) reichlich im Grünland auf. Im Flachland geht der Ackerrettich nur selten in Raine, d. h. ins Grünland. Egarten bedeutet kurzfristige Wechselwirtschaft zwischen Acker und Wiese.

Hinsichtlich der Häufigkeit und der Verbreitung der Ackerwildpflanzen kann man folgende Gruppen unterscheiden:

a) Erdkreispflanzen, Kosmopoliten. Sie kommen in fast allen Weltteilen vor. Hierbei muß man trennen zwischen echten, ursprünglichen (primären) Kosmopoliten und sekundären, also solchen, die durch den Menschen, d. h. durch Verkehr, Technik und Saatguthandel verschleppt worden sind.

Hierher gehören großer und spitzer Wegerich (Plantago major, Plantago lanceolata), Hühnerdarm (Stellaria media), Franzosenkraut (Galinsoga parviflora), Schafgarbe (Achillea millefolium), zwei Wicken (Vicia hirsuta und Vicia tetrasperma), Sonnen= und Gartenwolfsmilch (Euphorbia Helioscopia, Euphorbia Peplus).

Ein echter (primärer) Kosmopolit ist der Adlerfarn (Pteridium aquilinum). Siehe Abschnitt Mühlstetten.

b) Standortsanspruchslose, „Überallsiedler" (Ubiquisten). Hierher gehört z. B. der Vogelknöterich (Polygonum aviculare), der zugleich ein Schein=kosmopolit (ein sekundärer Kosmopolit) ist. Viele „Überallsiedler" machen vor nassen Standorten halt. Man müßte also eigentlich von Scheinubiquisten und relativen Ubiquisten sprechen.

c) Standortstreue Pflanzen verschiedener aber zuverlässiger Standortsaussage. Hierher gehören Groß= und Kleinzeigerpflanzen als wichtige Acker= und Landschaftsdeuter, wie Besenginster (Sarothamnus scoparius) und Salbei (Salvia pratensis) am Ackerrain, ferner Hederich (Raphanus Raphani=strum), Knäuel (Scleranthus annuus), Rittersporn (Delphinium Consolida) und viele andere, die für eine biologische Ackerbeurteilung von hohem Werte sind, wie die Ackerbeispiele zeigen.

Die 250 normalen, d. h. häufiger vorkommenden Ackerwildpflanzen sind auf die einzelnen Ackerbaugebiete sehr ungleich verteilt, weil eben manche Arten aus pflanzengeographischen Gründen sich nur in bestimmten Gebieten ansiedeln. So kann eine westische Pflanze, also eine Meeresrandpflanze, mit Vorliebe für milde Winter und eine gewisse Luftfeuchtigkeit, bereits an der bayerischen Westgrenze, etwa um Aschaffenburg, annähernd ihre Ostgrenze erreichen. Eine ostische, d. h. eine Landblockpflanze mit der Einstellung auf heißere, trocknere Sommer und strenge Winter kann schon im Osten Bayerns oder etwa an der Linie Rednitz=Regnitz (Mittelfranken) ihrer Westgrenze nahekommen. In Südbayern bildet der Lech eine bescheidene Scheide zwischen West= und Ostpflanzen. Somit stellen in großen Umrissen Südostbayern und Oberfranken einerseits, Hessen und die Rheinebene andererseits in verschiedenen Fällen pflanzengeographische Besiedelungsgegensätze dar, die sich auch in der Ackerflora lebhaft bemerkbar machen können. Verschieden=heit der Herkunft bedeutet eben verschiedene Konstitution und damit auch vielfach verschiedenartige Standortbedürfnisse.

Den streng westischen (atlantischen) gelben Sandhohlzahn (Galeopsis ochroleuca = G. segetum), der ein guter Sand= und Säurezeiger noch im Westen von Nordbayern ist, wird man in sauren Sanden Oberbayerns, z. B. um Pöttmes oder in den noch weiter östlich gelegenen sauren Hederichlagen Niederbayerns nicht finden, obwohl die Bodenreaktion ihm passen könnte, doch sagt ihm in diesen Gebieten der Lehm nicht zu.

Den Gegensatz zu westischen Pflanzen bilden gewisse ostische; man kann sie Landblock= und Ostmittelmeerpflanzen nennen (ostkontinental, ostmediterran). Eine europäisch=kontinentale Pflanze wird gegen Westen selten. Vielleicht macht sie schon an der bayerischen Ostgrenze halt wie das Mönchskraut (Nonnea pulla). Diese Pflanze tritt im Ackergebiet Bayerns meist nur verschleppt (adventiv) auf. Die in Kalklagen weit verbreitete Rittersporngesellschaft (Delphiniétum) enthält auch verschiedene in Ost und West ungleich verbreitete geographische Arten. So macht z. B. vom Westen her der Knollenkümmel (Bunium bulbocastanum = Carum bulbocastanum) am Rhein als seiner geographischen Ostgrenze halt. In Äckern östlich des Rheins, Westfalen ausgenommen, fehlt diese Kalkzeigerpflanze aus der Rittersporngesellschaft. Eine größere Pflanzengesellschaft kann also je nach dem Ackergebiet regional recht nennenswerte Unterschiede aufweisen. Diese regional ungleiche Verteilung (geographische Differenzierung) ist der Ausdruck des Einflusses der Konstitution, die eine Pflanze aus ihrer Artheimat, also aus der Landschaft ihres Massenvorkommens mitbringt. So deckt sich die Bezeichnung Artheimat meist mit den Begriffen Arealcharakter und Massenverbreitung. Im kontinentalen Artraum (Artareal) herrschen strenge Winter und heiße, trockene Sommer. Ein ökologisch=physiologischer Gegensatz zur Kontinentalität ist Ozeannähe. Hier schafft der Hauch des Meeres luftfeuchte Gebiete mit milden Wintern. Man kann bei diesen westischen Konstitutionen zwei Gruppen unterscheiden, nämlich Meeresrandpflanzen (annähernd atlantisch) und Meereshauchpflanzen (etwa subozeanisch). Diese Pflanzen dringen nicht allzutief in meerferne Landgebiete des Kontinentes ein. Umgekehrt wird eine Pflanze mit Landblockcharakter (kontinentalem Arealcharakter = kontinentaler Konstitution) also nur beschränkt in westischen Gebieten auftreten.

Der Arealcharakter ist oft ein deutlicher Besiedelungssteckbrief. Er bewirkt auch eine Besiedelungsbegrenzung. Diesen Besiedelungssteckbrief kann man bei der Ackerbiologie und bei der Ackerbeurteilung, d. h. bei der Standortsbewertung (ökologische Bewertung) vielfach gut verwenden. Die Besiedelung einer Gegend hängt also neben anderen Ansprüchen und Eigenschaften der Pflanze auch wesentlich vom Arealcharakter der Ackerpflanzen ab. Man kann mit Hilfe der Arealcharaktere nicht nur gewisse Zusammen=

hänge und Gesetzmäßigkeiten der Pflanzenbesiedelung einer Gegend feststellen, sondern auch landwirtschaftliche, ackerbauliche und düngungsmäßige Erkenntnisse festlegen. Gegenden mit reichlich westischen (subatlantischen, subozeanischen) Pflanzen im Acker und am Ackerrain haben vielfach sauere Böden. Sie zeigen ackerbaulich (düngungsmäßig) ein wesentlich höheres Kalkbedürfnis als Gegenden mit Vorherrschen von Landblockpflanzen. Bei den Ackerpflanzen kann man also große und sehr ungleiche Verteilungsunterschiede je nach der Gegend erkennen. Selbst sehr häufige Pflanzen vermißt man oft weithin. Nicht einmal gewöhnliche Un=kräuter, die als Kosmopoliten heute in alle Welt verschleppt sind, wie Hirten=täschel, Sternmiere (Hühnerdarm, Vogelmiere), Löwenzahn, Greiskraut u. a. sind gleichmäßig im Acker verbreitet. Auch diese Weltbürger bevorzugen bestimmte Standorte. Sie sind also standörtlich (ökologisch) mindestens in Einzelheiten als Kleinzeiger wohl definiert. Auch das Gänseblümchen, das die Pflanzenkataloge (Floren) als „gemein" bezeichnen, ist nicht überall gleich häufig. „Gemein" ist es nur auf „seinen Standorten", d. h. auf Lehm, auf festen, frischen, nährstoffreichen, gut belichteten Böden, besonders wenn diese Böden beweidet (fester, lichtreich) sind. Auf Sandböden, z. B. auf den lockeren, lehmarmen Diluvialsanden, etwa bei Mühlstetten=Pleinfeld=Roth (am Sand), ist das Gänseblümchen viel seltener als auf oberbayerischen Lehmen und lehmigen Braunerden.

2. Pflanzencharaktere im Acker.

Bei den Arealcharakteren kommen je nach Ackerraum recht verschiedene Typen in Betracht. Im süd= und westdeutschen Gebiet heben sich folgende Konstitutionen hervor:

1. Meeresrand= und Meereshaucharten, siehe auch Abb. 1 Serradella.

a) Atlantische Pflanzen. Sie sind bei uns nicht sehr häufig, aber im Einzelfall meist ausgezeichnete Zeigerpflanzen für die Standortserkennung. Es handelt sich um entschieden westische Pflanzen wintermilder, meist sauerer Gebiete. In Süd=, Ost= und Mittelbayern fehlen sie bereits so ziemlich. Echte atlantische Pflanzen berühren nur noch den Nordosten Bayerns.

   Eine atlantische, also streng westische Ackerpflanze, ist der schon erwähnte gelbe Ackerhohlzahn. Im Westen ist er häufig, nach Bayern sendet er nur noch einzelne Vertreter herein, etwa um Kahl, Alzenau in Unterfranken. Im Odenwald und im Schwarzwald kommt er vor, dagegen nicht mehr

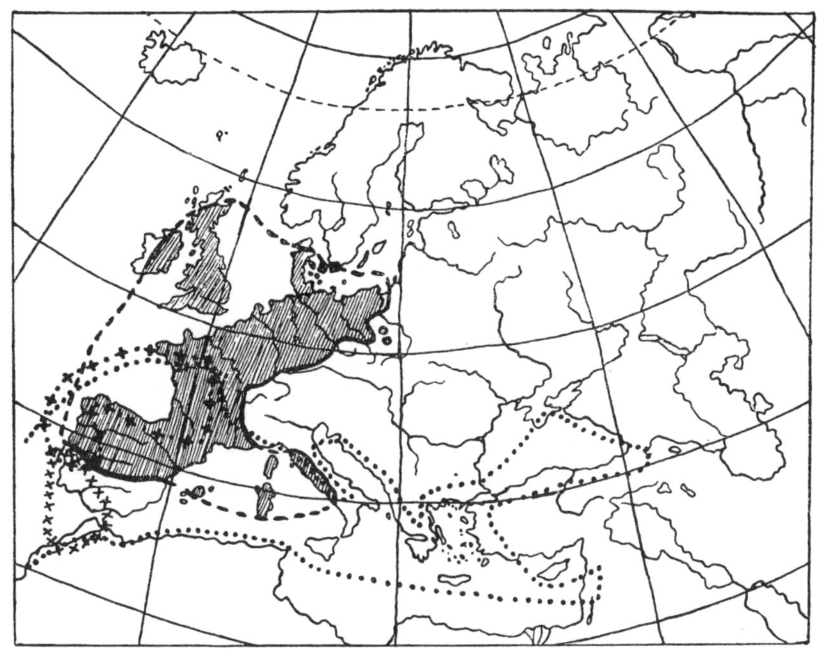

Abb. 1

Ornithopus perpusillus L, Zwergserradella

+ • + • + • + Ornithopus sativus Brot., Ackerserradella

×××××××××× Ornithopus isthmocarpus Coss.

•••••••••• Ornithopus compressus L.

Meeresrandpflanzen

Hauch des Meeres und Pflanzenverbreitung.
Serradella dringt als subatlantische Pflanze nicht tief in das Festland ein. Alle Arten auf kalkarmen Böden.
Orn. isthmocarpus ist wie Orn. compressus oft mit Serradella verschleppt.
Nach Meusel, Arealkunde. Ähnlich auch Fr. Merkenschlager, Pflanzl. Konstituionslehre, Berlin 1933.

im östlichen Silikatgebiet des Bayerischen Waldes. Diese schöne Acker=pflanze ist, wie es für eine atlantische Pflanze Regel ist, Säure= und auch Sandzeiger (Silikatzeiger, Kalkflüchter, daher nie auf Kalksand). Atlantisch mit Mittelmeereinschlag ist die in Bayern seltene Saatwucherblume (Chrysanthemum segetum). Sie erreicht in Bayern die Ostgrenze ihrer Verbreitung. Die Saatwucherblume gehört zu oft feuchteren und stau=nassen, sauren Sandlehmen; als westische Pflanze meidet sie strenge, kontinentale Winter.

Auch einzelne Landschaftszeiger am Rain und Waldrand gehören zur westischen (atlantischen) Gruppe. Naturgemäß spielen sie in Bayern keine große Rolle. Dies gilt vom Stechginster (Ulex europaeus) und von der Stechpalme (Ilex aquifolium). Der Stechginster ist Wärme= und Säurezeiger. Abgesehen von seinem natürlichen Vorkommen in Nord=

Abb. 2

Saatwucherblume

Chrysanthemum segetum.
Feuchte Sandlehme in West- und Nordwestdeutschland, in Bayern selten.

westdeutschland und Südschwaben ist er oft als Wildfutter angebaut. In diesen Fällen tritt er als falscher Landschaftsprophet auf. Die Stechpalme, Hülse, ist atlantisch mit Wärmeeinschlag (atlantisch=mediterran*). Sie hat ihre Hauptverbreitung in Nordwestdeutschland. Beide Arten, Ulex und Ilex, sind Landschaftszeiger für vorzugsweise kalk=ärmere (sauere) Gebiete. Als atlantische Typen sind sie im Südosten, z. B. in Bayern, selten.

*) Mediterran = mittelmeerisch, bedeutet meist Wärmeeinschlag.

b) Subatlantische Pflanzen.

Sie haben ihr Hauptverbreitungsgebiet im Westen, besonders im west= und mitteleuropäischen Laubwaldgebiet. Nach Osten, d. h. gegen den kontinentalen Landblock nimmt ihre Verbreitung ab. Sie lieben milde Winter. Eine Hilfe im Winter ist Schneeschutz. In offenen harten Wintern (1956) erfrieren sie sehr stark. Als Beispiel nehme man den subatlantischen Besenginster (Sarothamnus scoparius), der z. B. 1956 in weiten Gebieten bis auf den Wurzelhals erfroren ist. Subatlantische Pflanzen sind vielfach Säurezeiger, wie die folgenden Hinweise ergeben.

Eine typische subatlantische Acker= und Zeigerpflanze ist das weiche Honiggras (Holcus mollis) auf saueren, frischen, oft etwas dichten Böden. Es ist besonders im Silikatgebirge des bayerischen Ostens häufig, wo sie als bayerische „Waldquecke" neben der Ackerquecke vorkommt. Eine weitere, regional sehr ungleich verteilte Pflanze ist der subatlantische Lämmersalat (Arnoseris minima). Diese Pflanze sauerer, meist nährstoff=reicher Sande und Sandlehme meidet alle Kalklagen, ebenso alle feuchteren bzw. frischen Böden, somit auch alle kalten Lagen. Dem entspricht es, daß der Lämmersalat die Wärmezahl 4 hat, also bereits an der Feldahorngrenze halt macht. Siehe hierzu Abschnitt „Wärmezahlen".

Einige Meeresrandpflanzen besiedeln als brauchbare Zeigerpflanzen auch den Ackerrain und deuten damit die Landschaft und den dazugehörigen Ackerbau nebst den regional zu erwartenden Ackerpflanzen. Eine solche subatlantische Rain= und Zeigerpflanze ist das Silbergras, die Wein=gaertnerie (Weingaertneria canescens = Corynephorus*) canescens). Das Silbergras deutet als Trockenrasenpflanze sauere, warme, lockere Sande an. Als wärmeliebende Pflanze hat es mittelmeerischen Einschlag. Der Arealcharakter lautet also: subatlantisch=mediterran. Die Aussage dieser Pflanzen vom Rain her auf den Ackerbau ist oft un=günstig, da das Silbergras mit Hilfe sehr feiner und dichter Wurzeln mit wenig Wasser auskommt. Trockenrasenpflanzen stehen meist im Gegen=satz zum Wasserbedarf einer hohen Ernte. Für das Silbergras kann man die Wasserzahl 5 (—4, sehr trocken) annehmen, für eine gute Ernte kommt die Wasserzahl 3 in Betracht.

Einen ähnlichen Arealcharakter hat der Dreizahn (Sieglingia = Triodia decumbens). Diese Zeigerpflanze deutet auch auf sauere, oft feste (be=

*) Corynephorus heißt Kolbenträger. Die Wurzeln dieser Pflanze muß man sich am Standort ansehen.

tretene), jedoch lehmige Bodenstellen hin. Die zugehörige horizontgleiche Ackerflora besteht in der Regel aus Säurezeigern, wie Ackerrettich, Knäuel. Der Ackerbau ist aber durch die Lehmanzeige des Dreizahns etwas besser als der vom Silbergras angedeutete.

Der Arealcharakter „subatlantisch" kann also verschiedenartige Aussagen für den Ackerbau bedeuten. Die gemeinsame Aussage lautet: sauer; die Differenzierungsaussage kann lauten: Lehm und wechselnden Nährstoff=gehalt. Eine Aussage wie: atlantisch, subatlantisch oder kontinental (als Gegensatz) bedeutet keine ökologische Einheitsaussage im Ackerbau, sondern nur brauchbare Regeln und Hinweise auf die Vielfalt der Standorte.

In diesem Zusammenhang sei nochmals der zierliche Vogelfuß (Ornithopus perpusillus) erwähnt, der als subatlantische Pflanze mit Wärmeeinschlag (mediterran) manchmal in Silbergrasnähe (Roth, Schwabach) arme, trockene Acker besiedelt. Weiteres siehe Abschnitt Mühlstetten.

c) Subozeanische Pflanzen.

Sie zeigen deutliche Beziehung zu luftfeuchteren, meeresnahen Gebieten. Auch hier finden sich viele Säurezeiger wie Spörgel (Spergula arvensis), Ackerrettich (Raphanus Raphanistrum) und Knäuel (Scleranthus annuus), Diese Arten haben mindestens subozeanischen Einschlag. Beispielsweise führt der Knäuel die Bezeichnung eurasiatisch=mediterran (subozeanisch). Die Hinweise eurasiatisch=subozeanisch deuten keine besondere Beziehung an zu stärkerem Kalkgehalt des Bodens. Eine solche Pflanze kann Säure=zeiger sein. Der Ausdruck mediterran (mittelmeerisch) läßt einen ge=wissen Wärmeanspruch am Standort erwarten. Tatsächlich hat der Knäuel die Wärmezahl 3, d. h., er endet an der Eichengrenze im Norden. Sub=ozeanisch kann Säurezeiger bedeuten. Der Knäuel ist auch tatsächlich Säurezeiger.

Ackerbaulich bedeuten Gebiete mit atlantischen, subatlantischen und subozeanischen Pflanzen im Acker bzw. am Rain oder am ackernahen Waldrand kalkarme, sauere Gebiete. Hier ist Kalkung und Düngung besonders notwendig. Meist liegt auch Humusmangel vor. Luzerne wächst auf solchen Böden nur nach Aufkalkung der Krume bei gesundem, luftigem Untergrund. In diesem Bereich herrscht im Ackerbau neben Roggen, Hafer und Kartoffeln die Serradella (Ornithopus sativus), eine atlantische Pflanze mit mediterranem Einschlag.

Man beachte, daß der Hauch des Meeres ökologisch von der Küste aus sich auf 150 und mehr Kilometer ins Binnenland erstrecken kann. So ist es verständlich, daß die atlantisch=mittelmeerische Serradella in fränkischen und ostpreußischen Sanden unter dem Schutz des Menschen, d. h. unter technischer Abschwächung der Konkurrenz noch wachsen kann. Vergleichsweise aber wächst Serradella in der Geest (Meeresnähe), in der Senne viel stattlicher als im sandigen Franken, wo der Hauch des Meeres vom serradellafeindlichen Landblockklima, d. h. vom Kontinentalklima abgelöst oder abgeschwächt wird.

Im Umkreis einer subatlantisch=subozeanischen Ackerflora ist die Wasserrübe (Scherrübe, Wruke, Dotsche, Brassica Napus napobrassica) bodenständig. Der Anbau dieser Rübe ist standörtlich und physiologisch gut begründet, stellt also keine Laune oder veraltetes Herkommen dar. Natürlich wächst mit technischer Hilfe bei guter Bodenlage schließlich auch Beta, selbst wenn sie für die genannten Gebiete ursprünglich acker= und bodenfremd ist.

Diese Hinweise gelten besonders für sauere *Sandgebiete*. Man beachte, daß Säurezeiger wie Hederich, Knäuel und Spörgel auch sauere „Lehme" besiedeln können. In diesem Fall kann es sich um gute Weizen=, Klee= und Betagebiete handeln.

2. Eurasiatische Pflanzen.

Eine große Anzahl unserer Pflanzen führt die Bezeichnung eurasiatisch. Diese Pflanzen kommen in Europa und im klimatisch gemäßigten Asien vor. Viele eurasiatische Pflanzen zeigen keine besondere Beziehung zur Bodenreaktion. Bei ihnen kann also die ökologische Bedeutung der Bodenreaktion etwas zurücktreten zugunsten anderer Besiedlungsfaktoren. So führen Steinklee (Trifolium repens) und Rotklee (Trifolium pratense) die Bezeichnung eurasiatisch (subozeanisch). Beide bevorzugen frische, *lehmige*, etwas feste Böden, ohne daß die Reaktion einen zu starken Einfluß hat. Man kann bei beiden Arten den Besiedlungswert folgendermaßen formulieren: $L + Fr + Nä >$*) R, d. h. bei der Besiedlung hat Lehm (L), Frische (Fr) und Nährstoffmenge (Nä) eine größere Bedeutung als die Reaktion (R) des Bodens. Natürlich muß *mindestens der notwendige Vegetationskalk vorhanden sein oder durch Kalkdüngung zugeführt werden*. Der Vegetationskalk ist mit dem Reaktionskalk des Bodens nicht identisch. Man kann auch sagen, die Bezeichnung eurasiatisch (subozeanisch) steht in einem gewissen Gegensatz zu kalkhold oder kalkliebend.

*) $>$ = stärker als, $<$ = schwächer als

Ein dritter Kleetypus ist im Hasen = Katzenklee (Trifolium arvense) gegeben. Sein Arealcharakter: eurasiatisch=mediterran (subozeanisch) bedeutet *warme*, trockene Standorte. Die Bezeichnung mediterran schließt bei vielen Pflanzen „nasse Füße" aus. Der weitere Charakterzusatz eurasiatisch=*subozeanisch* weist auf meist sauere Gebiete hin. Tatsächlich kommt dieser Klee betont auf saueren, *warmen* Hängen und *sandig=saueren Äckern vor.*

In tertiären *Sanden* treten oft kleinste Kalkbänder auf. So entstehen verwickelte *Mosaikböden* und eine den Anfänger verwirrende Flora. Auf solchen Stellen kann man vereinzelt Katzenklee scheinbar auf Kalk finden. Gelegentlich gilt dies auch für Besenginster. Das ursprüngliche Keimbeet aber ist kalkarm, später können die beiden Pflanzen auch Kalksandbänkchen durchwurzeln. Diese Fähigkeit ändert nichts an ihrem Normalcharakter, sauere Standorte zu besiedeln.

Ein bekannter eurasiatisch (subozeanischer) Typus ist das gewöhnliche, kleinblütige Stiefmütterchen (Viola tricolor, Subspecies = ssp*) arvensis = Viola arvensis). Gemäß seinem Arealcharakter ist es auf kalkarmen Böden häufiger als auf kalkreichen.

Einen ganz anderen Typus stellt das blaublühende „Sandveilchen" (Viola tricolor, ssp. eutricolor) dar. Über diese nordisch=subatlantische Unterart siehe Näheres unter Nr. 7 gegen Ende.

Viele unserer Gräser, wie Rispengras (Poa pratensis, P. trivialis), Windhalm (Apera spica venti), Knäuelgras (Dactylis glomerata), haben *eurasiatischen* Einschlag, sie können also einen *breiten Standortsbereich* besiedeln, d. h. sie haben eine *große ökologische Streubreite*, namentlich mit technischer Hilfe, die oft den natürlichen Wettbewerb ausschließt.

Die Bodenreaktion hat bei solchen Arten nur mäßige Bedeutung. Ist aber eine Grasart kalkliebend, kalkzeigend oder gar kalkstet, dann treten in ihren Standortssteckbrief (Arealcharakter) sehr oft Bezeichnungen wie kontinental und ostmediterran auf. Das kalkandeutende Federgras Stipa ist kontinental, die *kalkzeigende Zwenke am Ackerrain* (Brachypodium pinnatum), mediterran=kontinental, (Abb. 3) und das Blauglas (Sesleria calcarata) ist alpin=mediterran.

---

*) ssp = subspecies, Unterart

3. Mediterrane, mittelmeerische Pflanzen*).

Bei der Arealbezeichnung mittelmeerisch unterscheiden wir drei Gruppen, die standörtlich und ackerbaulich sehr verschiedene Aussagen ermöglichen.

Abb. 3

Zwenke, Brachypodium pinnatum

Ährchen stielrund (links), rechts aufgeblüht. Pflanze warmer, kalkig humoser Lagen. R 4, oft mit Salbei, nicht mit Besenginster. Brachypodium heißt Kurzstielähre. Jedes Ährchen ist kurz gestielt.

Diese drei Gruppen sind:

a) ostmediterran, hier oft Kalkeinfluß,

b) gewöhnlich mediterran } meist wärmeliebend.
c) westmediterran }

Hinweise auf mittelmeerische Pflanzen.

Eine entschieden ostmediterrane Pflanze ist die Esparsette (Onobrychis viciaefolia). Sie zeigt auf Wärme, Kalk, Kalklehme und Tief=

*) In den Lehrbüchern der Pflanzensoziologie spielt bei dem Begriff mediterran der Flaumeichenwald eine große Rolle. Die Flaumeiche (Quercus pubescens) fehlt praktisch in Bayern und Westdeutschland. Die Flaumeiche findet sich z. B. am Kaiserstuhl, Isteiner Klotz in Südbaden, im Oberelsaß, in Südtirol und in der Südschweiz, als Zeigerpflanze ist sie im Bundesgebiet bedeutungslos.

gründigkeit (Tiefwurzler), ist also ein guter Profilerschließer und eine gute Zeigerpflanze, falls sie nicht verschleppt ist.

Auch die Sichelmöhre (Falcaria Rivini) gehört in die ostmediterran=kontinentale Gruppe. Sie ist Tiefwurzler und Profilerschließer und gehört als Kalk= und Kalklehmbesiedler zu den Zeigerpflanzen der Weizen=, Luzerne= und Zuckerrübengebiete. Von den bekanntesten Ackerpflanzen sei der ostmediterrane Rittersporn (Delphinium Consolida) erwähnt.

Normal=mittelmeerische Typen:

Eine gewöhnliche Mediterranpflanze ist nach landläufiger Auf=fassung die Kornblume (Centaurea Cyanus). Nach den Ergebnissen der Bodenforschung (Blütenstaubanalyse, Pollenanalyse) war die Kornblume schon in der Nacheiszeit in Deutschland vorhanden, hat also damals natürliche Standorte gehabt, die heute verschwunden sind. Sie ist jetzt Unkraut im „Getreideverband" (Secalinion). Vielleicht erhält der Begriff mediterran bei der Kornblume durch diese neueren Feststellungen eine gewisse Abschwächung.

Ackerpflanzen westmediterraner Prägung.

Als westmediterran gilt die kalkfliehende gelbe Lupine (Lupinus luteus). Sie ist oft auf saueren, kalkarmen, trockenen Sanden angebaut und gilt als Zeigerpflanze ersten Ranges. Die Bezeichnung „kalkfrei" in pflanzensoziologischen Schriften bedeutet nur frei (arm) an leicht nach=weisbarem kohlensaueren Kalk ($Ca\ CO_3$). Ohne diese Einschränkung ist die Angabe „kalkfrei" grundsätzlich falsch. Kalkfliehend bedeutet: nur geringer Kalkgehalt*) im Boden. Keine Blütenpflanze kann ohne Kalk leben.

4. Landblockarten. Kontinentale Pflanzen.

Die Massenverbreitung hierhergehöriger Arten erstreckt sich auf Ost=europa und den eurasiatischen Kontinent mit Einschluß des Schwarz=erdegebietes.

Eine kontinentale Acker= und Rainpflanze, jedoch mit mediterranem Ein=schlag ist der rote, wärme= und kalkliebende Ackerwachtelweizen (Melam=pyrum arvense).

Als echt kontinental gilt das gelbe Sommerlabkraut (Galium verum). Am Ackerrain zeigt es Wärme, Trockenheit und meist Kalk an und paßt zu der Mehrzahl der Weizenlagen. Im Gebiet sauerer Sande findet sich diese kontinentale Pflanze nur selten.

---

*) In tonigem Boden kann der Kalkgehalt 1% übersteigen, ohne daß die gelbe Lupine nennenswert leidet.

Eine europäisch=kontinentale Pflanze mit geringem mediterranen Ein=schlag ist die Acker= bzw. Rapunzelglockenblume (Campanula rapunculoi=des). Diese meist kalkzeigende Pflanze ist die einzige Glockenblume des Ackers.

5. Sonstige Charaktere.

a) Nordische Pflanzen.

Diese Gruppe stammt aus dem feuchtkühlen Nordeuropa. In Kombination mit dem subatlantischen oder subozeanischen Charakter stellen Pflanzen dieses Arealcharakters oft Säurezeiger dar.

So hat das Heidekraut (Calluna vulgaris) subatlantischen Einschlag. Es zeigt demgemäß am Rain sauere Fluren an; der Acker wird z. B. Knäuel, Hederich, Spörgel, kleinen Ampfer und andere Säurezeiger tragen. In einer solchen Flurlage fehlt vollkommen der Ackermohn (Papaver Rhoeas), denn diese Pflanze mit ostmediterranem (kontinentalem) Charakter deutet auf warme, nicht zu kalkarme, lehmige Böden hin. Man sieht sofort, daß eine Landschaft mit Heidekraut am Ackerrain und Mohn im Acker Widersprüche, Standortsgegensätze (ökologische Gegenspieler) darstellen. Heidekraut am Ackerrain und Klatschmohn mit nennenswerter Stückzahl im Acker passen eben nicht zusammen. Man denke nur an die Reaktions= und Wärmezahlen: Mohn R 4, T 3, Calluna R 1.

Heidekraut und seine meist westische (subatlantische, subozeanische) Gefolgschaft stellen das in der Ackerlandschaft

mohnarme Land

dar. Das mohnreiche Land dagegen enthält vorzugsweise mediterrane und kontinentale Pflanzen. Hier ist das

mohnreiche Land,

weil Lehm, Kalklehm und Ton das Auftreten von Mohn fördern.

b) Alpine und montane Pflanzen.

Pflanzen dieser zwei Arealcharaktere spielen im Acker nur eine kleine Rolle.

3. Wärmeansprüche der Pflanzen bei der Ackerbesiedlung.

Bei der Verteilung der Ackerpflanzen spielt die Temperatur, das Wärme=klima, eine oft leicht erkennbare Rolle. Zur Kennzeichnung des Wärme=einflusses als Standortsfaktor benutzt man nach Ellenberg die Tempe=raturzahl „T" mit 1—5 Abstufungen.

T 1 bezeichnet kältefeste Pflanzen, welche die Getreidegrenze noch über=schreiten. Sie dringen in Nordwestskandinavien noch bis zum 70. Grad nördlicher Breite vor. Hierher gehören: Kriechender Hahnenfuß, Krötensimse, Hirtentäschel, kleiner Ampfer, Gänsefingerkraut, Ackergreiskraut, Huflattich, Quecke, stechender Hohlzahn (Galeopsis Tetrahit), Windhalm, Ackergänsedistel (Sonchus arvensis), Kornblume, Ackertrespe (Bromus arvensis), weißer Gänsefuß (Chenopodium album).

T 2 Pflanzen dieser Gruppe überschreiten die Eichengrenze, erreichen aber die Getreidegrenze nur vereinzelt. Hierher gehören Ackerrettich (Hederich), Hellerkraut, Klettenlabkraut, Hühnerdarm, Schmalwand, alle Knötericharten des Ackers, Ackersenf, Saudistel (Gänsedistel, Sonchus asper und oleraceus), Zweizahn, Schachtelhalm, roter Zahntrost (Odontites rubra), Flughafer.

T 3 Unkräuter dieses Typus machen an der Eichengrenze halt: Knäuel, Röte, Acker-, gelber und schmalblättriger Hohlzahn (Galeopsis ladanum, G. segetum, G. angustifolia), Ackerkrummhals (Lycopsis arvensis), Möhre, Ackerwinde, Ackergleiße (Hundspetersilie), Rittersporn, Ackergauchheil, Hundskamille, Kleinling, weiches Honiggras, Hirse (Panicum Crus galli, P. lineare), Sandmohn (Papaver Argemone), schwarzer Nachtschatten, Ehrenpreisarten (Veronica agrestis, V. hederaefolia, V. persica = Tournefortii, V. opaca) und das blaue Sandstiefmütterchen (Viola tricolor, ssp. eutricolor = V. vulgaris), ferner Klatschmohn, zierliche Wolfsmilch, Ackerfrauenmantel und Ackerglockenblume.

T 4 Hier bildet der Feldahorn (Acer campestre) die Nordgrenze. Es gehören zu dieser Konstitution: Ackerhahnenfuß, rauher Hahnenfuß, (Ranunculus Sardous = fränkischer Hahnenfuß), Ackergoldstern (Gagea arvensis), dreihörniges Labkraut (Galium tricorne), Bluthirse (Panicum sanguinale), Lammkraut Sichelmöhre, knollige Platterbse, Venuskamm, Frauenspiegel, Ackerbingelkraut, Zwergserradella, Sonnenwendwolfsmilch, Haftdolde.

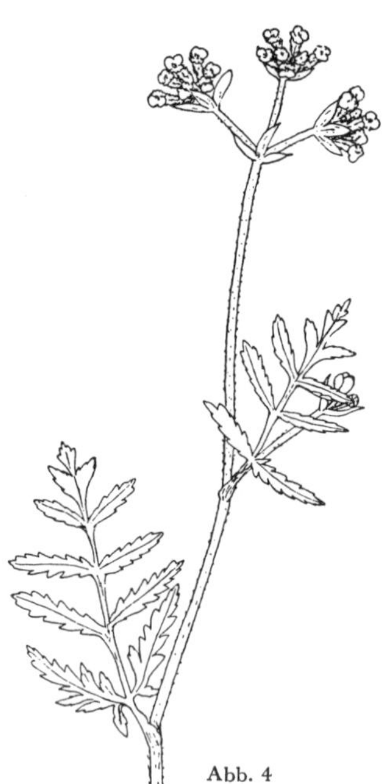

Abb. 4

Breitblättrige Haftdolde
Turgenia = Caucalis latifolia.
Wärmeliebend, Kalk-, Lehm- und Tonzeiger. R 5(4).

T 5 In dieser Gruppe finden sich wärmeliebende, im Weinbaugebiet und an der Grenze des Weinbaugebietes vertretene Arten. Es seien genannt: breitblätterige Haftdolde (Turgenia = Caucalis latifolia; praktisch nicht

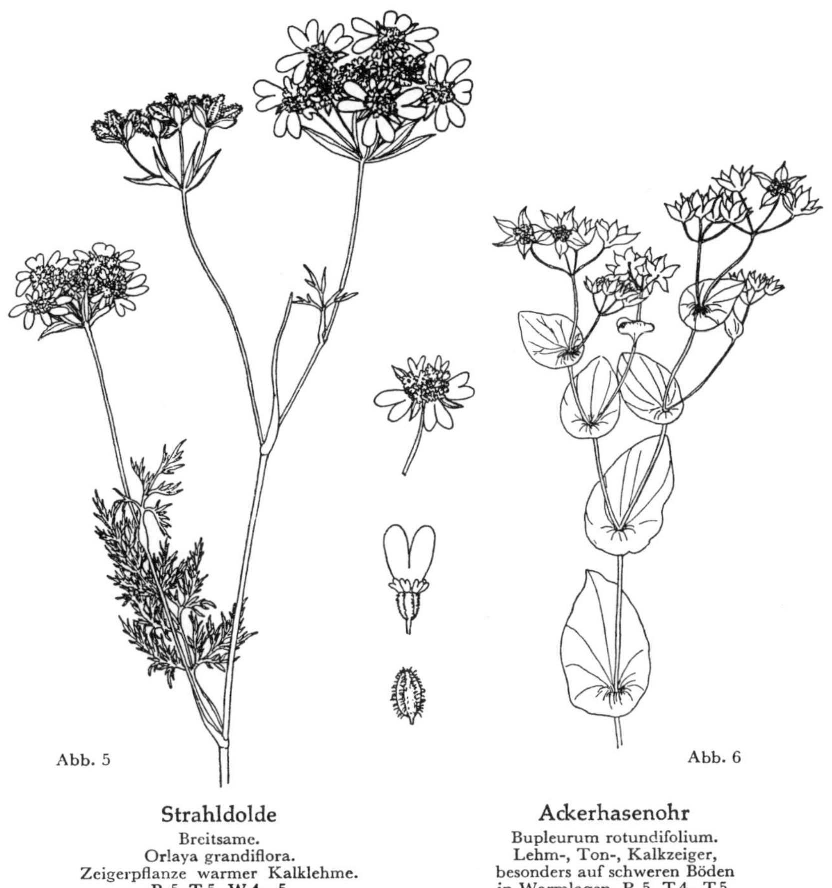

Abb. 5

Strahldolde
Breitsame.
Orlaya grandiflora.
Zeigerpflanze warmer Kalklehme.
R 5, T 5, W 4—5.

Abb. 6

Ackerhasenohr
Bupleurum rotundifolium.
Lehm-, Ton-, Kalkzeiger,
besonders auf schweren Böden
in Warmlagen. R 5, T 4 – T 5.

in Südbayern), die stolze schönblütige Strahldolde (Orlaya grandiflora; praktisch ebenfalls nicht in Südbayern), Borstendolde*) Ackerkletten=kerbel (Torilis arvensis), die traubige Bisamhyazinthe (Muscari race=mosum; spontan in Nordwestbayern, Pfalz; in Südbayern in der Regel nur verschleppt), Schopfhyazinthe (Muscari comosum, warme Lagen im Jura, z. B. bei Parsberg), knollige Platterbse, flammendes Bluts=

*) Verhältnismäßig verbreitet im Jura, in der Nordpfalz; verschleppt in Süd=bayern, fehlend im Bayerischen Wald.

tröpfchen (Adonis flammeus), Eiblatt (Conringia orientalis), Hasenohr (Bupleurum rotundifolium). Siehe hierzu auch Wasserhaushalt ...

Als lehrreiches Beispiel sei eine häufige Ackerflora (Kalklehm, Flurlage „Weinberg" bei Ansbach) im Hinblick auf Temperaturzahl und Reaktionszahl kurz verglichen:

Arten im Acker*)	Temperaturzahl	Reaktionszahl
Gruppe 1		
Teufelsauge	4 (5)	5 (alkalische Böden)
Venuskamm	4	5 (4)
Rittersporn	3	5
Flughafer	2	4 (5)
Gruppe 2		
Erdrauch	1	4
Steinsame	2	4
Finkensame	3	4
Ackermohn	3	4
Ackersenf	2	4
Gruppe 3		
Ackersaudistel (Sonchus arvensis)	1	4
Quecke	1	0 ? (nach Ellenberg)

Die aufgeführten Arten gehören mit Ausnahme der letzten vier und des Erdrauchs zur Rittersporngesellschaft. Reaktionsmäßig passen alle Arten gut zusammen. Das Zusammenhaltungsprinzip bei dem vorstehend erwähnten Pflanzenbestand ist also die Reaktion**). In diese gleichmäßige Gruppe schieben sich, wie die Temperaturzahlen zeigen, noch ganz andere Typen ein: solche mit geringeren Wärmeansprüchen.

In Gebieten mit niedriger Temperatur (Höhenlagen, kühlere Gebiete) können Arten der Gruppe 2 und 3 die Rittersporngesellschaft (Gruppe 1) verlassen und für sich als Zeigerpflanzen vorkommen.

Ähnliche Erscheinungen können im Ackerbau an Nordhängen (Einfluß der Lage, Exposition) im Pflanzenbestand auftreten, so daß einzelne, anspruchsvollere Arten mit der Temperaturzahl 5 oder auch 4 ausfallen. Bei der Be=

*) In diese Arten schiebt sich im Frühjahr der Mäuseschwanz ein. Näheres siehe Mäuseschwanzgesellschaft.

**) Man kann hier auch formulieren R > T.

urteilung einer Ackerflora muß man also gelegentlich auch an die Lage einer Flur zur Sonne (Nord=Südhang), natürlich bei gleicher Boden=struktur denken.

In vorstehendem Feldbeispiel (Weinberg bei Ansbach) treten Mohn und Senf miteinander auf. In lehm=, ton=, auch humusreichen Fluren bilden diese „Lehmzeiger" Mohn und Senf oft ein sehr auffälliges Zeigerpaar, das un=trennbar erscheint. Tatsächlich kann die Unzertrennbarkeit dieses Zeiger=paares aber durch die Temperatur zahlenmäßig verschoben werden, z. B. durch kleinökologische (mikroökologische) Einflüsse, wie sie bei uns durch die Exposition (Nord= oder Südhang) gegeben sein können. Die Unzertrennbarkeit von Mohn und Senf wird auf alle Fälle großräumig gesprengt, indem der Mohn (T 3) an der Eichengrenze hält, der Senf (T 2) aber die Eichengrenze überschreitet.

Abb. 7

Ebenstrauß=Wucherblume
Chrysanthemum corymbosum.
Wärme-, Kalk- und Lehmzeiger
in Weizenlagen.

Bei einer Ackerbeurteilung macht die Temperaturzahl z. T. auch verständ=lich, warum manche Pflanzen warmer, kalkreicher Gebiete in benachbarte kalkreiche, aber sonst klimatisch weniger begünstigte Gebiete, z. B. Süd=

bayern, nicht oder nur sporadisch einwandern. Besonders zeigt die große Rittersporngesellschaft diese regionale (geographische) Differenzierung. In diesem Zusammenhang lassen sich einzelne nur regional verteilte Zeiger=pflanzen am Ackerrain anschließen, bei denen die Temperatur neben der Reaktion einen erheblichen Einfluß hat. Die wärmeliebende Goldaster (Aster Linosyris) fehlt, von der heißen Garchinger Heide abgesehen, in Südbayern, tritt aber im Muschelkalk, im Letten= und Gipskeuper, im Tertiärkalk und teilweise im Jura auf. Reaktionszahl 5 und Wasserzahl 5 (trockene, warme Böden) passen zu ihrem Arealcharakter: kontinental (mediterran).

Das Vorkommen der Goldaster mit Straußwucherblume (Chrysanthemum corymbosum (Abb. 7 und Zwenke (Brachypodium) am Ackerrain, z. B. bei Neustadt/Aisch, weist eindeutig auf die Rittersporngesellschaft im Acker hin.

Die Goldaster ist auch ein guter Profilzeiger, da sie als Mittelwurzler eine Bodentiefe von etwa 50 cm andeutet. In ihrer Nähe schließen sich Acker=rettich (Hederich), Knäuel und verwandte Arten als ökologische Gegensätze (Antipoden) aus.

Regional auch auf nur kleinere Gebiete beschränkt ist „Unruh", Feldmanns=treu (Eryngium campestre). Diese Pflanze warmer, kalkführender Gebiete mit der Reaktionszahl 4 und der Wasserzahl 5*) (sehr trocken) ist Tief=wurzler, also ein ausgezeichneter Profilerschließer. Sie fehlt in Südbayern. In Nordbayern im Muschelkalk, teilweise im Lettenkeuper, sowie in Württemberg im Tauber= und Juragebiet ist sie häufig. Eryngium campestre geht gelegentlich aus der strengen Kalkzone heraus, deshalb führt sie die Reak=tionszahl 4. Im allgemeinen deutet sie vom Rain her im Acker Mohn und Senf und die Rittersporngesellschaft an. Wie die Goldaster gehört sie zum Weingebiet oder zur Nähe von Weingebieten.

4. Hauptpunkte einer biologischen Ackerbeurteilung.

Wenn auch die im vorstehendem Abschnitt erwähnten allgemeinen Art= und Besiedlungseigenschaften bei der speziellen Acker=beurteilung mit herangezogen werden können, so stützt sich Erkenntnis und ackerbauliche Bewertung eines Pflanzenbestandes auf die besonderen und flurgemäßen Standortsaussagen der vorhandenen Acker=

*) Wasserzahl 5 erfordert bei einer kräftigeren Pflanze einen Sicherungsfaktor. Dieser ist in der Tiefwurzel gegeben. Eine andere Art der Sicherung liegt in der Bildung eines reichlichen und sehr fein gegliederten Wurzelsystems, wie es sich beim Silbergras findet.

pflanzen. Hierbei spielen die speziellen Besiedlungsgesetzmäßigkeiten und die Standortsleitpflanzen eine wichtige Rolle. Als Leitpflanzen bezeichnen wir Arten mit besonders zuverlässigen, manchmal sogar eindeutigen und naturgemäß oft engbegrenzten Standortsaussagen. Mit Hilfe dieser Aussage schreitet man von der grundlegenden botanisch-ökologischen Erkenntnis zur speziellen biologischen Ackerbeurteilung. Da jede Flur ihre besonderen individuellen, realkasuistischen Aussagen hat, gibt es keine „allgemeinen" Flurenbestände*). Jeder einzelne Fall muß in seiner Ursächlichkeit (Kausalität), Realität und Besonderheit erkannt werden. Oft ist diese Besonderheit (Differenzierung) geradezu mosaikartig, je nach dem Bodengefüge, über den Acker verteilt.

Fest steht folgende Erkenntnis:

Die Pflanzen stehen nicht wahllos im Acker herum, und die Pflanzen eines Bestandes lügen nicht. Für eine genaue Pflanzen- und Standortsbetrachtung ziehe man folgende sieben Aussagen besonders heran:

1. Reaktion des Bodens; sauer, neutral, alkalisch; Bodentiefe.
2. Kalkgehalt; Basenreichtum, Basenarmut.
3. Lehm- und Tonaussage; dicht, fest, steinig, schieferig.
4. Sandstruktur; locker, luftig, oder feinsandig, nässend, dicht.
5. Humus- und Garezustand; Lüftung oder Verdichtung.
6. Wasserführung; frische, nasse, trockene Böden. Staunässe (Gleybildung).
7. Nährstoffgehalt verschiedenen Grades.

Zahlreiche Pflanzen geben in verschiedener Art Hinweise auf die genannten Standortseigenschaften; sie lassen sich somit als Standortdeuter verwenden. Der mit Hilfe der Pflanzen erschlossene Standort kann in ackerbaulicher Hinsicht vorteilhafte oder ungünstige Eigenschaften haben, d. h. ökologische Beurteilung und ackerbauliche Bewertung können auseinandergehen. Was standörtlich für eine Pflanze als gut (optimal) erklärt werden kann, kann ackerbaulich schlecht sein. Von dieser Erkenntnis aus kann man von Aufwertungspflanzen (Zeiger guter Ackereigenschaften) und von Abwertungspflanzen (Zeiger schlechter Ackereigenschaften) sprechen. In diesen Begriffen stecken die vorstehend erwähnten Standortseigenschaften. Sie treten hier als ökologische Bewertungsfaktoren auf.

*) Sinngemäß hat auch der Begriff „reine Gesellschaften" (Ellenberg) nur theoretischen Wert.

Der Acker ist obendrein kein isoliertes Stück Land: er gehört zur ganzen Landschaft. Demgemäß bildet er mit seiner Umgebung (andere Äcker, Rain, Hecke, Waldrand, auch Grünland, soweit dessen Wasserführung sich nicht nennenswert von der Umgebung des Ackers unterscheidet) eine Art Vegetationseinheit. Diese Einheit gestattet es, mit Hilfe einiger Pflanzenaussagen die Flora und damit den ganzen Acker recht zuverlässig zu beurteilen. Zeigerpflanzen kommen nur an bestimmten Standorten vor, sind also standortstreu und daher auch aussagetreu. Damit stehen sie im Gegensatz zu den vielen Standortwechslern, zu den standortsvagen Pflanzen. Einigermaßen standortsvag ist z. B. das verbreitete kleinblütige, gelbliche Stiefmütterchen, die kleine stengelumfassende Taubnessel und das Hirtentäschel, doch gehen auch diese Pflanzen z. B. nicht an sehr nasse Standorte, lassen also doch gewisse Standortsaussagen erkennen. Die biologische Ackerbeurteilung stützt sich auf standortstreue Zeigerpflanzen. Natürlich kann eine Pflanze mehrere wichtige Standortsaussagen anzeigen. Diese Tatsache sei an der Krötensimse = Krötenbinse (Juncus bufonius) aufgezeigt. Für den Standort der Krötensimse gelten folgende Standortsfaktoren:

1. Ziemlich sauer;
2. ziemlich naß, oft fließendes Wasser;
3. meist kalte Lagen;
4. schlechte Gare.

Ackerbaulich gesehen liegen vier Ackerfehler vor. Ökologisch bedeuten diese vier Eigenschaften Standortsausschließung, mindestens Standortsbeschränkung für viele andere Pflanzen. Beispielsweise wird eine Wärme und relative Trockenheit liebende Pflanze wie die Schafgarbe(Achillea millefolium) in eine Lage, wie sie die Krötensimse bevorzugt, nicht einwandern.

Die Krötensimse ist als Flachwurzler kein Tiefen- und Profilerschließer. Auch diese Frage des Wurzeltiefganges gehört zum Standortsbild einer Pflanze. Wenn nämlich die Krötensimse tiefer gehende Wurzeln hätte, dann würde sie als Profilerschließer auch auf tiefere Ackerschichten mit ebenfalls schlechten Ackereigenschaften deuten. Dann könnte man von dieser einen Zeigerpflanze aus die betreffenden Ackerteile als sehr schlecht beurteilen. So bezieht sich die Aussage der Krötensimse in erster Linie nur auf die Oberkrume. Die Krötensimse ist also kein Profilerschließer. Siehe hierzu Abschnitt „Profilerschließung durch die Wurzeltiefe". Eine ganz andere Aussagegruppe gibt z. B. die Rittersporngesellschaft. Krötensimse und Rittersporngesellschaft müssen sich also gegenseitig ausschließen. Man kann wichtige ökologische Hauptaussagen einigermaßen in Zahlenwerten angeben. Für Reaktion schreibt man R, für Humus H, für Gare G, für Wasserführung W, für Nährstoff N*), für Temperatur T. (Ellenbergsche Bewertung.) Dabei benutzt man Wertungsgrade (Stufen) 1—5. Die Zahl 1 bedeutet einen End=wert nach der ökologisch extremen, botanisch=biologisch oft sehr inter=essanten Seite hin. Ackerbaulich befindet man sich aber meist in einem ungünstigen Gebiet.

Beispielsweise bedeutet:

R 1 = sehr sauer, ackerbaulich bedenklich, sehr kalkarm, aber nicht kalkfrei**)
R 3 = milde Säure, ackerbaulich meist recht brauchbar
R 5 = deutlich alkalisch, starke Basenführung
W 1 = sehr naß, ackerbaulich schlecht
W 3 = gute Wasserführung im Acker, sehr wichtig für die Erträge
W 5 = trocken, oft stark austrocknend, ackerbaulich oft bedenklich.

Für reaktions=, wasser=, wärmeindifferente Arten verwendet man die Zahl 0. R 0 bedeutet eine Pflanze, für die die Reaktion ziemlich „bedeutungslos" ist. Man glaubt hier Quecke, Kornrade, Zinnkraut, Schafgarbe, Schmalwand nennen zu können. W 0 bezeichnet Pflanzen, die hinsichtlich der Wasser=führung auf den verschiedensten Böden vorkommen, wie Quecke, Kornrade, Hirtentäschel, Windenknöterich. Vielleicht stimmt diese Einstufung zum Wasser noch am besten beim Vorkommen auf Rohboden und auf un=bebauten Stellen, weil in diesen Fällen der natürliche Wettbewerb (Konkurrenz) ausfällt. Dem großen Wegerich (Breitwegerich) kommt vermutlich die Wasserzahl 2—3 zu. Das bedeutet feuchte, frische (2) bis normalfeuchte (3) Böden. Bei aufgehobener Konkurrenz (Schutt, Schotter usw.) kommt er aber auch auf Schotterböden als Einzelgänger, d. h. Einzel=pflanze vor, so daß man in solchen Fällen an die Wasserzahl 0 (Feuchtigkeits=gleichgültigkeit) denken könnte. Auf alle Fälle erinnern Hinweise wie R 0, W 0, N 0 auf Lücken in unserer ökologischen Kenntnis. Die Zahl 1 bedeutet im Hinblick auf Reaktion, Wasserführung einen Endwert, also sehr sauer, sehr naß. Das sind ackerbaulich schlechte, für die betreffenden Zeigerpflanzen ökologisch=botanisch jedoch gute (optimale) Standortsaussagen. Die Be=zeichnungen H 1, G 1, N 1 bedeuten sehr wenig Humus, schlechte Gare, geringen Nährstoffgehalt. Die Zahl 5 zeigt im Hinblick auf Humus, Gare,

*) N gilt meist als Bezeichnung nur für Stickstoff; im Zweifelsfalle schreibe man Nä.

**) Ungewöhnlich kalkarm sind Serpentinböden, z. B. bei Wunsiedel, bei Münchberg (Heidberg).

Nährstoff, Reaktion und Wärme auch einen Endwert, der ökologisch und ackerbaulich oft als gut zu bewerten ist. Die Reaktionszahl R 5 deutet auf entschieden alkalische Reaktion. Die Zahl 3 gibt in der Fünfstufeneinteilung meist einen brauchbaren Mittelwert an. Zwischenwerte, z. B. R 2, R 4, W 2, W 4 lassen sich leicht schätzen, wenn man die Standortswerte einiger Zeigerpflanzen sicher kennt und man sich auf einen guten *Vergleichsacker* (Vergleichspflanzenbestand) beziehen kann. Wenn man in einem Flurstück hinsichtlich der Reaktion Pflanzen vom Typus R 3 (= brauchbare, nicht zu sauere Reaktion), wie Hederich, gewöhnliches Greiskraut, Kamille, W 3 = gute Wasserführung (es geht auch noch W 4 = schon gelegentlich trockener), G 3 = brauchbare Gare (G 4 und G 5 ist besser) vorfindet, so kann man eine mittlere ökologische und ackerbauliche Wertzahl ausrechnen. Eine solche Standortswertzahl schließt extreme Zeiger- und Standortspflanzen, die starke Säure, viel Nässe, geringe Gare anzeigen, natürlich aus.

Die gleich eingangs genannten Fragen 1—7 lassen sich teils nach Standortsaussagen, also ökologisch, teils mehr pflanzengesellschaftlich, also soziologisch beantworten. Bevor wir zur Praxis der Ackerbeurteilung übergehen, sollen noch einige Vorfragen über den *Umgang mit Ackerunkräutern* behandelt werden.

5. Unkrautbestände im Acker. Besiedlungsgegensätze.

Der Unkrautbestand eines Ackers stellt eine natürliche, meist kurzlebige Pflanzengruppe dar. Die meisten dieser Pflanzen sind einsömmerich (Therophyten, therós = Sommer, phytón = Pflanze). Von rund 252 ungesäten Ackerpflanzen (Unkräutern) sind nur etwa 55 = 21% keine Sommerpflanzen, sondern mehrjährige (ausdauernde) Pflanzen, z. B. Distel, Quecke, Schachtelhalm, Sichelmöhre, weiches Honiggras. Die beiden letzten Arten stellen zwei wertvolle Zeigerpflanzen dar. Die Sichelmöhre (Falcaria Rivini, besonders in Nordbayern, im Jura, im Muschelkalk) tritt als Zeigerpflanze für kalkhaltige, neutral-*alkalische* Lagen in Weizen- und Rübengebieten auf; das weiche Honiggras (Holcus mollis) findet sich immer in *sauren*, oft feuchteren Lagen (Bayerischer Wald, fränkischer Sandkeuper, Moorgebiete). Beide Arten stellen also durch die Standortsaussage:

F. 31	sauer	neutral — alkalisch	F. 58, 59
	Honiggras	Sichelmöhre	

Standortsgegensätze dar. Sie können gegenseitig als Standortsfeinde, bezeichnet werden. Demnach stehen sie also unter ungestörten Standortsbedingungen niemals gleichzeitig am selben Standort. In unserer Ackerflora finden sich viele sich *am selben Standort ausschließende Arten**). Für die ökologische und botanisch=biologische Ackerbeurteilung ist diese Kenntnis der Standortsgegensätze oft von erheblichem Wert. Pflanzen, die sich gegenseitig fliehen, nennen wir auch *Standortsantipoden*. Folgende Arten mögen am selben Standort als völlige Gegensätze auf=geführt werden**):

Knäuel und Adonis . . . Lammkraut und Adonis . . Hederich und Adonis . . .	Gegensatz: stark sauer — Basenreichtum
Schmalwand und Huflattich Knollige Platterbse und Schmalwand . . . . . Flughafer und Schmalwand	Entschiedene Durchlüftungsgegensätze im Boden: Schmalwand auf leichten Sanden, Huflattich und Flughafer auf schwer bebaubaren Stellen
Senf (Sinapis) und Hederich (Raphanus)	Gegensatz alkalisch=sauer
Mohn und kleiner Ampfer	Mohn auf Lehm; Ampfer auf lehmarmen, sauren Stellen.
Spörgel und Rittersporn . .	Zwei scharfe Gegensätze, falls Rittersporn nicht verschleppt. Spörgel auf saueren, Rittersporn auf basenreichen Böden.
Schmalwand und zierliche Wolfsmilch	Gegensatz Sand: Lehm. Wolfsmilch Lehm; Schmalwand Sand, selten auf Ton.

Der Knäuel findet sich vereinzelt auch einmal an weniger saueren, ja sogar alkalischen Standorten. In sehr ungleichen Muschelkalkgebieten bei Wirbenz (Oberpfalz, Kemnath=Neustadt) tritt in derselben Flur Adonis (r) Ritter=sporn, Spörgel, Knäuel, Ackerhahnenfuß, Windhahn und Geißfuß (Aego=podium) auf. Man muß daher zwischen theoretischer Forderung und der realen Kasuistik eines ungleichen Feldes (Mosaikstellen) unterscheiden, sonst bekommt man falsche Vegetationslisten.

Die Beachtung dieser Gesetzmäßigkeiten erleichtert die biologische Acker=beurteilung. Sie zeigt auch an, daß sich in einem äußerlich verwirrend (chaotisch) erscheinenden Unkrautbestand leicht gewisse Regeln der Acker=

*) Ausschließung mindestens am Wurzelstandort.

**) Antipode bedeutet in erster Linie den formalen Standortsgegensatz. Im Wort Antagonist ist die Aktivität der Wirkungsgegensatz, die Dynamik betont.

besiedelung herausfinden lassen, weil es eben eine Anzahl von Ackerpflanzen mit wohldefinierten Standortsaussagen (Zeigerpflanzen) gibt. Diese Arten lassen immer auf eine größere Anzahl standörtlich ähnlicher Pflanzen schließen. Man kann also in gewisser Hinsicht, von wenigen Zeigerpflanzen ausgehend, die Vegetation eines Ackers oder auch einer Landschaft voraus bestimmen. Durch Nichtstimmendes wird man oft auf Besonderheiten oder auf Fehler aufmerksam. Siehe das Standortsweisungsbild (Abb. 31 und 32) von Salbei und Besenginster! Pflanzen der Salbeigruppe können nicht in einer Besenginstergegend vorkommen. Dieses gegenseitige Fliehen und Aufsuchen (Hassen und Lieben) zeigt, daß viele Pflanzen des Ackers wichtige Standortshinweise geben können, die man nach Bedarf 1. standörtlich (ökologisch), 2. auch pflanzengesellschaftlich (phytosoziologisch), und 3. ackerbaulich verwerten kann.

6. Standörtliche (ökologische) und gesellschaftliche (soziologische) Möglichkeiten der Ackerbeurteilung.

Eine biologische Ackerbeurteilung geht in erster Linie von der Standorts=aussage, der Ökologie, aus. Die Pflanzenstandortslehre gibt auf die Frage: „Warum stehen bestimmte Pflanzen gerade an einem bestimmten Ort?" meist eine zuverlässige Antwort. Neben der Ökologie steht die gesellschaft=liche Betrachtung und Beurteilung. Die Pflanzensoziologie gibt eben=falls Einblicke in den Pflanzenbestand eines Ackers, sie geht jedoch von ganz anderen, experimentell nicht so leicht erkennbaren Gedanken aus, als die Ökologie.

Die Pflanzensoziologie hat ein umfangreiches theoretisches Begriffs= und Ordnungssystem entwickelt. Dieses Arbeitssystem unterscheidet:

1. Charakter = Kennarten, niedere Ordnung, d. h. Anfangsbegriff meist wichtig, besonders für die Standortsbeurteilung.
2. Arten höherer Ordnung, weniger wichtig.
3. Gesellschaften (Associationen)
4. Gesellschaftsverbände = Verband
5. Ordnung; Zusammenfassung von Verbänden
6. Klasse; Gesamtheit der Ackerunkräuter (Ackerwildpflanzen)
7. Gesellschaftsfremde Arten, z. B. amphibischer Knöterich sowohl im Acker wie im Wasser.

Die Pflanzengesellschaftslehre stellt vorzugsweise eine Beschreibungslehre dar, sie ist also keine Bedeutungslehre wie die Ökologie. Für die Ganzheits=betrachtung der Flora eines Ackers ist sie oftmals von erheblichem Wert.

7. Einige Hinweise auf den Aufbau der pflanzlichen Gesellschaftslehre (Pflanzensoziologie).

Die Pflanzengesellschaftslehre (Soziologie) unterscheidet Arten niederen und solche höheren Gesellschaftswertes. Die Arten niederen Wertes sind standörtlich oft recht brauchbar.

A. Arten niederen Gesellschaftswertes, Kennarten (Charakterarten einer Gesellschaft (Association):

Kennarten sind bei manchen Gesellschaften häufig ausgezeichnete Standortsdeuter. So gibt es z. B. im saueren Gebiet die Knäuelgesellschaft (Scleranthetum von Scleranthus, Ackerknäuel). Der Knäuel ist gleichzeitig eine

a) ausgezeichnete Zeigerpflanze für kalkarme Lagen
b) ausgezeichnete Kennart für die saueren Lagen liebende Knäuelgesellschaft (Scleranthetum und Verwandte)
c) ackerbaulich eine sehr wichtige Zeigerpflanze, weil sein Vorkommen (viel oder wenig, hoher oder niederer Deckungsgrad) Säurezustand, Kalkungs- und Düngungsbedürfnis eines Ackers gut abschätzen läßt.

In diesem Fall decken sich standörtliche und gesellschaftliche Wertung.
Ein anderer Fall betrifft den Rittersporn (Delphinium Consolida). Er ist mit Haftdolde (Caucalis daucoides), kleiner Wolfsmilch (Euphorbia exigua), Ackergleiße (Aethusa agrestis), Röte (Sherardia) und tiefblauem Gauchheil (Anagallis coerulea), Charakterart (Kennart) der Rittersporngesellschaft = Delphiniétum (Delphiniumsassociation). Die genannten Pflanzen sind kalkstet, standortszuverlässig*) und somit Zeigerpflanzen mit folgender sicherer Standortsaussage:

a) Reaktion neutral bis alkalisch
b) Boden kalkig-lehmig, auch kalksandig
c) Standort warm
d) Standort nie vernässend
e) Standort oft austrocknend
f) Standort mindestens von mittlerer Gare und mittlerem Nährstoffgehalt, oft schwer bearbeitbar (tonig).

Das sind sechs wichtige Standorts- und Besiedlungsaussagen. Beide Gesellschaften schließen sich am selben Standort aus. Von den soziologischen Begriffen ist die Kennart, also die Art niederer soziologischer Bewertung

*) Schwankend ist manchmal nur der Rittersporn. Zweifel über den Standort löst die Kalkprobe mit verdünnter Salzsäure.

für die Ackerbeurteilung meist gut brauchbar. Weiter brauchbar sind alle Pflanzen mit sicheren Standortsaussagen, auch wenn die Pflanzen soziologisch nicht sehr hoch bewertet werden. Wir stellen uns also besonders auf die Standortsaussagen, d. h. auf die Pflanzenökologie ein und schließen dann die Gesellschaftswerte an. Hierbei gilt folgende Grund=regel:

Pflanzen mit sicheren, klaren Standortsaussagen sind immer gute Leitpflanzen, auch wenn sie gesellschaftlich (soziologisch) nur von geringem Werte sind. Solch gute Leitpflanzen und zugleich gering=wertige Gesellschaftspflanzen sind z. B. das blaue Ackerstief=mütterchen (Viola tricolor ssp. eutricolor*) = Viola vulgaris), ferner Stern=miere (Stellaria media), efeublättriger Ehrenpreis (Veronica hederaefolia), Hellerkraut (Thlaspi arvense), Ackersenf (Sinapis arvensis), Ackerkohl=distel (Sonchusarten, Lehm, Ton); Adlerfarn (Pteris aquilina) am Rain als Zeiger für geringe Böden. Diese Pflanzen sind von hohem Standorts=wert, aber zu weitem, d. h. praktisch nicht vielsagendem Gesellschaftswert.

B. „Höhere" Arten der Pflanzensoziologie:

Eine höhere Ebene im soziologischen System ist der Verband. Er faßt eine Reihe von Gesellschaften zusammen. So gibt es z. B. einen „Weizenverband" Triticion, einen „Roggenverband" Secalinion und einen „Borstgrasverband" Nardion. Der letztere findet sich auf saueren Ackerrainen und im Grünland. Wie man sieht, ist die Verbandsendigung „ion". Die Aussage einer Ver=bandsart ist oft unsicherer als die einer Charakterart einer Gesellschaft, weil eben ein Verband viele uneinheitliche Fluren zusammenfaßt. Als Roggen=verbandsart gilt z. B. die Kornblume (Centaurea Cyanus). Sie kommt aber auf so vielen verschiedenartigen Standorten vor, daß ihr Aussagewert nur gering ist. Auch die Kornrade (Agrostemma Githago), ist eine „Roggen=verbandsart", ebenso der Windhalm (Apera spica venti), der vielfach als Vertreter sauerer, kalkarmer, kieselsäurereicher Gebiete bezeichnet wird. Ellenberg schreibt dem Windhalm die Reaktionszahl 3 (milde Säure) zu. In verschiedenen Gebieten Bayerns kommt aber der „silikatholde" Wind=halm so oft in starken Kalklagen vor, daß man den Windhalmverband (Agrostidion venti) nur mit ökologischem Mißtrauen betrachten kann. Es ist eben physiologisch schwer verständlich, wenn eine „Kieselzeigerpflanze" auch auf stark kalkhaltigen Standorten vorkommt.

*) Manche Pflanzen zerfallen in Unterarten = subspecies, ssp. Da die morpho=logische Abtrennung oft schwierig ist, tragen manche Arten mehrere Namen, zwei z. B. Stiefmütterchen.

In der Pflanzensoziologie heißt der Windhalmverband außer Agrostidion auch noch Aperion. In der systematischen Botanik hat der Windhalm zwei Namen, nämlich Apera und Agrostis. Die Soziologie nimmt den inoffiziellen Namen Agrostis zur Verbandsbezeichnung. In diesem Zusammenhang sei erwähnt, daß die Haftdolde, Caucalis daucoides, eine Pflanze warmer Kalk=lehmgebiete, gleich 14 Namen hat. Diese Kalklehmgebiete sind meist geringere Roggenlagen. Trotzdem wird die kalklehmholde Haftdolde in der beschreibenden Pflanzensoziologie zum Secalinion gerechnet. Wenn man Secalinion nicht mit Getreideverband, sondern im Hinblick auf secale = Roggen mit Roggenverband übersetzt, dann entsteht Verwirrung. Auch aus diesem Grund lassen wir höhere Gesellschaftswerte weg und stützen uns auf die meist sehr realen ökologischen Aussagen der Zeigerpflanzen und die niederen Gesellschaftsbezeichnungen (Kennarten der Gesellschaft).

Die nächste höhere Ebene ist die Ordnung. Sie faßt Verbände und damit noch mehr Gesellschaften zusammen.

Die Ackerpflanzenordnung führt zwei Namen, nämlich

a) Secalino=Violetalia = Stiefmütterchenordnungsbereich im Acker oder
b) Anagallidetalia = Gauchheilordnungsbereich.

Beide Namen sagen zur Ackerbeurteilung nichts Wesentliches aus, aber man liest sie in jedem Buch über Soziologie und Ökologie. Deshalb sollte man sich über ihren Sinn einigermaßen im klaren sein. Beim Stiefmütterchen=bereich dienen Roggen (Secale) und Stiefmütterchen (Viola) als Grundlage der Namensgebung. Der Gauchheilbereich stützt sich auf Anagallis als namensverleihende Pflanze.

Die Endstufe der Soziologischen Begriffsbildung ist die Klasse.

Die Klasse der Unkrautgesellschaften des Ackers führt den Namen Edapho=Anagallidetea. In dieser Bezeichnung erscheint als oberster Repräsentant der Ackerflora wiederum der weitverbreitete Gauchheil, das Neunerle (Anagallis). Das weitere Wort edaphon bedeutet belebter Boden. Die immer noch in vielen soziologischen Büchern beliebte Klassen=bezeichnung: Schutt= und Ackerunkräuter (Rudereto=Secalinetea) verkennt das Wesen des Ackers, der mit Schutt = rudera nichts zu tun hat. Diese heute veraltete Bezeichnung „Schutt= und Ackerunkräuter" ist dem Mittelmeerraum entnommen (Braun=Blanquet). Sie steht also unserem anders gearteten europäischen, sibirischen Raum, dem Eurosibiricum, ferne. Um die soziologische Einteilung der Ackerpflanzen haben sich Tüxen, Knapp, Oberdorfer und Ellenberg besonders bemüht. Angesichts der großen Vielfaltigkeit der pflanzlichen Ackerbestände kann es nicht über=raschen, wenn die soziologischen Ordnungsbemühungen um den Acker viel=fach verwirrend wirken. Immerhin sollte jeder Landwirt und Biologe einen Überblick über die wichtigsten soziologischen Ordnungsversuche haben. Ein solcher allerdings etwas vereinfachter Überblick ist in den folgenden Zeilen gegeben.

Die einzelnen Gesellschaften in der von Tüxen, Knapp und Ellenberg angenommenen Artengruppierung stellen Möglichkeiten der Stand=ortsbesiedelung dar. In vielen Fällen liegen im Acker obendrein nur Ge=sellschaftsbruchstücke vor. In einem solchen Fall beantworte man auf alle Fälle die Frage, warum typische andere Kennarten einer Gesellschaft an Ort und Stelle fehlen. So kann z. B. bei der Rittersporngesellschaft höhere Feuchtigkeit oder niedere Temperatur örtlich oder auch regional den Reak=tionsfaktor (Kalkeinfluß) verschiedentlich zurückdrängen, wie man im niederschlagsreichen, kalkreichen Alpenvorland beobachten kann; dort ist auch auf anscheinend geeigneten Böden die Rittersporngesellschaft kaum vorhanden.

a) Gliederungsversuch von Tüxen.

Tüxen geht von der leicht beobachtbaren Tatsache aus, daß in den von Menschen beeinflußten und oft reichlich mit Stickstoff versehenen Böden sich eine im Prinzip als „nitrophil" zu bezeichnende (stickstoffbevorzugende) Flora entwickelt. Im Hinblick auf den Acker seien folgende nitrophile Klassen mit ihren Ordnungen, Verbänden und Gesellschaften hervorgehoben:

1. Zweizahnklasse	Bidentetea tripartitae
2. Hühnerdarmklasse	Stellarietea mediae
3. Breitwegerichklasse	Plantaginetea majoris
4. Gartenbeifußklasse	Artemisietea vulgaris

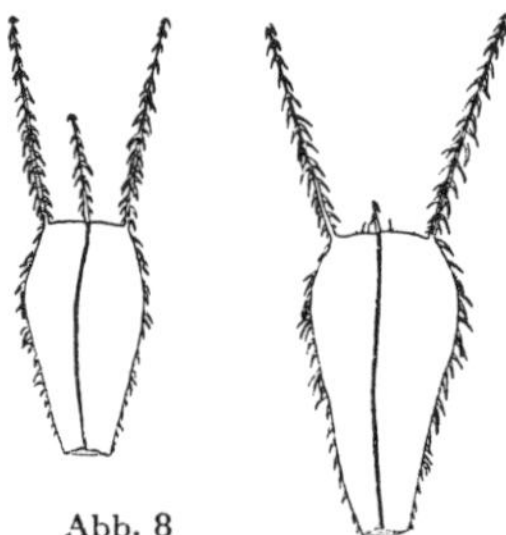

Zweizahn, Hosenbeißer
Frucht mit 2–4 rückwärtsstacheligen Grannen, 2 davon immer länger.

Abb. 8

1. Die Zweizahnklasse.

Für diese Feuchtpflanzenklasse dient als Hauptvertreter der Zwei=zahn (Bidens tripartitus). Die Zweizahnklasse (Bidentetea tripartiti) sendet an feuchte Ackerstellen den Zweizahn. Die Zweizahngesellschaft, das Bidentetum, ist besonders in Moorlagen stark entwickelt. Im Acker kommt sie vielfach nur als Rest=(Torso=)Gesellschaft vor. Hier tritt der Zweizahn manchmal nur als Einzelzeiger auf, vgl. Beispiel Mühlstetten.

Die Zweizahngesellschaft kann, von Moorlagen abgesehen, im Mineralacker als Abwertungsgesellschaft betrachtet werden, denn sowohl Bidens wie auch der Pfefferknöterich (Polygonum Hydropiper), die als Kennarten hierher gehören, sind starke Feuchtigkeitszeiger, also ackerbaulich Abwertungspflanzen. Jede dieser Arten tritt aber auch oft allein, z. B. an Mosaikstellen des Bodens, also nicht in der Gesellschaftsverbindung, auf.

2. Die große Hühnerdarmklasse, Sternmierenklasse.

Zur Sternmierenklasse gehören zahlreiche einjährige Ackerarten, meist mit der Stickstoffzahl N 3 – N 5.

Aus dem Hirse= Borstenhirse v e r b a n d (Panico=Setarion) kommen folgende Gesellschaften in Frage:

1. Fadenhirse=Spörgelgesellschaft, Panicum lineare Association, auch Panicetum linearis genannt.

   In Hackfrüchten auf warmen, saueren Sanden.

2. Hühnerhirse=Spörgelgesellschaft, Panicum Crus galli=Spergula arvensis Association.

   Außer den genannten Arten rechnet man noch hierher:
   Stengelumfassende Taubnessel, Lamium amplexicaule (Ubiquist);
   Franzosenkraut, Galinsoga parviflora.

   Die stengelumfassende Taubnessel geht als nicht streng gesellschaftsgebundene Art auch in kalkhaltige, warme Ackerböden, z. B. humose Terrassenschotterböden der oberbayerischen Hochebene; außerdem siehe Beispiel Mühlstetten.

   Eine Gesellschaft der Sommer= und Hackfrüchte auf mäßig saueren, warmen Sandlehmen und Lehmen.

3. Bluthirse=Bingelkrautgesellschaft, Panicum sanguinale – Mercurialis annua Association.

   Hierher gehören folgende Arten:

   Hühnerhirse, Panicum Crus galli
   Grüner Fuchsschwanz, Amaranthus lividus
   Rauhhaariger Fuchsschwanz, Amaranthus retroflexus
   Ackerwende, Heliotropium europaeum.

Oberrheinebene, Kaiserstuhl, in Bruchstücken auf Löß um Regensburg, Straubing, natürlich ohne Heliotropium; in der Hauptsache eine wärmeliebende Gesellschaft (T 3 – T 5).

Ähnlich wie Hirse-Gänsefußgesellschaft, Panico-Chenopodietum polyspermi (vielsamiger Gänsefuß).

Abb. 9

Sonnwende
Heliotropium europaeum.
Warme, meist kalkige Lehme,
R 4 (5), oft mit Bingelkraut.
Seltene Art.

Im Verband des vielsamigen Gänsefußes mit Knöterich (Polygono – Chenopodion polyspermi) erscheinen folgende Gesellschaften:

1. Spörgel-Saatwucherblumengesellschaft, Spergula arvensis – Chrysanthemum segetum Gesellschaft.

   Hierher gehören folgende Arten:
   Ackerziest, Stachys arvensis, nicht häufig;
   Ackerkrummhals, Lycopsis arvensis;

   Saatwucherblume, Chrysanthemum segetum; Südbayern, Ostbayern, Südbaden, Südwürttemberg fehlend, sonst sehr ungleich verteilt.

Als Gesellschaft in Sommergetreide und in Hackfrucht auf saueren, an lehmigen Sanden und auf entkalkter Marsch; als ganzes kaum in Bayern.

2. Erdrauchgesellschaft, Fumarietum officinalis.
Näheres siehe spezieller Teil; 1. Ackerbeispiel: Weserbergland.

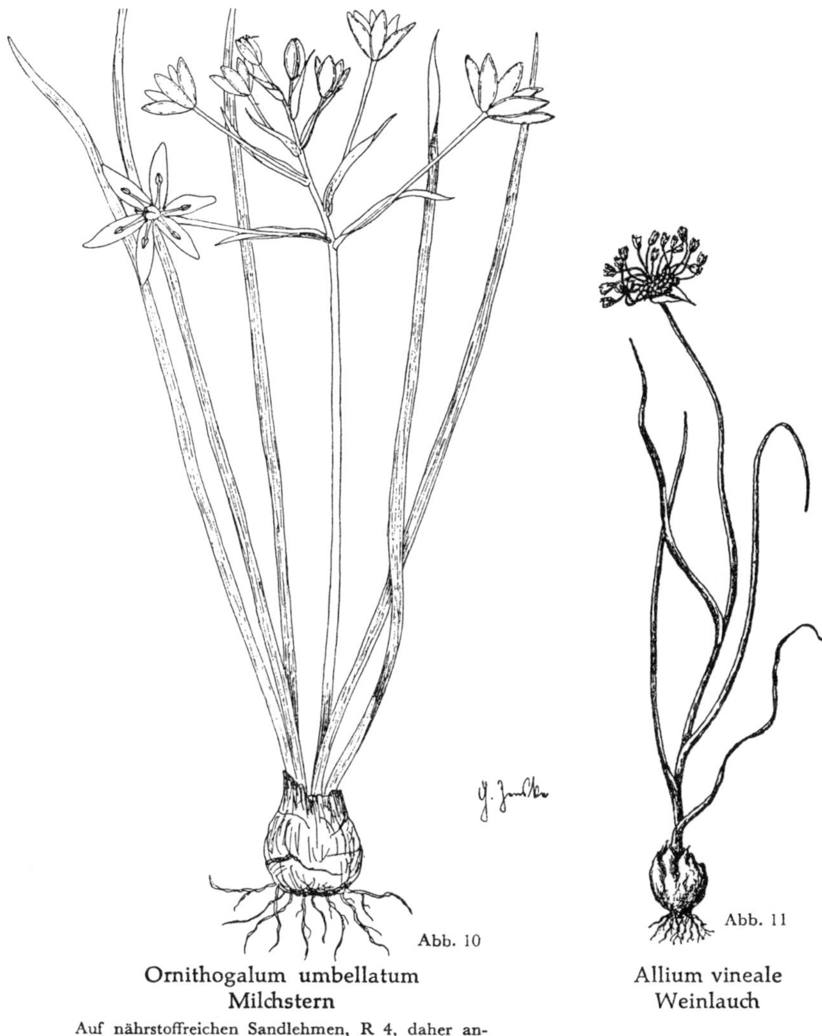

Abb. 10

Ornithogalum umbellatum
Milchstern

Auf nährstoffreichen Sandlehmen, R 4, daher annähernd in der Senfzone; oft in Weinbergen.

Abb. 11

Allium vineale
Weinlauch

3. Gesellschaft des Rundblattstorchschnabels und des Weinberglauches; Geranium rotundifolium – Allium vineale Gesellschaft. Hierher gehören: Rundblättriger Storchschnabel, Geranium rotundifolium,

Weinlauch, Allium vineale; Milchstern, Ornithogalum umbellatum; Rundblättriger Lauch, Allium rotundum.

Am Kaiserstuhl, bruchstückweise auf Porphyr im Nahetal (Kreuznach). Der Weinlauch kann als äußerst schädliche Pflanze auftreten, da Milch und Butter Knoblauchgeruch annehmen können.

Die Kornblumen**ordnung** (Centauretalia cyani) mit dem Windhalmver=band, Agrostidion spica venti, enthält besonders wintereinjährige Arten (Winterannuelle).

Hierher gehören folgende Ordnungsarten:

Kornblume, Centaurea Cyanus
Windhalm, Apera (Agrostis) spica venti
Feldsalat, Valerianella olitoria Abb. 12
Flughafer, Avena fatua
Viersamige Wicke, Vicia tetrasperma
Ackertrespe, Bromus arvensis
Roggentrespe, Bromus secalinus
Kuhkraut, Vaccaria pyramidata (seltene Pflanze!)
Leindotter, Camelina sativa Abb. 24
Rittersporn, Delphinium Consolida.

Das Schafmäulchen, der Feldsalat ist als **Rosettenpflanze** allgemein bekannt. Die blühende Planze mit ihrer Scheingabel ist wenig bekannt. Vgl. hierzu Farbtafel 25.

1. Schafkressen=Lammkrautgesellschaft (Lammkrautacker): Teesdalio=nudicaulis — Arnoseretum minimae.

Charakterarten: Teesdalia nudicaulis — Arnoseris minima. Abb. 13

Hierher gehören weiter:

Gelber Hohlzahn, Galeopsis segetum, G. ochroleura, siehe Nr. 1
Knäuel, Scleranthus annuus
Spörgel, Spergula arvensis
Kleiner Sauerampfer, Rumex Acetosella.

Auf saueren Böden im Wintergetreide; in Bruchstücken auf Pleinfelder Sanden, in der Oberpfalz; in Westdeutschland, Schleswig=Holstein besser ausgebildet.

Am Ackerrain oft Birke als Großzeigerpflanze; Bereich der Eichenbirken=gesellschaft = Querceto=Betuletum.

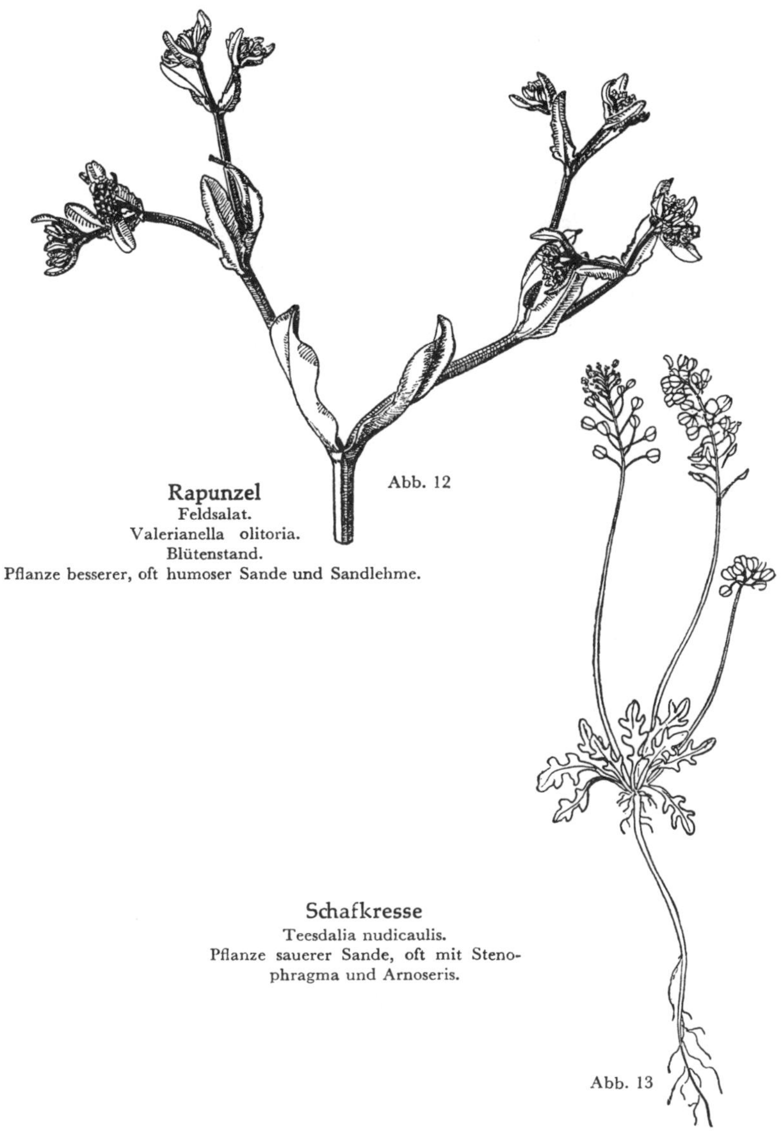

Abb. 12

Rapunzel
Feldsalat.
Valerianella olitoria.
Blütenstand.
Pflanze besserer, oft humoser Sande und Sandlehme.

Schafkresse
Teesdalia nudicaulis.
Pflanze sauerer Sande, oft mit Stenophragma und Arnoseris.

Abb. 13

2. Frauenmantel=Kamillengesellschaft (gerne in Wintergetreide). Beim Frauenmantel unterscheidet man a) Alchemilla arvensis mit 1,5 bis 2 mm langen Blüten und 48 Chromosomen, b) Alchemilla microcarpa mit 0,5 bis 1 mm langen Blüten und 12 Chromosomen. Die letztere Art soll mehr für die Lammkrautgesellschaft, die erstere für die Frauenmantel=Kamillengesellschaft bezeichnend sein.

Die hierher gehörende Frauenmantel=Kamillengesellschaft tritt in den soziologischen Schriften unter zehn verschiedenen Namen auf. Aus dieser Namensgebung (Nomenklatur) seien folgende „identische" Gesell=schaften erwähnt:

a) eine Leinkrautgesellschaft, Linarietum spuriae

b) die Hederichgesellschaft, Raphanetum raphanistri

c) die Ritterspornegesellschaft, Delphinietum, mit der Windhalmsonder=ausbildung

d) eine Kamillen=Senfgesellschaft, Matricaria Chamomilla — Sinapis arvensis=Association

e) eine Flughafergesellschaft, Avenetum fatuae

f) eine Gesellschaft des schönen Hohlzahns, Galeopsis speciosa; Galeopsetum speciosae.

Abb. 14

Ackerfrauenmantel
Alchemilla arvensis

Oft unscheinbare Pflanze nährstoffreicher, kalkarmer Sandlehme und Lehme. Aufwertungspflanze. Oft mit Veronica hederaefolia, auch mit Kamille. Bewertungszahlen R 2–3, N 3, G 2, W 2–3, T 3. Flachwurzler.

Daß man auch ein Vicietum tetraspermae bei der vorstehenden Acker=frauenmantelgesellschaft unterschieden hat, sei am Rande bemerkt.

In der Reihe von Gesellschaften, die sich um die Frauenmantel=Kamillen=gesellschaft gruppieren, erscheinen Flughafer= und Leinkrautgesellschaft

(Linaria spuria ist farbiges Leinkraut) als besonders schwach begründet. Aus diesem schwankenden Gewirr von Namen, das die beschreibende Soziologie liefert, führt die ökologische Betrachtung durch ihre feste Bewertungsgrundlage heraus.

3. Rankenplatterbsen — Windhalmgesellschaft, Lathyrus aphaca=Agrostis spica venti — Association. Kennarten:

Lathyrus Aphaca, Kalk= und Tonzeiger, unbeständig, selten.
Feldsalat wie Valerianella olitoria, rimosa, ferner
Veronica hederaefolia
Vicia hirsuta, Vicia tetrasperma. F. 153
Am Kaiserstuhl; in Bayern höchstens in Einzelfällen.

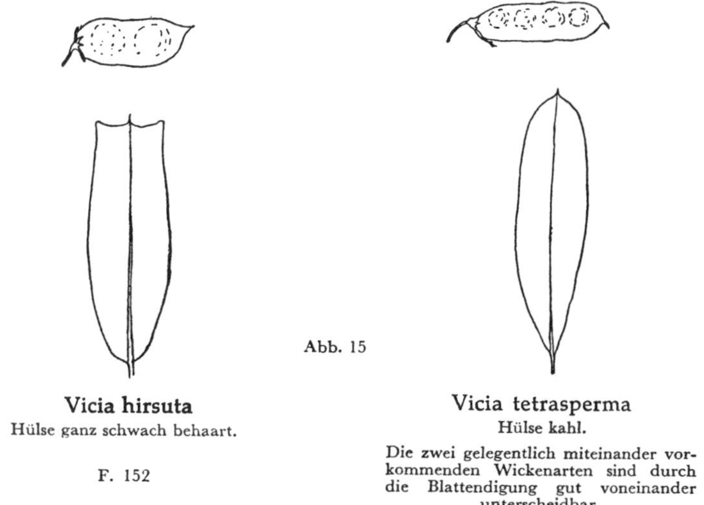

Abb. 15

Vicia hirsuta
Hülse ganz schwach behaart.

F. 152

Vicia tetrasperma
Hülse kahl.
Die zwei gelegentlich miteinander vorkommenden Wickenarten sind durch die Blattendigung gut voneinander unterscheidbar.

Zum Windhalm, der in der Rankenplatterbsengesellschaft den Anschein erweckt, als gehöre zu ihm alkalische Reaktion (R 5) sei bemerkt:

Der Windhalm kann auf starksaueren Grausanden mit pH 4,5 bis 5,0 in der Geest (Westerstede, Amerland, Oldenburg) sehr häufig auftreten, ja Aspektbildner sein, wobei er von viel Kornblume (Centaurea) und geruchloser Kamille (Matricaria inodora) begleitet ist. Vielfach sind diese Böden stickstoffreich. Wenn andererseits der Windhalm auf Kalk=tonböden mit pH etwa 7,0 bis 7,5 eine Gesellschaft mit Lathyrus aphaca bildet, so ist vom Windhalm her eine solche Gesellschaft etwa durch einen gewissen Nährstoffgehalt begründet, der Windhalm und Rankenplatterbse zusammenführt. Die Reaktionszahl R 3 (Windhalm) bei E l l e n b e r g umfaßt den Reaktionsbereich des Windhalms (pH etwa 4,5 bis 7,5) schlecht, d. h. beim Windhalm überlagern sonstige Stand=ortsfaktoren Fö die Reaktion. Die Besiedelungsformel beim Windhalm kann also lokal bzw. regional lauten Fö > R. Bei diesen Faktoren können Nährstoffgehalt und Stickstoffmenge eine Rolle spielen und stärker sein als die Reaktion, so kommt Windhalm sowohl auf stark saueren als auch auf deutlich alkalischen Böden vor. Vgl. hierzu auch Abschnitt Aspekt=bildner.

d) Verband der Haftdolde (Caucalion lappulae = Caucalion daucoides), auch als Weizenverband (Triticion sativae) und als Haftdolden=Eiblatt=Strahldoldenverein (Caucalis=Conringia=Orlayavereine) bezeichnet.

Hierher gehören viele kalkstete (calziphile) „mittelmeerische" Arten, auch einige Landblockpflanzen. Praktisch handelt es sich um die große Rittersporngesellschaft, die von E l l e n b e r g und K n a p p in verschiedene Teile aufgespalten wurde.

Hierher rechnet man auch folgende Sondergruppe:

Rankenplatterbsen — Knollenplatterbsengesellschaft,
Lathyrus Aphaca — Lathyrus tuberosus Association. Beide R 5.

Neben den Titelkennarten findet sich auch Ackerlichtnelke, Silene nocti=flora = Melandrium noctiflorum. Diese letzte Art gilt auch als Kennart der Ackerlichtnelkengesellschaft, Melandrium noctiflorum Association. (Lehmzeiger im Weizenverband, Triticion.)

In Weizen= und Dinkelfeldern auf Kalk und Ton der Schwäbischen Alb.

3. Breitwegerichklasse.

Hierher rechnen die Soziologen, soweit der Acker in Betracht kommt, Gänse=fingerkraut= und Vogelknöterichgesellschaften. Es sind dies „Teppichgesell=schaften", weil sie sich wie ein Teppich über die eigentlichen A c k e r g r u n d=g e s e l l s c h a f t e n legen.

Als Hauptkennarten der Breitwegerichgruppe gelten
Breitwegerich, ferner
Rauher Hahnenfuß, Ranunculus Sardous und
Weißes Straußgras, Agrostis alba, var. prorepens.
Wegen Ranunculus Sardous siehe Ackerbeispiel rauher Hahnenfuß!
In dieser Klasse erscheint auch eine Mäuseschwanzgesellschaft, Myosure=tum minimi. Näheres hierüber siehe bei der Einteilung der Gesellschaften nach K n a p p.

4. Gartenbeifußklasse.

Eine vierte Klasse stickstoffliebender Pflanzen führt den Namen Garten=beifußklasse, Artemisietea vulgaris.

Der Garten= oder Ackerbeifuß ist bezeichnend für warme Lehme und humose gute Braunerde. Als Zeigerpflanze gehört er zum Weizen= und Rübengebiet (Beta). Man beachte, daß der Gartenbeifuß in Ortsnähe oft verschleppt ist. Abgesehen vom Gartenbeifuß hat die ganze Beifußklasse kein besonderes ackerbauliches Interesse. Artemisia vulgaris meidet die Standorte des Sandbeifußes, Artemisia campestris. Siehe Beispiel Mühl=stetten (22) und Schleißheim (37).

b) Gliederungsversuch nach Knapp.

a) Getreidegesellschaften sauerer Gebiete:

1. Hederichgesellschaft, Raphanetum, besonders der Lehmäcker. Kenn=arten: Raphanus raphanistrum, Matricaria Chamomilla, Alchemilla arvensis, auch Galeopsis ladanum. Dazu kommen folgende, nicht immer häufige Arten: Papaver Argemone und Antirrhinum Orontium. Meist auf besseren Lehmen. Ferner auf Sandlehmen, die nicht selten weizenfähig sind.

2. Sandflur der Hederichgesellschaft, oft ärmeres Raphanetum. Kenn=arten: Arnoseris minima, Trifolium arvense, Viola tricolor ssp. vul=garis (blaues oder Sandstiefmütterchen). Teilweise auch im Bunt=sandstein, ungleich verbreitet.

3. Kamillen=Frauenmantelgesellschaft.
   Eine Gesellschaft oft recht guter Böden. (Sande, Braunerde.) Näheres siehe Gliederung nach Tüxen.

4. Lammkrautflur, Arnoseretum=Scleranthetum mit:
   Arnoseris minima, Scleranthus annuus, Galeopsis ochroleuca (= Gal. segetum), Anthoxanthum aristatum, eine Gesellschaft des atlantischen Westens, auch in diluvialen Quarzsanden verbreitet. Eine verarmte Form (ohne Anthoxanthum und Galeopsis) siehe unter Mühlstetten. In Bayern kommt das begrannte Ruchgras, das eine Wanderpflanze ist, kaum vor.

5. Knäuel=Spörgelgesellschaft, Scleranthus annuus=Spergula arvensis Gesellschaft. Oft auf nährstoffreicheren Böden, da Spörgel solche vorzieht.

b) Getreidegesellschaften annähernd neutraler Böden:

6. Erdrauchgesellschaft, Fumarietum officinalis mit Fumaria officinalis und Euphorbia Peplus. Eine eingehende Darstellung unter „Acker=beispiele". Beispiel 1.

c) Getreidegesellschaften kalkreicher Böden:

7. Die große Rittersporngesellschaft, Delphiniétum concolidae. Über diese artenreiche Gesellschaft siehe Näheres unter 8. Von der großen Rittersporngesellschaft seien folgende Aufgliederungsversuche erwähnt:

Braunes Mönchskraut
Nonnea pulla.
Selten, wärmeliebend, R 5, in Löß und Kalklehm.

Abb. 16

8. Hohlzahn=Feldrittersporngesellschaft mit Delphinium, Galeopsis angustifolia, Ajuga chamaepitys, Caucalis daucoides, Stachys annua. Im Muschelkalk, Kreidekalk, in der Alb, im Jura und in Kreide=bezirken des Weserberglandes. Oft auf schweren Böden, vereinzelt artenarm, d. h. nur Galeopsis augustifolia vorhanden.

8a. Haftdolden=Venuskammgesellschaft, Caucalis daucoides=Scandix pecten veneris Association. F. 47, F. 54

Folgende Arten rechnet man hierher:

Adonis aestivalis, häufig	Iberis amara, lokal
Adonis flammeus	Melampyrum arvense, lokal
Ajuga chamaepitys, lokal	Melandrium noctiflorum
Anagallis coerulea, lokal	Nonnea pulla, lokal, Abb. 16
Asperula arvensis, selten, Kalkjura	Orlaya grandiflora, lokal
Caucalis daucoides, lokal	Scandix pecten veneris, häufiger
	Torilis arvensis. lokal, unbeständig
Conringia orientalis, lokal F. 48	Vaccaria pyramidata, lokal

Hierzu sei bemerkt: Iberis amara ist in der Pfalz, im Rhein= und Taubergebiet häufiger anzutreffen, in Bayern nur vereinzelt oder vorübergehend. Das Kuhkraut, Vaccaria pyramidata, ist im Muschel=kalk häufiger, auch in der Pfalz; mäßig verbreitet in der ober=bayerischen Hochebene, nur wenig im Weißen Jura.

Der Kletterkerbel, Torilis arvensis, fehlt praktisch in Südbayern. Im Weißen Jura, in der Pfalz um Wolfstein und Kusel ist er häufiger; auch im Tauber=, Lahn=, Ahr= und Moseltal tritt er auf, sowie im Hegau und am Kaiserstuhl; vereinzelt im Nordwesten (Göttingen, Braunschweig, Hannover). Abb. 17.

Man beachte, daß diese „Gesellschaft" fast die ganze Rittersporn=gesellschaft umfaßt mit Ausnahme von Delphinium, Euphorbia exigua, Sherardia und Lithospermum.

Im übrigen vergleiche man mit 7, 8 und 8a auch die Besprechung der Rittersporngesellschaft bei den Ackerbeispielen.

8b. Beim „Zurücktreten der Kalkreaktion" kann sich die Rittersporn=gesellschaft in der Sonderausbildung der Windhalm=Rittersporn=gesellschaft zeigen; Apera spica venti=Delphinium=Gesellschaft.
In jedem Fall untersuche man bei dieser „Gesellschaft" die Böden. Jedenfalls habe ich auf „Sand" immer Kalkreaktion erhalten, wenn Delphinium vorhanden war. Vielfach liegen Mosaikböden mit schach=brettartig wechselndem Kalkgehalt vor. Diese Sonderausbildung findet sich nach Knapp auf „Löß" in Mitteldeutschland, auf Porphyr, Buntsandstein, Rotliegendem, Kreide= und Diluvialsand und im Muschelkalk mit lokaler Kalkverarmung.

Vielfach liegt auch Einwanderung des Rittersporns in ganz andere Gesellschaften vor. Näheres siehe Beispiel Mühlstetten.

Klettenkerbel
Torilis arvensis (infesta).
Wärmeliebend, auf trockenen Kalklehm-, Mergel- und Tonböden, R 5.

Abb. 17

d) Hackfruchtgesellschaften.

9. Hühnerhirseflur, Panico=Chenopodietum polyspermi.

Hierher gehören:

Solanum nigrum, Panicum Crus=galli, Panicum sanguinale, Chenopodium polyspermum, Setaria ambigua, verticillata, glauca, Galinsoga parviflora.

Besonders in der Rheinebene und im norddeutschen Diluvialgebiet. An Feuchtstellen bildet sich eine Sonderausbildung mit Stachys palustris, Erysimum cheiranthoides, Gnaphalium uliginosum (Ab=wertungsstellen). F. 88

10. Bingelkrautgesellschaft, Mercurialetum annuae.
Näheres siehe Hackfruchtgesellschaften.

e) Gesellschaften feuchter Stellen und Ackerrinnen.

11. Kleinlings=Lebermoosgesellschaft, Centunculeto — Anthoceretum.
Hierher als Kennarten:

a) Lebermoose: Riccia glauca, Anthoceros sp. Herbstpflanzen,

b) folgende Blütenpflanzen: Delia segetalis (nur ganz lokal von Bedeutung), Myosurus minimus; Ackerrinnenpflanze. F. 92

Der Mäuseschwanz tritt oft ganz allein für sich auf, er stellt eine Frühjahrspflanze dar. An Feuchtstellen, z. B. der Hederichgesell=schaft kann er sich auch einfinden. Das Auftreten der Mäuse=schwanzgesellschaft im Acker ist oft recht merkwürdig. Sie findet sich sowohl im Acker (feuchte Sande, Sandlehme, Ton) wie in der Wiese, z. B. in der Flur, „im Elend", im Ries bei Wechingen auf Ton.

In Nordwestdeutschland, im mittleren Wesertal, in Schleswig=Holstein, ist der Mäuseschwanz an Viehtränken nicht selten. Man spricht hier an Tränkstellen und Trampelpfaden der Weidetiere vom Mäuseschwanzpfad.

12. Knorpelkrautgesellschaft, Panico=Illecebretum.

Kennarten: Illecebrum und Corrigiola. Abb. 18 und 19.

Beide an saueren Sanden und Naßstellen; im eigentlichen Ackerbau ohne Bedeutung. Eine atlantische Gesellschaft, vorzugsweise in Nordwestdeutschland.

13. Bitterlingsgesellschaft, Gesellschaft des Fadenenzians, Cicendia, Cicendietum filiformis.

Kennarten: Radiola linoides, Cicendia filiformis. Abb. 20.

Eine atlantische Gesellschaft nasser sauerer Sandstellen und Acker=rinnen, besonders im Nordwesten. Der Kleinlingsgesellschaft (Nr. 11) nahestehend, selten.

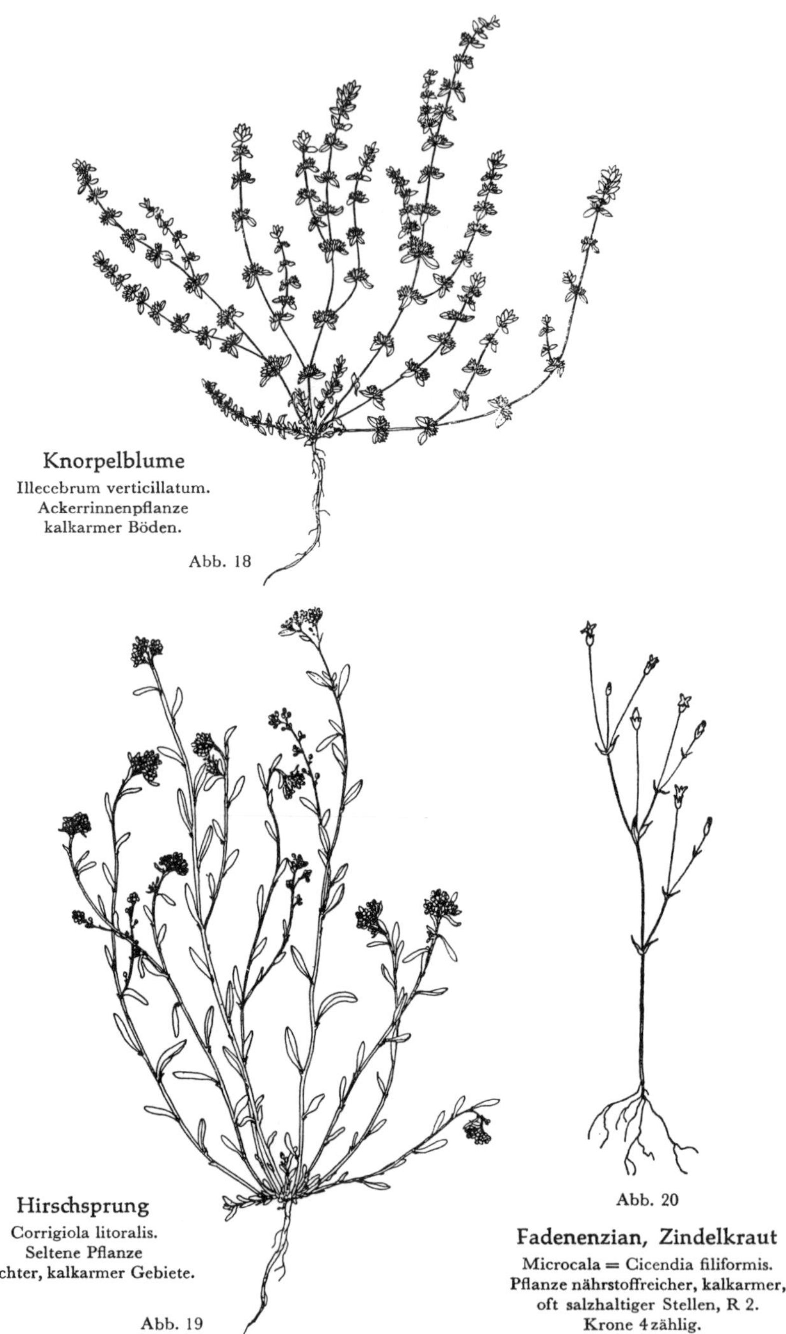

Knorpelblume
Illecebrum verticillatum.
Ackerrinnenpflanze
kalkarmer Böden.

Abb. 18

Hirschsprung
Corrigiola litoralis.
Seltene Pflanze
euchter, kalkarmer Gebiete.

Abb. 19

Abb. 20

Fadenenzian, Zindelkraut
Microcala = Cicendia filiformis.
Pflanze nährstoffreicher, kalkarmer,
oft salzhaltiger Stellen, R 2.
Krone 4zählig.

Die Bitterlingsgesellschaft heißt auch Zindelkrautgesellschaft, auch der Name Bitterblatt findet sich. Das Bitterblatt ist sehr selten, in Bayern kommt der Bitterling vereinzelt im Buntsandstein vor (Miltenberg, Streit bei Klingenberg). Bei Hanau, ferner in Hannover, Oldenburg, Schleswig=Holstein tritt er etwas häufiger auf sandigen, anmoorigen Böden auf. Im Südwesten von Nienburg ist die Zindelkrautgesellschaft im Bereich des (saueren) Eichen=Birken=Waldes noch erhalten.

Die Gesellschaften 11, 12, 13 faßt man in der Ordnung der Zwergbinsengruppen zusammen: Nanocyperetalia; sie ist aber in sich schlecht begründet. Von den Arten dieser Ordnung finden sich im Acker weiter verbreitet: Krötenbinse und Breitwegerich*). Ackerbaulich handelt es sich um Abwertungsgesellschaften, deren Hauptvertreter bereits früher genauer behandelt sind.

Bei all diesen Gesellschaften merke man sich:

Der Standort bestimmt, was sich soziologisch zusammenfinden kann und darf.

c) Gliederungsversuch nach Ellenberg.

Bei dem *Ellenbergschen* Gliederungsschema spielen Temperaturansprüche (T 1—3, T 3—5), Reaktion, Wasserführung und Nährstoffgehalt, d. h. sowohl ökologische wie auch soziologische Gesichtspunkte, eine gewisse Rolle. Bei meiner Gruppierung tritt noch die Frage der *Bebaubarkeit* besonders hervor.

A. Beherrschender Faktor: Bodenreaktion, Kalk, R 5 und hohe Wärme, Kalkzeiger.

1. Rittersporngesellschaft, Standortsmerkmale T 3—4, W 4, R 5, N 2. Nach *Ellenberg* ist die Gruppe mit Delphinium consolida, Adonis aestivalis, Anagallis coerulea (blau!), Campanula rapunculoides, Melandrium noctiflorum, auch Caucalis daucoides, Galium tricorne und Scandix pecten Veneris eine „Frische liebende". Diese „Frische" scheint mir bei der Rittersporngesellschaft oft weithin zu fehlen. Pflanzen mit T 3—4 gehen auch in weniger warme Gebiete: Aufspaltung einer Gesellschaft nach der Temperatur.

---

*) Besonders die Form Plantago major var. intermedia (auch als eigene Art betrachtet). F. 93

2. Hasenohrgruppe, T 3—5, W 5, N 2.

Sie ist stärker wärmeliebend als Gruppe 1. Die Wasserzahl W 5 = oft stark austrocknend, ist ackerbaulich oft ungünstig.

Hierher gehören:	Hauptverbreitung:
Rundblättriges Hasenohr, Bupleurum rotundifolium	schwere Lehme, Jura, Muschelkalk
Strahldolde, Orlaya grandiflora	weißer Jura
Sichelklee, Medicago falcata	verbreitet mit Ausnahme der Silikatgebirge
Rankenplatterbse, Lathyrus Aphaca	zerstreut, oft adventiv
Aufrechter Ziest, Stachys recta	weißer Jura, Tertiärkalk, Muschelkalk
Einjähriger Ziest, Stachys annua	weißer Jura, Muschelkalk
Traubenhyacinthe, Muscari racemosum . . .	siehe auch Bingelkrautgesellschaft

3. Eiblattgruppe, Schöterichgruppe. T 3—5, W 5, R 5, N 2. Trockenheit ertragende Pflanzen.

Hierher gehören:

Eiblatt, Conringia orientalis
Breitblatt, Haftdolde, Caucalis latifolia
Schmalblättriger Hohlzahn, Galeopsis angustifolia
Gelber Günsel, Ajuga chamaepytis

Zackenschote, Bunias orientalis . . . Mönchskraut, Nonnea pulla	} zurücktretende Arten

4. Sichelmöhrengruppe, T 3—4, R 4—5, N 2. Tiefwurzler. Beginn der Reaktionsabschwächung.

Hierher rechnet Ellenberg:

Sichelmöhre, Falcaria vulgaris . . . Kronenwicke, Coronilla varia . . . „Ackerscabiose", Knautia arvensis . .	} mehr am Rain als im Acker Rainzeigerpflanzen

Wärmeansprüche geringer.

5. Ackerrötengruppe, T 2—3, R 4—5, W 3—4, N 2—3.

Diese Zahlen deuten bereits auf Äcker mit besserer Wasserführung (W 3—4) und höherem Nährstoffgehalt (N 2—3). Wir nähern uns einer oft besseren Ackerlage. (W 3—4, N 2—3).

<table>
<tr><td>Kennarten: Flughafer, Avena fatua .
Ackerröte, Sherardia arvensis . . .
Ackersteinsame, Lithospermum arvense
Finkensame, Neslia paniculata . . .
Hundspetersilie, Aethusa agrestis . .</td><td>} lockere Arten der Rittersporngesellschaft. Gehen als Einzelgänger oft weit aus der Gruppe 1 heraus und in kühlere, feuchtere Lagen</td></tr>
</table>

Kleine Wolfsmilch, Euphorbia exigua F. 56
Knollige Platterbse, Lathyrus tuberosus F. 60

Die Gruppen 1—5 erscheinen bei Knapp als große Rittersporngesellschaft, Delphiniétum. Auch die Haftdolden=Venuskammgesellschaft, Caucalis daucoides=Scandix pecten Veneris Ass. (Tüxen), gehört hierher. Zu dieser verschiedenartigen Einteilung sei folgendes bemerkt:

Die große Rittersporngesellschaft ist bei Tüxen und Ellenberg in kleinere Gesellschaften und Gruppen aufgelöst. Diese Einteilung ist

Streuung der Rittersporngesellschaft.

Sandig, kalkiger Boden	Boden mit hohem Kalkgehalt	Übertritt in Böden mit geringerem Kalkgehalt	Berührungszone mit der Hederichgruppe

I

Austritt bis an die Silbergrasflur ←—— Rittersporn, Delphinium ——————→

II

Teufelsauge, Adonis
Gauchheil, Anagallis coerulea
Haftdolde, Caucalis
Breitsame, Orlaya
Venuskamm, Scandix ————→
Gleiße, Aethusa ————→

III

Kleine Wolfsmilch, Euphorbia exigua ————→
Finkensame, Neslia ————→
Steinsame, Lithospermum ————→
Flughafer, Avena fatua ——————→
Röte, Sherardia ——————→

darin begründet, daß einzelne Vertreter infolge größerer Besiedelungs= breite in andere Gesellschaften eindringen; dies gilt für Rittersporn, Ackerröte und kleine Wolfsmilch, die als Anschlußarten (Kontaktarten) sich bis in Anschlußgesellschaften vorschieben. Dasselbe gilt auch von der Ellenbergschen Mohn=Senf=Gruppe als einer Anschlußgruppe zu den Rittersporngesellschaften. Rittersporn und Röte stellen ökologische End= und Streuungspunkte dar.

Die standörtliche Aufspaltung der Rittersporngesellschaft ist deutlich. Von der Dreiergruppe Wolfsmilch, Gleiße und Röte geht die Röte als Einzelgänger, losgelöst von der Rittersporngesellschaft, schließlich bis in nicht nennenswert sauere Lehmböden mit Hederich als Zeigerpflanze. Gleiße und Wolfsmilch bleiben schon früher zurück. Man trifft die Ackerrötengruppe Ellenbergs auch außerhalb intensiver Kalkböden; sie ist aber auch in der großen Rittersporngesellschaft gut entwickelt. Deshalb kann man die große Rittersporngesellschaft nach Knapp durchaus mit Nutzen beibehalten.

Die scheinbar andere Einteilung von Tüxen und Ellenberg wird aus der vorstehenden Streuungsübersicht einigermaßen verständlich. Durch sie wird der Wert der ökologischen Betrachtung besonders hervor= gehoben.

Kalk bevorzugende Gruppen mit R 4 haben meist noch gute Kalk= versorgung.

6. Ackersenfgruppe, T 1—3, W 3—4, R 4, N 3—4.

Wasser=, Reaktions= und Stickstoffzahl deuten bei Fehlen von Acker= fehlern auf ackerbaulich gute Lagen.

Pflanzen mit z. T. geringen Temperaturansprüchen, T 1!

Kennarten: Ackersenf, Sinapis arvensis . . . Klatschmohn, Papaver Rhoeas . . . . . . Persischer Ehrenpreis, Veronica persica . . .	typische Lehm= zeiger
Rote Taubnessel, Lamium purpureum . . . . Rainkohl, Lampsana communis	Beide Pflanzen Zeiger für Bodenfrische
Stengelumfassende Taubnessel, Lamium amplexicaule	starker Ubiquist, geringwertig
Sandmohn, Papaver Argemone . . . . . . F. 10	häufiger mit Acker= rettich als mit Senf und Mohn

Ellenberg unterscheidet z. B. die reine Ackersenfgruppe. Reine Gruppen setzen einheitliche (homogene) Böden, d. h. Fehlen von Mosaik=Differenzierungsstellen voraus. Das ist aber eine theoretische Konstruktion, denn wenn ein Boden eine Mosaikstruktur aufweist, so schieben sich nach Ellenberg folgende Pflanzen ein:

a) Sumpfruhrkraut . . . . } oft als Abwertungs=
b) Kriechender Hahnenfuß . . . . } gruppen zu
c) Sumpfruhrkraut und kriechender Hahnenfuß } betrachten

Eine reine Rittersporn=, Knäuel=, Hederich=, Eiblattgesellschaft ist also ebenfalls eine theoretische Konstruktion. Praktisch wird je nach Boden=struktur fast jede „Gesellschaft" von Differenzierungsgruppen, z. B. von Abwertungsgruppen im Sinne der Bebaubarkeit, unterwandert bzw. bestandesmäßig geändert.

7. Ackersaudistelgruppe, T 1—3, W 2, R 3—4, N 3—4. Man beachte die stärkere Wasserführung (W 2) gegenüber Gruppe 6.

Kennarten: Ackersaudistel, Sonchus arvensis . } auch Lehmzeiger,
Rauhe Saudistel, Sonchus asper F. 66 . . . . } Wurzeltypen ver=
Acker=Fuchsschwanz, Alopecurus myosuroides . } schiedenen Grades
Acker=Hahnenfuß, Ranunculus arvensis . . . }

Es gibt übrigens Fluren mit viel Fuchsschwanz ohne jede Andeutung von Sonchus und Ranunculus arvensis; dann läge eine Bruchstück=, eine Torsogesellschaft vor.

Säure=Bevorzugende (milde Säure).
R 3, T 1—3, W 2, R 3, N 3—4.

8. Kamillengruppe.

Kennarten: Echte Kamille, Matricaria Chamomilla
Geruchlose Kamille, Matricaria inodora F. 158
Acker=Frauenmantel, Alchemilla arvensis
Windhalm, Apera spica venti . . . . } stärkere Krumen=
Einjähriges Rispengras, Poa annua . . . . . } feuchtigkeit liebend
Viersamige Wicke, Vicia tetrasperma . . . . }

9. Hederichgruppe, T 2—3, R 2—3, N 3—4 (?)

Kennarten: Hederich, Raphanus Raphanistrum F. 8, F. 9
Acker=Hundskamille, Anthemis arvensis F. 173,
Dreiblattehrenpreis, Veronica triphyllos, oft auf Sand.
Gruppen 8 und 9 gehen oft ineinander über.

Die Hederichgruppe kann stärker sauer sein als die Kamillengruppe.

Soziologisch neigt Gruppe 8 zur Kamillen=Frauenmantelgesellschaft, Gruppe 9 zum Raphanetum.

Deutliche Säurezeiger, T 1—3, R 1, N 2—3.

10. Knäuelgruppe (weniger wärmeliebend).

Kennarten: Kleiner Knäuel, Scleranthus annuus Ackerspörgel, Spergula arvensis	oft noch auf nähr=stoffreicheren Böden
Kleiner Ampfer, Rumex Acetosella F. 17, F. 18	oft auf ärmeren Böden

11. Vogelfußgruppe, T 3—4, R 1, N 1—2, W 4—5.

Kennarten: Kleiner Vogelfuß, Ornithopus perpusillus. In Bayern sehr selten. Vgl. Abb. 1.

Fadenhirse, Panicum lineare F. 26

Frühlingsspörgel, Spergula vernalis; selten. Blätter unterseits ohne Rinne, Unterschied von Sp. arvensis.

Hasenklee, Trifolium arvense. Weit verbreitet, auch außerhalb der Vogelfußgruppe. F. 11

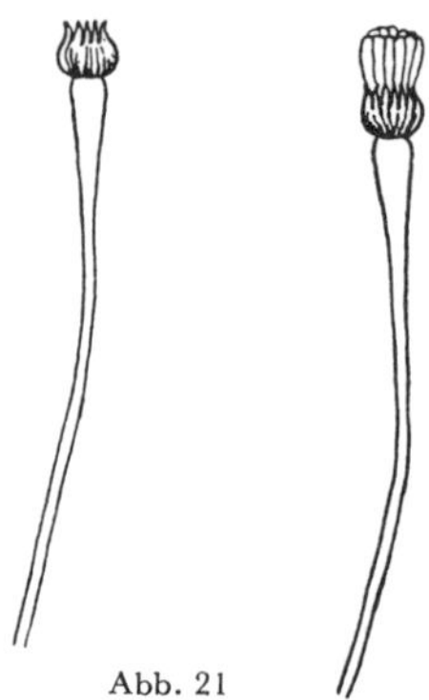

Abb. 21

Lämmersalat, Lammkraut
Arnoseris minima.
Leicht kenntlich an Blütenstandsanschwellung unterhalb des gelben Körbchens. Links: Fruchtstand.

Diese wärmeliebende Gruppe trockener, armer Sande zeigt oft starke Säure an. Für Bayern ist die Bezeichnung „Vogelfußgruppe" einigermaßen irreführend, da dieselbe mit Ausnahme weniger fränkischer Sande sehr selten ist.

12. Lammkrautgruppe, T 3—4, R 1, W 3—4, N 1—2.
Soziologische Bezeichnung Arnoseretum.

Kennarten: Lammkraut, Arnoseris minima F. 12, F. 13
Begranntes Ruchgras, Anthoxanthum aristatum
Weiches Honiggras, Holcus mollis
Sandstiefmütterchen, Viola tricolor vulgaris = Viola tricolor ssp. eutricolor
Das begrannte Ruchgras kommt in Bayern nur adventiv vor.
Das Sandstiefmütterchen ist nur lokal von Bedeutung (blauer Klee).
Vielfach ist im Acker allein nur Lammkraut vorhanden.

13. Sandhohlzahngruppe, T 1–4, R 1–2, N 3–4, W 2–3.
Soziologische Bezeichnung z. T. Stachys arvensis-Chrysanthemum segetum Ges.

Kennarten: Sandhohlzahn, Galeopsis segetum
Saat-Wucherblume, Chrysanthemum segetum
Ackerziest, Stachys arvensis
Ackerkrummhals, Lycopsis (Anchusa) arvensis. F. 15

Der Ackerkrummhals ist oft Einzelgänger*); er geht selten in Böden mit der Reaktionszahl 1–2, aber die Nährstoffzahl paßt ziemlich gut zu ihm. In großen Teilen Bayerns und Württembergs sind Sandhohlzahn- und Wucherblume selten, so daß von einer Sandhohlzahngesellschaft nur Andeutungen vorkommen.

B. Beherrschender Faktor: Starker Wasserhaushalt.
Staunässegruppen.

14. Gruppe des kriechenden Hahnenfußes, T 1–4, W 1, R ?, N 3–5.

Kennarten: Kriechender Hahnenfuß, Ranunculus repens F. 96
Gemeines Rispengras, Poa trivialis
Flechtstraußgras, Agrostis alba prorepens
Gänsefingerkraut, Potentilla anserina F. 85
Ackerminze, Mentha arvensis F. 87
Sumpfziest, Stachys palustris F. 86
„Wald" sumpfkresse, Roripa silvestris*) F. 91
vgl. hierzu: Abwertungspflanzen Mühlstetten.

15. Huflattichgruppe, T 1–3, W 1 (oft unter der Krume!).

---

*) Einzelgänger ist eine Pflanze mit geringem Deckungsgrad; ähnlich vielfach auch der Sandmohn.

*) Silvestris heißt genau: Wild, nicht Wald. Man denke auch an Kerbel (Anthriscus silvestris). Beide Arten fehlen im Wald.

Kennarten: Ackerschachtelhalm, Equisetum arvense
Huflattich, Tussilago Farfara . . . . . . Lehmzeiger, Tonzeiger

Amphibischer Knöterich, Polygonum amphibium terrestre; diese Art tritt oft ohne jede Beziehung zu Huflattich und Schachtelhalm auf.

Wo Huflattich stärker vorkommt, liegen wasserzügige, drainage=bedürftige Böden vor.

Der Ackerschachtelhalm ist weder Oberflächendeuter noch Säurezeiger. Seine Reaktionszahl muß lauten: 0—5, da er auch in starken Kalklagen vorkommt. Eine solche Reaktionsbreite ist aber wertlos.

Zeiger für Krumenfeuchtigkeit.

16. Sumpfruhrkrautgruppe, T 2—4, R 0 (?), W 1, N 4—5 (?).

Kennarten:	
Sumpfruhrkraut, Gnaphalium uliginosum	fast alle bevorzugen nährstoff=reichere Böden
Kronenloses Mastkraut, Sagina apetala	
Niederliegendes Mastkraut, Sagina procumbens . .	
Wasserpfeffer, Polygonum Hydropiper	
Zweizahn, Bidens tripartitus	
Wenigblütiger Wegerich, Plantago intermedia . . .	

Bei diesen Arten muß die Krume immer genügend frisch bleiben. Teile dieser Gruppe schieben sich als Abwertungszeiger in vierlerlei Gesell=schaften ein.

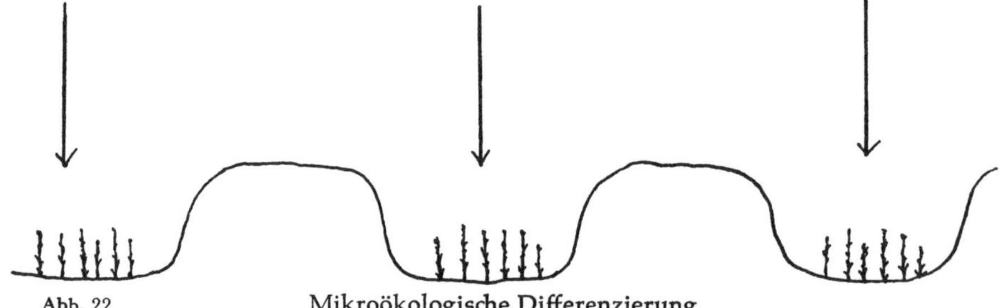

Abb. 22 **Mikroökologische Differenzierung**
Das Ruhrkraut Gnaphalium besiedelt als Feuchtigkeitszeiger zuerst die feuchte Furche. Auf den trockeneren Kämmen können Wärme- und Trockenheitspflanzen wachsen. Modell für Standortsunterschiede auf kleinstem Raum.

Das kronenlose Mastkraut (Sagina apetala) ist viel seltener als das niederliegende; es hat übrigens nur sehr kleine Kronblätter, die Be=zeichnung kronenlos (apetala) ist also ungenau. Es tritt auch zwischen Pflastersteinen auf.

Ebenso selten ist das bewimperte Mastkraut (S. ciliata) mit meist drüsig bewimpertem Kelch. Beide Arten stellen Ackerrinnenpflanzen feuchter, oft auch nasser, kalkarmer Böden dar; sie werden auch der Kleinlingsgesellschaft Centunculeto-Anthoceretum zugeteilt. Auf alle Fälle sind alle Mastkrautarten bei nennenswertem Auftreten Abwertungspflanzen, alle Arten sind Oberflächenwurzler.

17. Krötensimsengruppe, T 1–4, W 1, R 1–2, N 1–3.

Kennarten: Krötenbinse, Juncus bufonius . . } oft in sickerndem, auch fließendem Wasser

Niederliegendes Johanniskraut, Hypericum humifusum
Roter Spärkling, Spergularia rubra
Knorpelkraut, Illecebrum verticillatum
Zwergflachs, Radiola linoides . . . . } Kleinlings-
Kleinling, Centunculus minimus . . . . . . } gesellschaft selten

Abb. 23

Kleinling

Centunculus minimus.
Pflanze feuchter, sandigtoniger, kalkarmer Böden. Ackerrinnenpflanze.
Blütenkrone meist 4zählig.

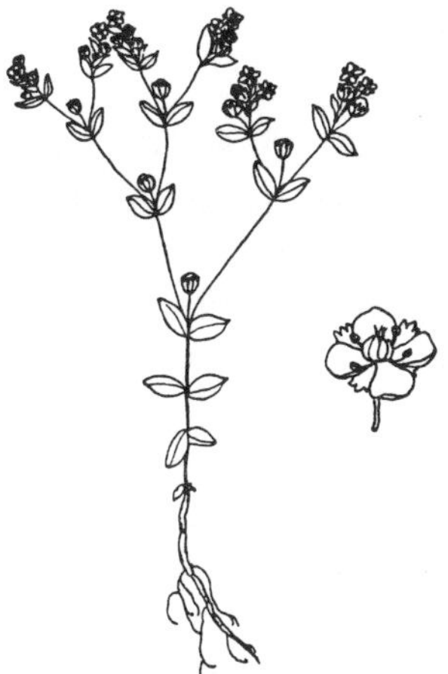

Zwergflachs

Radiola linoides
Ackerrinnenpflanze kalkarmer Gebiete.
Feuchte, oft verdichtete Sandböden.

Diese „Ackerrinnenbewohner" gruppieren sich soziologisch um den Zwergbinsenverband (Nanocyperion).

18. Sternlebermoosgruppe.

Kennarten: Sternlebermoos, Riccia glauca . . }
Hornmoos, Anthoceros . . . . } besonders im Herbst
Zipfelmoos, Fossombronia . . . . }

Diese Arten schieben sich auch in die Gruppen 9, 10, 16 und 17 ein. Als „Oberflächenpflanzen" erschließen sie nur die obersten Schichten, sind also oft nur von sehr geringem Zeigerwert, außerdem treten sie erst im Herbst deutlicher hervor, ihr Zeigerwert ist also zeitlich sehr begrenzt.

Beherrschender Faktor: Stickstoffreichtum.

T 0–2, W 0–4, R 0–5, N 3–5.

19. Vogelmierengruppe.

Kennarten: Vogelmiere, Stellaria media . . . Weißer Gänsefuß, Chenopodium album . . . Hirtentäschel, Capsella bursa pastoris . . . . Gemeines Kreuzkraut, Senecio vulgaris . . . Klettenlabkraut, Galium Aparine . . . . . Sonnwend=Wolfsmilch, Euphorbia Helioscopia	siehe Aufwertungs= pflanzen und Kosmopoliten (T 0 bis T 2!)

Bei diesen Gare= und Humuszeigern tritt die Reaktion deutlich zurück. Es sind Winterannuelle bzw. frühkeimende Sommereinjährige mit ge= ringen Klimaansprüchen. T 0–T 2!

20. Hühnerhirsegruppe. T 3–4, R 0–3, W 3–4, N 3–5.

Kennarten: Hühnerhirse, Panicum Crus galli
Bluthirse, Panicum sanguinale
Grüne Borstenhirse, Setaria viridis
Quirlige Borstenhirse, Setaria verticillata
Vielsamiger Gänsefuß, Chenopodium polyspermum
Franzosenkraut, Galinsoga parviflora.

Pflanzen wärmerer Lagen (T 3–4) im Gegensatz zur Gruppe 19 (T 0–2). Oft in Hackfrucht und Gärten, ortsnahe Arten. Soziologisch der Hirse=Gänsefußgesellschaft, Panico=Chenopodietum polyspermi, nahestehend.

21. Gartenwolfsmilchgruppe. T 1–3, W 0–4, R 4, N 4–5.

Kennarten: Gartenwolfsmilch, Euphorbia Peplus Acker=Schotendotter, Erysimum cheiranthoides Kleine Brennessel, Urtica urens . . . . . . Schwarzer Nachtschatten, Solanum nigrum . .	zusammengehalten durch N 4–5

22. Bingelkrautgruppe. T 4–5, W 4, R ?, N 4–5.
Siehe hierzu Hackfruchtgesellschaften.

Eine sehr stickstoff= und wärmebedürftige Gruppe (T 4–5) unter den Garten= und Hackfruchtbesiedlern. Soziologisch steht Nr. 21 dem Mer= curialetum annuae nahe.

Indifferente Arten.

23. Vergißmeinnichtgruppe. (Einjährige Arten.)

„Kennarten": Ackervergißmeinnicht, Myosotis arvensis F.

Windenknöterich, Polygonum Convolvulus; reiner Ubiquist, tatsächlich auf allen möglichen Böden, z. B. auf oberbayerischen Schotterböden mit PH 6,5—7,0; diluvialen Sanden mit PH 4,5—6; auf der Geest (Oldenburg, Amerland mit PH 4—5,5) und auf Marsch (Ackermarsch) mit PH um 7,0. F. 172

Auch die folgende Art, Vicia hirsuta, kommt von der Marsch und Geest bis zum Wiesenmoor und diluvialem Sand vor.

Rasenhornkraut, Cerastium caespitosum

Kornblume, Centaurea Cyanus (*nährstoffliebend, nicht indifferent*) F. 119

Schlitzblättriger Storchschnabel, Geranium dissectum F. 169
Kleiner Storchschnabel, Geranium pusillum

Diese Gruppe enthält Arten *geringen Aussagewertes, Ubiquisten*. Man erinnere sich an die Gliederung nach Tüxen. Hier erscheint in Gesellschaft 2 und 3 der Kornblumenordnung Vicia hirsuta und Vicia tetrasperma an verschiedener Stelle. Diese Tatsache deutet an, daß beide Arten tatsächlich als Ubiquisten auftreten können. Solche Arten lassen sich gesellschaftlich meist nur schlecht einordnen.

24. Löwenzahngruppe.

Sie umfaßt Löwenzahn, Spitzwegerich und Möhre.

Löwenzahn und Spitzwegerich stellen an sich Standortgegensätze dar, da Löwenzahn Lehm und Ton, auch schwere, nährstoffreiche Böden, Spitzwegerich aber sandig-lockere Böden bevorzugt. Siehe hierzu Landschaft und Löwenzahnaspekt.

25. Kornradengruppe. Gruppe der Saatunkräuter.

Hierher werden gestellt:

Kornrade; Acker- und Roggentrespe (Bromus arvensis, Bromus secalinus), ferner Lolch (Lolium temulentum, Lolium remotum).

Diese Arten mit kurzdauernder Keimfähigkeit treten angeblich als Folge *schlechter Saatgutreinigung* im Acker auf. Für große Ackerbaugebiete ist diese Annahme sehr unsicher, zudem ist die Kornrade teilweise bereits ungewöhnlich selten.

d) Gliederung nach Oberdorfer.

Oberdorfer (1957, Die Pflanzengesellschaften Süddeutschlands) faßt das bekannte Wissen zusammen, ferner bringt er einige neue Angaben, z. B. über eine Filzkrautgesellschaft auf bodensaueren Sanden der Oberrhein=ebene. Der Filzkrautacker enthält als Charakterarten Hasenklee und die Filzkrautarten Filago arvensis und F. minima; er ist mit der Schafkresse=Lammkrautgesellschaft (Teesdaleo=Arnoseretum) nahe verwandt. Vgl. hier=zu den Abschnitt Mühlstetten und die Lammkrautgesellschaft bei der Glie=derung nach Tüxen.

Aus dem Gewirr dieser zahlreichen Einteilungen, Namen und Gesellschaften hilft in einfacher Weise die standörtliche Betrachtung heraus. Man stelle folgende Werte fest:

1. Reaktion: sauer, alkalisch, neutral;
2. Struktur: Sand, Lehm, Ton, Moor;
3. Zustand: locker, fest, dicht, oberflächlich, tiefgründig;
4. Wasserführung: normal, trocken, hitzig, frisch, feucht, nässend, staunaß, fließend;
5. Nährstoffgehalt: arm, reich;
6. Kolloid= und Humusführung: schwach, stark;
7. Mosaikstellen im Acker (Differenzierungsstellen).

Mit Hilfe dieser Feststellungen kann man jede Ackerflora deuten, ihre Ent=stehung und ihr Zusammentreten kausal=genetisch erklären. Nach Bedarf kann man die einzelne Ackerflora auch noch soziologisch einordnen. Nament=lich beachte man die Tatsache, daß viele Böden anders geartete, d. h. stand=örtliche Mosaikstellen aufweisen. Gerade die weitverbreiteten Mosaikstellen veranlassen immer wieder zu der Frage:

Mit welchem Recht steht eine bestimmte Pflanze oder Vegetation an einem bestimmten Ort?

Eine zufriedenstellende Beantwortung dieser Frage bedeutet ein vertieftes Eindringen in die Standorts= und Besiedlungsverhältnisse.

Ökologische Aussage und soziologische Einreihung in „höhere Bereiche" gehen häufig auseinander. Diese Tatsache zeigen zwei weitverbreitete Acker=pflanzen, nämlich

1. Stiefmütterchen und
2. Ackergauchheil (Neunerle).

Beide Beispiele lassen erkennen, daß die standörtliche (ökologische) Ein=

stufung experimentell verhältnismäßig leicht begründet werden kann, was von der soziologischen nicht behauptet werden kann.

Das Ackerstiefmütterchen zerfällt als Sammelart (vielgestaltige = polymorphe Art) in folgende zwei Unterarten:

1. kleinblütige, meist gelbliche Art; Viola arvensis;
2. größerblütige, oft schön bläuliche Art; Viola vulgaris.

Beide Unterarten werden nun in der pflanzlichen Gesellschaftslehre in die Ordnung der Ackerpflanzen eingereiht (Secalino=Violetalia). Diese schöne Bezeichnung sagt nur aus: „Die in diese Ordnung gehörende Art kommt im Acker vor." Eine solche *Gesellschaftsaussage* ist praktisch zu weit, weil eben im Acker zu viele gegensätzliche Standorte vorkommen.

Das Stiefmütterchen erscheint bei der genannten Einstufung gesellschaftlich weder als gut charakterisierte Kennart noch als sichere Zeigerpflanze, dabei hat die blaublühende Unterart (Viola vulgaris = V. tricolor ssp. eutricolor) einen ausgezeichneten Standorts= und Zeigerpflanzenwert, wie die folgende Gegenüberstellung beweist.

Standortsaussage des Stiefmütterchens.

Viola tricolor (Sammelart)

Unterart 1	Unterart 2
kleinblütig, gelblich (Viola arvensis)	größerblütig, bläulich (Viola vulgaris)
keine deutliche Beziehung zur Reaktion des Bodens, reaktionsunstet (standortsvag), doch nie in nassen Lagen. Ackerstiefmütterchen.	deutliche Beziehung zu sauren, *kalkarmen Böden* und zu feuchteren Lagen. Reaktionsstet, standortstreu, daher gute Leitpflanze, *Säurezeiger*. Sandstiefmütterchen.

Von diesen zwei Veilchen des Ackers ist also das größerblütige, bläuliche Veilchen eine *gute Leitpflanze*, weil es *standortstreu* nur auf deutlich saueren Böden in nicht zu heißer Lage vorkommt. Dagegen hat das gewöhnliche Stiefmütterchen nur geringen Zeigerwert, namentlich wenn man den Säuregrad betont. Dieser stark unterschiedliche Zeigerwert wird durch die Sammelbezeichnung: zur Ackerpflanzenordnung (Secalino=Violetalia) gehörig, völlig verwischt.

Beide Arten (oder Unterarten) sind gesellige Arten, sie kommen also oft in größerer Anzahl (mit hohem Deckungsgrad), oft auch als Aspektbildner vor. Das Massenvorkommen der blauen Form führt regional zur Bezeichnung: Blauer Klee (Münchberg, Hof, Waldkirchen, Coburg).

Auch im Falle des Ackergauchheils*) (Anagallis arvensis) treten zwei Rassen von ganz verschiedenem Aussagewert auf.

Ackergauchheil

Anagallis arvensis (Sammelart).

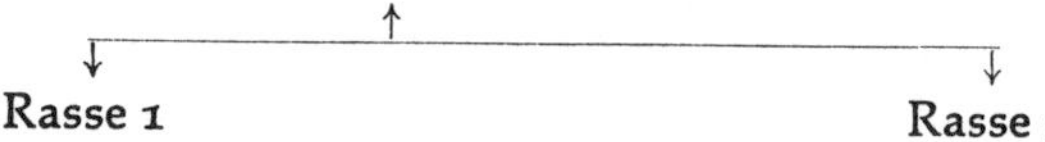

Rasse 1	Rasse 2
rötliche, auch schmutzig violette Blüten. An. arvensis f. phoenicea	tiefblaue, kobaltblaue Blüten. An. arvensis f. coerulea. f. femina.
Bodenansprüche	
nährstoffreiche, oft kalkärmere, doch immer etwas humose Böden.	Kalklehme, Kalkböden, Kalktone, oft schwere Böden.
Mäßig kalkhold in verschiedenem Ausmaß.	Kalkstet; standortsfest.
R 3—4 (?).	R 5!

Die zwei Gauchheilarten gehören zu den kurzlebigen (einsömmerigen) Sommerblüten des Ackers; man nennt sie daher auch Therophyten.

Hiervon ist die eine Art eine sehr gute Zeigerpflanze (An. arvensis f. coerulea = f. femina).

Die vorstehenden Hinweise deuten an, daß man mit einer Anzahl guter Zeigerpflanzen einen Acker standörtlich und biologisch gut beurteilen kann. Diese Möglichkeit wird im folgenden genauer dargestellt.

8. Ackerbeurteilung mit Hilfe geeigneter Zeigerpflanzen; ökologisch-biologische Ackerbeurteilung.

Bei einer botanischen Ackerbeurteilung geht man zweckmäßig von folgenden Hauptfragen aus:

*) Der Name Gauchheil soll andeuten, daß man mit der Pflanze Gäuche = Geisteskranke heilte (?). Der schwäbische Name „Neunerle" wäre heute verständlicher als „Gauchheil". Beim „Neunerle öffnen sich die Blüten um „9 Uhr"; genauer: sie sind von etwa 7—14 Uhr offen.

<table>
<tr><td>Welche und wieviele Aufwertungspflanzen sind vorhanden? . . . .
Welche und wieviele Abwertungspflanzen sind vorhanden? . . . .
Welche und wieviele Reaktionszeiger (pH-Zeiger) treten auf? . . . .
Stimmt der Ackerbefund mit den Aussagepflanzen (Zeigerpflanzen) am Ackerrain überein? Ist der Landschaftszusammenklang gegeben? . . . . .</td><td>} wichtige ackerbauliche und zugleich ökologische Aussagen</td></tr>
</table>

Aufwertungspflanzen, Zeigerpflanzen für gute Ackereigenschaften.

Pflanzen als gute Garezeiger.

Sternmiere (Vogelmiere, Hühnerdarm). Man denke bei einer Ackerbeurteilung daran, daß Gartenboden, Komposthaufen, gut behandelte Hopfen- und Weingärten häufig sehr reich an Vogelmiere sind. Wo die Vogelmiere fehlt oder nur ganz einzeln (geringe Deckung) und kümmerlich (schlechte Vitalität) wächst, liegen irgendwelche Bodenfehler vor (Nässe, zu große Dichte, überschwere Böden, nährstoffarme Sande, Humusmangel). Siehe hierzu auch Bodenzahl 95/100.

Man übertrage folgende 5 Güteaussagen und 3 Fehlaussagen eines Gartenbodens mit viel Sternmiere auf einen Acker. Die 5 *Güteaussagen* lauten:

a) gute Gare,
b) reichlich Humus,
c) gute Nährstofführung,
d) gute Wasserführung,
e) gute Bebaubarkeit (positive Werte).

Die 3 Ausschließungsaussagen lauten:

<table>
<tr><td>a) Mangel an schwerem Lehm und Ton . . . .
b) Fehlen starker Verdichtung . . . .
c) Fehlen von Vernässungsstellen (nasse Füße) . .</td><td>} negative Werte</td></tr>
</table>

Der Hühnerdarm tritt in humus- und nährstoffreichen Böden auch als *Teppichpflanze* und damit als Aspektbildner auf; man denke an Niederungsmoore. Im Niederungsmoor kann eine kleinstandörtlich (mikroökologisch) stärkere Wasserführung den Hühnerdarm auf trockenere Stellen beschränken, die der Wasserzahl 3 (eventuell 4) des Hühnerdarms entsprechen. An den feuchteren Zonen erscheint dann das Wassersternkraut (Stellaria aquatica = Malachium aquaticum). Stellaria media meidet nasse Füße, Stellaria aquatica meidet größere Trockenheit. Im Moor können trotzdem beiden Arten scheinbar nebeneinander vorkommen. Die nachstehende Skizze deutet die Standortsgegensätze.

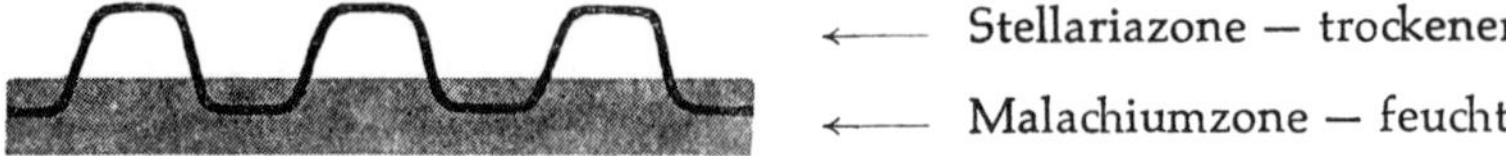

Im Acker (humoser, schwachlehmiger Sand, milde Lehme, Niederungsmoore, fruchtbare lockere Braunerde usw.) zeigt also gut entwickelter Hühnerdarm ziemlich sicher die genannten 8 Bodenbeurteilungswerte an.

Ähnliche Aussagen gelten vom efeublättrigen und persischen Ehrenpreis.

Pflanzen als gute Nährstoff- und Stickstoffzeiger.

Hierher gehören Miere, Greiskraut (Senecio vulgaris), schwarzer Nachtschatten (Solanum nigrum), Klettenlabkraut (Galium aparine).

Ähnlich können bewertet werden Ackersenf und Ackerrettich, ferner auch Hellerkraut (Thlaspi arvense), falls sie in nicht zu geringer Zahl und in gutem Wachstum (Vitalität) vorhanden sind.

Die Pflanzen der Gruppen 1 und 2 deuten fast immer auf reichlich Humus, mindestens im Saatbeetbereich. Naturgemäß kommen die genannten Arten oft miteinander vor; sie verstärken so gegenseitig ihre Standortsaussage.

Pflanzen als Zeiger für gute Wasserführung. (Nicht zu naß, nicht stauend, nicht zu grobrissig trocknend):

Sternmiere, weißer Gänsefuß (Chenopodium album), Klettenlabkraut, rote Taubnessel, Erdrauch, regional auch Franzosenkraut (Galinsoga parviflora). Es scheiden alle Trockenrasenpflanzen aus.

Zeigerpflanzen für gute Bebaubarkeit, d.h. Nichtvorhandensein von überstrengen Lehmen und Tonen:

Schmalwand (Stenophragma Thalianum*) nicht im neutralalkalischen Gebiet), Sandmohn (Papaver Argemone), Erdrauch (Fumaria officinalis), roter Ackergauchheil, meist auch Ackersenf und Hederich. Die Schmalwandpflanze kommt in nährstoffreichen, schwach lehmigen Sanden oft mit Feldsalat (Valerianella) vor. Solche Sande stellen eine Art Universalboden dar, sie erreichen die Weizenfähigkeit. Man spricht in der be-

*) Johannes Thal, ein deutscher Frühbotaniker schrieb bereits 1577 eine Flora, der Harzflora.

schreibenden Soziologie vom Schmalwand=Rapunzel=Anger. Im Schmal=wand=Rapunzel=Acker tritt der Hederich, manchmal auch Sandmohn und Ackerkrummhals hinzu. Diese Artenkombination zeigt hochwertige Sandäcker an. Siehe auch Abschnitt: Strukturwandlung und Pflanzen=bestand.

Der Ackersenf geht auch in schwere Lehme und Tone, ist also vor=sichtig zu bewerten.

Zeigerpflanzen für leichtere Lehme:

Ackerröte (Sherardia arvensis, benannt nach dem Engländer Sherard, zierliche Wolfsmilch (Euphorbia exigua), auch Ackersenf und Hederich. Siehe hierzu den Abschnitt Ackersenf und Hederich.

Die Ackerröte zeigt im leichten Boden (Sand) noch ganz kleine Lehm=mengen an; normalerweise rechnet man sie zur Rittersporngesellschaft, zu der immer Lehm gehört. F. 57

Die Röte verläßt aber oft die Reichweite dieser Gesellschaft und tritt dann als Alleingänger, als empfindliche Zeigerpflanze für Lehme auf.

Hierher gehört auch der Finkensame (Neslia paniculata). Diese Pflanze findet sich von geringen Lehmlagen an bis in schwere Lehme. Nie tritt sie in leichten Sanden oder in kalkig=heißen Böden auf.

Ein morphologischer Doppelgänger zum Finkensame ist Leindotter (Came=lina sativa) in kalkreichen Lehmen, in Lößböden. Die birnenförmigen Schöt=chen lassen Camelina (früher angebaut) leicht von Neslia = Vogelia unter=scheiden, das kugelige Früchtchen hat. Vgl. Abb. 24.

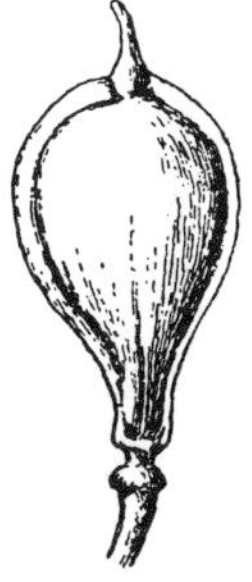

Abb. 24

Camelina Neslia

Beide Gattungen haben ähnliche Standorte und auch einigermaßen ähnliche Arealcharaktere. Neslia ist medit. (o.=med.) und Camelina vermutlich o.=medit.=kontinentaler Herkunft.

Ein allgemeiner Lehmzeiger ist der Löwenzahn (Taraxaccum officinale); er kommt auch in überschweren Böden, z. B. in lückiger Luzerne, als Aspekt=bildner vor. Hier tritt dann der Löwenzahn schon als Abwertungspflanze auf, weil er überschwere Böden anzeigen kann.

In die Gruppe der Aufwertungspflanzen fügen sich ein:

Rote Taubnessel (siehe Nr. 9) auf nährstoffreichen, nicht zu schweren, oft etwas feuchteren Böden, und persischer Ehrenpreis auf nährstoffreichen humosen, doch nicht zu schweren Böden. Diese im Jahre 1805 eingewanderte Art ist heute weit verbreitet und eine beachtliche Zeigerpflanze (Veronica persica = V. Tournefortii*).

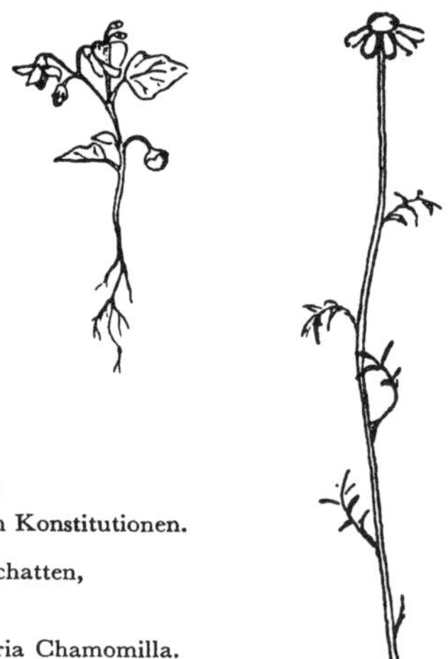

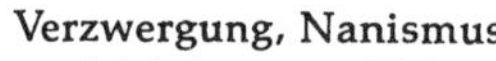

Verzwergung, Nanismus
bei drei ganz verschiedenen Konstitutionen.

Links: Schwarzer Nachtschatten, Solanum nigrum

Mitte: Kamille, Matricaria Chamomilla.

Rechts: Hirtentäschel, Capsella bursa pastoris.

F. 127
F. 111
F. 143

Abb. 25

9. Anwendung dieser Beurteilungshinweise.

Bei der Bewertung einzelner Pflanzen zur biologischen Ackerbeurteilung beachte man

1. Menge (Zahl, Deckungsgrad)
2. Wuchskraft (Vitalität)
3. Besonderheiten im Wachstum, z. B. Zwergwuchs (Nanismus).

*) Tournefort, ein großer botanischer Vorläufer Linnés, starb 1708 in Paris.

Verzwergte oder einzelne Pflanzen wird man nur selten für eine gewissenhafte Ackerbeurteilung verwenden können. Abb. 25.

Weiter mache man im Geist immer eine vergleichende Standortsprobe, indem man die vorstehend genannten Aufwertungspflanzen auf armen Sandböden zu finden sucht. Man stelle einen lehm= und humusarmen Sand etwa mit Bodenzahl 19 (Pleinfelder Diluvialsand; einzelne leichte tertiäre Sande in der Holledau, Sande in der Senne) einem besseren Sand gegenüber. Auf Bodenzahl 18 oder 19 wird man kaum eine der genannten Aufwertungspflanzen finden, höchstens in Kümmerform (geschwächte Vitalität). Auf einem humusreichen Sandboden, etwa mit der Bodenzahl 30—35 wird man alle Aufwertungspflanzen und z. T. in bester Wuchskraft und guter Anzahl (Deckungsgrad, Dominanz) feststellen können. Natürlich werden Lehmzeiger der Röte=Gruppe (Röte, kleine Wolfsmilch) fehlen. Vielleicht heben sich Ackerfrauenmantel und Schmalwand, die Pflanze der leichten Bebaubarkeit, noch besonders hervor.

Auf den ökologisch besseren Main= und Regnitzsanden tritt meist der große, straußblütige Ampfer (Rumex thyrsiflorus) auf. Diese „rote Fahne" der Main= und Rheinsande ist in armen Diluvialsanden nicht vorhanden. Hier erscheint stellvertretend der kleine, rote Sauerampfer, der oft ein starker Armutszeiger ist.

Solche biologische Vergleiche geben ökologische Sicherheit, natürlich auch bei der Standorts= und Ackerbeurteilung. Man bekommt durch derartige Flurenvergleichung einen gewissen Einblick in die Gesetzmäßigkeiten der Vegetation einer Gegend. Wo also bei einer Ackervergleichung Sternmiere, Greiskraut, weißer Gänsefuß, Klettenlabkraut, rote Taubnessel, persischer und efeublättriger Ehrenpreis fehlen, nur kümmerlich oder nur in Spuren vorkommen, liegen Ackerfehler, Ackerabwertungen vor: zu sauer, zu nährstoffarm, zu dicht, zu naß oder zu schwer. In diesem Zusammenhang sei hinsichtlich Mengenvorkommen auf eine Ausnahme bzw. Fehlerquelle hingewiesen. Wenn nämlich ein Getreidefeld sehr dicht steht, so kommen gelegentlich die zu suchenden Zeigerpflanzen nur in geringer Anzahl vor. Häufig findet man sie nur am Ackerrand (Abschnitt Bodenzahl 95/100). Man muß also den Pflanzenbestand immer in Beziehung zur Entwicklung des Getreides bzw. der Vorfrucht sehen.

Der vorstehend genannte Pflanzenbestand gilt für einen ziemlich weiten Reaktionsbereich. Im humusreichen, neutralen bis alkalischen Ackergebiet tritt noch der Ackersenf, oft begleitet vom Feuermohn, hervor.

Beim Mohn beachte man, daß auch er einen *Doppelstandort**) hat, nämlich

a) mildhumöse, nährstoffreiche Sandlehme (gut ackerbar)
b) schwerere Lehme und Tone (oft schwer ackerbar).

Voraussage auf die Zeigerpflanzen eines Ackers mit Hilfe von Aufwertungspflanzen.

Wenn in einem Acker Sternmiere, rote Taubnessel, efeublättriger und persischer Ehrenpreis, auch Erdrauch, vorkommen, so kann man von diesen Aufwertungspflanzen aus folgende Voraussage auf die Ackerflora und den Acker machen:

Hat der Acker jedoch Abwertungspflanzen in größerem Ausmaß, so verschwinden die Aufwertungspflanzen fast völlig.

Liegt ein überschwerer Boden vor (Beispiel Steinleite), so finden sich ebenfalls nur wenige Aufwertungspflanzen. Die Dynamik der Besiedelung ist kompliziert. Eine Aufwertungspflanze kann annähernd nur auf Pflanzen mit ähnlichen standörtlichen Aussagen hinweisen.

Voraussage auf die Zeigerpflanzen eines Ackers mit Hilfe von Abwertungspflanzen.

Zeiger für Bodenfehler und ackerbaulich schlechte Lagen, besonders in mehr *saueren Gebieten*.

a) Stärkere *Krumenfeuchtigkeit*, Verschlämmung, auch Verdichtung deuten an:

   Mastkraut (Sagina procumbens) F. 84

   Ruhrkraut (Gnaphalium uliginosum), Ackeredelweiß, Fichtelgebirgsedelweiß. Vgl. Abb. 22. F. 88

   Pfefferknöterich (Polygonum Hydropiper) F. 82

   Zweizahn (Bidens tripartitus) F. 11

---

*) Ähnlich wie die Kamille.

Großer Wegerich (Plantago major, Pl. intermedia*) F. 93, F. 33

Ackerminze (Mentha arvensis). F. 87

b) Allgemeine Feuchtigkeitszeiger (größere Feuchtigkeit):

Krötensimse (Juncus bufonius), zeigt auch Sickerwasser und fließendes Wasser an

Niederliegendes Johanniskraut (Hypericum humifusum).

c) Feuchtigkeits= und Nährstoffzeiger (bedingte Abwertung):

Gewöhnliches Rispengras (Poa trivialis), das jährige Rispengras (Poa annua) kommt auch in Tretgesellschaften, also auf dichteren Böden vor. Hier auch Plantago intermedia und major.

Hierzu ein Ackerbeispiel aus dem Keupergebiet bei Mühlstetten, Flur Veitsbrunn (Pleinfeld, Mittelfranken):

Die Ackerflur zeigt zwei deutlich verschiedene Vegetationszonen.

Die feuchtere Zone I enthält:

Krötensimse	Sechs Zeigerpflanzen für stärkere Feucht= lagen, sechs Abwertungspflanzen mit Wasserzahl 1.
Ackerruhrkraut . . .	
Mastkraut	
Ackerminze	
Pfefferknöterich . . .	
Zweizahn	

Zone II ist etwas trockener. Hier treten hervor:

Knäuel	Zeigerpflanzen eines saueren, oft nährstoff= reichen Sandbodens.
Hederich	
Spörgel	
Kleiner Sauerampfer .	

Die Pflanzen der Zone I treten im Bereich II deutlich zurück. Die Pflanzen der Zone I zeigen, daß hier ein Acker in der feuchteren Wiesenlage an= gelegt wurde. Das ist ein grundsätzlicher Ackerbaufehler, bewiesen durch das starke Hervortreten der Abwertungspflanzen in Zone I. Abb. 26.

d) Verdichtungsanzeiger verschiedenen Grades:

An dichteren Stellen finden sich auch das Gänsefingerkraut (Potentilla anserina, Tritt= und Trampelpflanze), ferner Kamille, Flughafer, Weißklee.

*) Wenigblütiger, oft mit dem großen Wegerich zu einer Gesamtart vereinigt. Plantago intermedia ist eine subatlantische, Pl. major eine euras. subozeanische Pflanze.

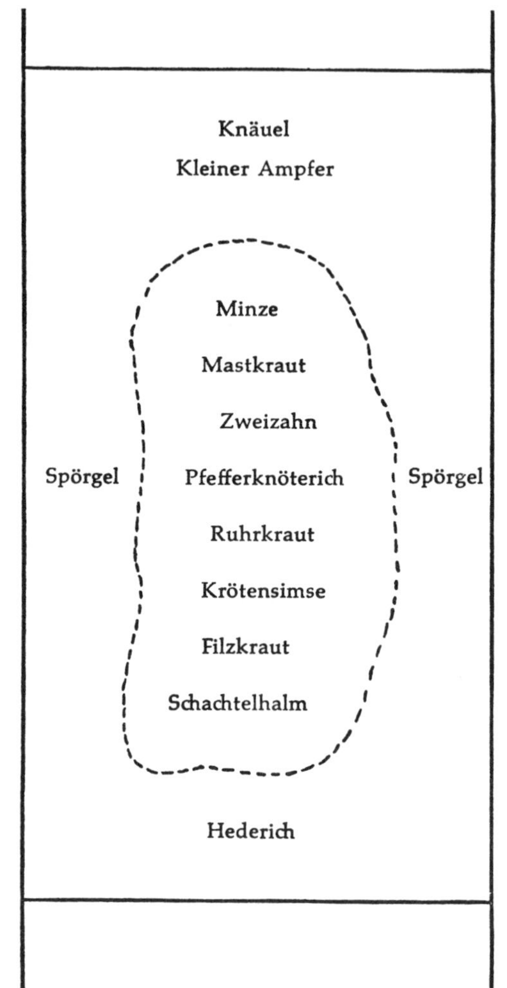

Abb. 26

Flurlage Veitsbrunn
Im feuchteren Teil eine Höchstzahl von Nässezeigern. In der trockeneren Randzone Knäuel und seine Begleiter.
Siehe auch Abb. Mühlstetten.

Gesetzten, stark verdichteten Boden besiedelt nach der Ernte der Vogelknöterich, wobei Wärme und Licht das Wachstum fördern. Schwere, nicht immer alkalische Lehme und Tone lassen auch auf Kamille und Flughafer schließen. Man beachte, daß die Kamille (Matricaria chamomilla) zweierlei Standorte andeuten kann, entweder:

milde humose, nicht zu schwere Böden
oder schwere tonige, oft auch überschwere Böden.

Bei den Wegericharten des Ackers zeigt der Spitzwegerich (Plantago lanceolata, oft im Klee) leichtere, meist gut bebaubare Böden an, während der Breitwegerich und seine Nebenform Plantago intermedia (mit nur 3—5 Blattnerven statt 5—9) auf nässere, dichtere, tonigere Lagen, also auf Ackerfehler hindeutet. Beide Wegericharten schließen sich in der Regel gegenseitig am selben Standort aus und in einem guten Acker kommt normalerweise der große Wegerich nicht oder nur vereinzelt vor.

Abwertungspflanzen im meist neutralen bis alkalischen Gebiet.

Im basenreicheren Gebiet, oft im Zusammenhang mit der Rittersporngesellschaft (Delphiniétum), die sich z. B. mit Salbei, Zwenke und Warzenwolfsmilch am Rain ankündigen kann, können vorkommen:

Kriechender Hahnenfuß (Ranunculus repens)

Krauser Ampfer (Rumex crispus), auch stumpfblättriger Ampfer (Rumex obtusifolius), falls schwere Lehme vorhanden	hierzu Abb. 27
Finkensame (Neslia paniculata) . . . . Ackerkohldistel (Sonchus arvensis) und Verwandte	ebenfalls bei Vorhandensein schweren Lehmes

Huflattich (Tussilago Farfara), auch Ackerfuchsschwanz (Alopecurus). Beide Arten auf schwachsaueren Böden.

Flughafer (Avena fatua). F. 71

Es deuten an:

Flughafer = schwere Lehme, Tone, auch Verdichtung, nicht immer alkalisch.
Huflattich = Wasserzüge; schwere Lehme, Tone, auch Kalkschutt.

Kriechender Hahnenfuß besiedelt drei verschiedene Standorte, nämlich:

Hecken, Gärten. Hier zieht er humus- und nährstoffreiche, auch humuslehmige Stellen vor.

Äcker. Hier ist er Dichte-, Nährstoff- und Feuchtigkeitszeiger an frischen Stellen.

Grünland (Wiesen). Hier ist er Nässe- und Humuszeiger und im Oberland (z. B. Benediktbeuren) eine gefährliche Plage im Acker und im Grünland.

Diese Abwertungspflanzen deuten, wo sie gehäuft auftreten, auf schlechte Bebaubarkeit der Ackerstellen. Solch eine Feststellung ist kausale Kasuistik, d. h. Deutung eines gegebenen Einzelfalles. Jede Flur hat eben ihre Besonderheiten, die beachtet werden müssen. Neben der Feststellung des Vorhandenen ist die Beurteilung vom Fehlenden her immer wichtig. Auf einem schweren Boden fehlen fast immer alle Aufwertung= und Zeigerpflanzen für leichtere Bebaubarkeit, z. B. Schmalwand, Hühnerdarm, efeublättriger Ehrenpreis. Eine solche Gegen=vergleichung vom Fehlenden her gibt besondere Sicherheit in der Acker=beurteilung.

Zwei Lehm=, Ton= und Nährstoffanzeiger

Zwei Tiefwurzler-Profilerschließer. Beide oft mit Quecke.

Links: Krausblättriger Ampfer, Rumex crispus.

Rechts: Stumpfblättriger Ampfer, Rumex obtusifolius.

Dieser im Acker seltener als crispus. Nach Fr. König.

Abb. 27

Zu einzelnen dieser Pflanzen sollen noch einige standörtliche Hinweise gegeben werden.

Huflattich, Ackerfuchsschwanz (schwarzes Gras in der Ackermarsch Wilhelmshaven=Oldenburg) und krauser Ampfer stellen eine Gruppe von Abwertungspflanzen, z. B. auch auf schwerer Ackermarsch dar.

Auf Neubildungsboden (Neue Marsch im Aufbau, entsalzt, gutstehender Winterweizen, Nähe Wilhelmshaven) sah ich bei guter Kalkführung reichlich Ackersaudistel (Sonchus arvensis) neben krausem Ampfer (Rumex crispus). Diese beiden Arten treten als Erstbesiedler und Erstzeigerpflanzen für schwere Böden auf. Sonchus arvensis ist stärkerer Tonzeiger als Sonchus oleraceus und S. asper, daher tritt auf Neumarsch Sonchus arvensis als erster und einziger Vertreter der drei Arten von Sonchus auf.

Der stumpfblättrige Ampfer, Rumex obtusifolius, hat eine sehr ungleiche Verbreitung. Im Acker und im Grünland ist er besonders häufig, so in Südbayern im Gebiet um Weilheim, Murnau, Seeshaupt=Schongau. Sonst tritt er im Acker meist zurück. Natürlich fehlen Rumex crispus und Rumex obtusifolius in leichten Sanden. Als Tiefwurzler sind beide Arten gute Profilerschließer.

Zur Vervollständigung dieses Bildes folge noch ein kurzer Hinweis auf den Pflanzenbestand einer Altmarsch (Ackermarsch) bei Ninive (Oldenburg). Es handelt sich um einen Acker mit sehr guter Gerste. Als Bebaubarkeitszeiger treten auf:

Alopecurus myosuroides . . .	Swarte Gras*). „Marschquecke". Zeigerpflanze für schwer bebaubare Böden F. 94
Matricaria Chamomilla	auch Ton= und Lehmzeiger, daher hier standortsberechtigt F. 111
Matricaria discoidea	auf nährstoffreichen Lehmen F. 99

Als Nährstoffzeiger finden sich:

Galium aparine	nährstoffreiche, auch humose Böden
Lamium purpureum	vereinzelt, doch immer etwas Lehm suchend
Chenopodium album	wenig, Nährstoffsucher F. 110

Als Ubiquisten kommen vor:

Polygonum Convolvulus F. 172 Polygonum aviculare F. 161 . .	unentwegte Ubiquisten von der Marsch und Geest bis zur Bodenzahl 95/100 und diluvialen Sanden mit Bodenzahl 18 in Franken und auf Bunttonen, Pelosolen.

*) Swaartgras, Ostfriesland.

Es fehlen Senf und Mohn, obwohl Reaktion und Nährstoffgehalt der Ansiedelung der beiden Arten günstig ist.

Insgesamt ist die Ackerflora dürftig, was teilweise auf den guten Stand der Gerste zurückzuführen ist. Trotzdem geben von den 8 beobachteten Arten 5 einen guten Einblick in die Ackerbeschaffenheit; davon zeigen 2 Arten (Fuchsschwanz und Kamille) schwerere Bebaubarkeit, die übrigen 3 Arten (Labkraut, Taubnessel und Gänsefuß) dagegen Nährstoffreichtum an.

10. Zeigerpflanzen für die Reaktion des Bodens.

Bei den Reaktionszeigern kommt man mit einer kleinen Zahl von Leitpflanzen aus. Dabei kann man mit Vorteil die Reaktionszahlen R benützen. Man beachte, daß Reaktionszahl (R) und Säurezahl (P_H) nicht zusammenfallen. Die Säuregrade (P_H-Werte) lassen sich an Ort und Stelle mit Indikatoren meist einigermaßen genau feststellen. Andere Werte wie Wasser-, Humus-, Gare-, Dichtezahl sind als Vermutungs- bzw. Schätzungswerte meist unsicherer. Vergleichende Beobachtung führt aber auch hier zu einer gewissen relativen Sicherheit.

Damit man sich ein Bild über den Zusammenhang zwischen Säuregrad (P_H-Wert) und Reaktionszahl (Ellenberg) machen kann, folgt nun eine Tabelle (nach Nielsen, etwas geändert) über das Vorkommen häufiger Ackerpflanzen auf Böden verschiedener Säuregrade. Die Prozentzahlen geben ein gutes Bild von der Reaktionsbeziehung einzelner Pflanzen. Diese in Dänemark gefundenen Zahlen der Reaktionsenge oder der Reaktionsweite stimmen in der Hauptsache auch bei uns. Reaktionsenge Pflanzen sind sehr gute Reaktionszeiger (Sandstiefmütterchen), reaktionsweite Pflanzen sind ungeeignete Reaktionszeiger (gewöhnliches Stiefmütterchen).

So umfaßt der Knäuel in der Klasse unter P_H 5,6 auch Standorte mit P_H von 4,5—4,3; der Hederich auch die von 4,5—6,4. Aus dieser Zusammenfassung mehrerer Säuregrade „unter P_H 5,6" wird klar, warum Sandstiefmütterchen, kleiner Ampfer, Knäuel, Spörgel plötzlich mit Prozentzahlen um 50% beginnen.

Man beachte, daß die Luzerne aus einer kalkreichen Krume mit P_H etwa 6,8 in sandigen, luftigen Untergrund mit P_H 4,8 ein gutes Wurzelsystem bilden und zwei Zehnerpotenzen durchwachsen kann, nämlich von P_H 6,8 in P_H 4,8. Man vergleiche auch Beispiel Mühlstetten: Linariawurzel im Boden mit P_H 4,8.

10a. Häufigkeit von Ackerpflanzen je nach der Reaktion.

Name	P_H unter 5,6 bis etwa 4,5!	5,6—6,0	6,1—6,5	6,6—7,0	7,1—7,5	über 7,5	Reaktions-zahl
Sand-stiefmütterchen	55%	28%	17%	—	—	—	1
Hederich	—	20%	80%	—	—	—	2—3
Kleiner Ampfer	42%	38%	18%	2	—	—	1
Knäuel	54%	23%	17%	6	—	—	1
Spörgel	50%	22%	22%	6	—	—	1
Ferkelkraut	—	59%	25%	16	—	—	3
Acker-hundskamille	45%	18%	17%	5	9	6	2—3
Spitzwegerich	12%	33%	27%	14	—	14	③
Gewöhnliches Stiefmütterchen	15%	8%	6%	11	35	25	④
Senf	—	—	18%	16	30	36	4
Ackerwinde	3%	6%	2%	15	30	44	④
Huflattich	6%	1%	3%	22	41	27	④

Bei den Reaktionszahlen sollte man die Bezeichnung R 0 = indifferent weglassen. Schließlich kann man bei jeder Pflanze mindestens regional einen Vorkommenshöhepunkt (Verbreitungsmaximum) finden. Deshalb schreibe ich beim Spitzwegerich nicht R 0, sondern ③, d. h. er kommt auf vielen Reaktionsstufen vor; es läßt sich aber doch ein Vorkommenshöhepunkt bei R 3 feststellen. F. 139

Arten mit R 5 wie Adonis, Haftdolde, Strahldolde (Orlaya), die der erweiterten Rittersporngesellschaft angehören, können nur im Reaktionsbereich von etwa 6,6—7,5 vorkommen.

Man beachte als wichtige Regel, daß die einzelnen Säurezeiger der folgenden Gruppen 1—3 sich je nach den Standortbedingungen durchdringen. Die Einteilung in die verschiedenen Säurestufen hat also nur relativen Wert.

1. Zeigerpflanzen für sehr saure Böden (Reaktionszahl 1).

Knäuel, Spörgel, kleiner Ampfer (Rumex Acetosella)
Katzen-Hasenklee (Trifolium arvense)

Zu diesen verbreiteten Arten treten in einzelnen Gebieten folgende Regionalarten:

Bleichgelber Hohlzahn (Galeopsis ochroleuca=ségetum) in Nordwestbayern, z. B. im Buntsandsteingebiet, Odenwald, Rheinsande.

Lammkraut (Arnoseris minima) in Südbayern in der Holledau, in Nordbayern auf Sanden etwas häufiger; siehe Abschnitt Mühlstetten und Aspektbildner.

Blaues Sandstiefmütterchen.

2. Zeigerpflanze normalsauerer Standorte (mit Eindringsfähigkeit bis an die Neutralitätsgrenze) R = 2

Hederich (Raphanus) bei guter, reichlicher Entwicklung.
Ackerhundskamille (Anthemis arvensis).

Krötensimse (Juncus bufonius; diese immer an feuchten bis triefendnassen Stellen.

Krummhals (Lycopsis arvensis), oft als Alleingänger und meist auf humosen Sanden.

3. Zeigerpflanzen für schwachsauere (bis fast neutrale) Böden. R = 3.

a) meist auf lockeren Böden.

Ackerfrauenmantel (Alchemilla arvensis).
Hederich, gute Entwicklung vorausgesetzt.
Kamille (Matricaria Chamomilla).

b) auf oft dichten Böden.

Quendelblättriger Ehrenpreis (Veronica serpyllifolia), fast nur auf oft schweren Lehmen und Tonen, geht auch in Gruppe 4). F. 30

Efeublättriger und persischer Ehrenpreis (Veronica hederaefolia, V. persica).

Diese zwei letzten Arten reichen von R3 über R4 bis R5 (=deutlich alkalisch). Mit der Reaktionszahl R3 beginnt meist eine ackerbaulich gute Reaktion, falls nicht ausgesprochene Standortfehler, z. B. zu dichter Boden, vorliegen.

Zu dieser Gruppe 3 gleich ein Ackerbeispiel!

In guten, etwas frischen Sanden (Franken, Keupersande, tertiäre Sande,

Flußalluvionen, Mainsande, schwarze Sande im Ries) treten besonders im Winterbau*) folgende Leitpflanzen auf:

a)	vier sichere Kennarten und zwei Nebenkennarten der Kamillen=Frauenmantel=Gesellschaft
Kamille	
Hederich	
Ackerfrauenmantel	
Efeublättriger Ehrenpreis	
b)	
Dreiblattehrenpreis	
Saatmohn, Papaver dubium, seltener, . .	

Dazu gesellt sich meist die Pflanze für gute Bebaubarkeit, Schmalwand (Stenophragma Thalianum) und oft der Sandmohn (Papaver Argemone). Schmalwand ist Frühjahrs= und Herbstblüher. Diese Pflanze kann also zweimal bei der Ackerbeurteilung verwendet werden.

Sandböden dieser Art sind vielfach nahezu Universalböden, sie zeigen meist die vorstehend genannten 6 Zeiger guter Bebaubarkeit, natürlich in wechselnder Zusammensetzung. Mit Bodenzahlen um 35 ist hoher Ertrag verbunden. Ihre ackerbauliche Höchstform erreicht diese Gesellschaft z. B. in den Kitzinger Sanden, auf denen auch eine gute Luzerne wächst. (PH in der Krume 6—6,5, in Untergrund etwa 6,8.) Diese gute Ackergesellschaft ist durch zwei Ehrenpreisarten ausgezeichnet.

Der quendelblättrige Ehrenpreis gehört natürlich nicht in diese Gruppe. Er ist Lehm= und Tonzeiger auf frischen, oft etwas dichteren Böden, steht also im Gegensatz zu den meist lockeren Boden besiedelnden Arten der Frauenmantelgesellschaft.

4. Pflanzen um die Neutralitätsgrenze = R_4.

Pflanzen dieser Gruppe gehen auch in alkalische, vereinzelt auch in schwachsauere Gebiete. Sie pendeln sozusagen um den Neutralpunkt:

Ackersenf, Erdrauch (Fumaria officinalis), Flughafer, Ackerröte. Die zwei letzten Arten auch häufig in Böden mit alkalischer Reaktion.

5. Pflanzen kalkreicher, meist deutlich alkalischer Böden (PH 7,0 und höher) R_5.

Adonis, Teufelsauge, rot und besonders auf Lettenkeuper strohgelb. Haftdolde (Caucalis daucoides). F. 45, 46, 47

*) Wintergetreide.

Venuskamm = Klettenkerbel (Scandix pecten Veneris). F. 54

Rittersporn (Delphinium), oft verschleppt und Einzelgänger außerhalb seiner Reaktionsgrenze. F. 44

Ackersteinsame (Lithospermum arvense), oft weit aus dieser Gruppe herausgehend. Trotzdem findet er sich nicht in stärker saueren Böden und armen Sanden. Siehe hierzu Abschnitt Mühlstetten. Die Pflanzen der Reaktionszahl 4 und 5 durchdringen sich oft.

6. Pflanzen mit unsicherer Reaktionslage (säuretolerant, reaktionsdifferent), Reaktionszahl „R o". Hierher rechnet man

   Kornblume (nährstoffliebend).
   Hirtentäschel (nährstoffliebend).
   Gewöhnliches Stiefmütterchen.
   Quecke, Triticum repens = Agropyron repens. F. 113

   In diesem Zusammenhang einige Hinweise auf die Quecke! In dem großen Gebiet der fränkischen Diluvialsande mit Säurewerten zwischen PH 4,0—5 ist die Quecke selten. Allerdings sind diese Gebiete auch lehmarm. Im Hinblick auf diese ökologischen Beobachtungen scheint bei der Quecke eine Reaktionszahl um 3 den Tatsachen mehr zu entsprechen als die Reaktionszahl o (reaktionsgleichgültig). Diese Reaktionszahl 3 (4) würde auch zum Artcharakter (eurasiatisch — mediterran — kontinental) besser passen als die verwaschene Angabe „R o".

Im Acker hat die „Quecke" oft eine große Verbreitung. Da regional neben der Normalquecke noch andere Arten als Quecke angesprochen werden, sei nachstehend eine Übersicht über die Anwendung des Wortes „Quecke" gegeben. Man unterscheidet:

1. Triticum repens, die eigentliche Quecke, Ackerquecke. F. 113

2. Holcus mollis (weiches Honiggras), viel im Bayer. Wald, daher „Waldquecke" genannt. F. 31

   Im Jura tritt Holcus mollis in den Monheimer Sanden (Juraüberlagerung) hervor, ebenso im Sandkeuper.
   Die Reaktionszahl 1 (evtl. 2) dürfte ihre Reaktionsansprüche gut erfassen.

3. Holcus mollis tritt auch im Moor auf; daher führt sie in diesen Gebieten den Namen Moorquecke.

4. Alopecurus myosuroides = A. agrestis (Ackerfuchsschwanz). F. 94

   Besonders lästig und ungern gesehen in der schweren Marsch, daher auch Marschquecke genannt. Mit der Reaktionszahl 4 paßt der Fuchsschwanz in die Marschböden. Durch R 4 ist er außerdem ein entschiedener Standortsgegenspieler (Antagonist) zu Holcus mollis mit R 1 bzw. R 2.

Miteinander vorkommen können demnach nur Quecke (Triticum repens und Alopecurus myosuroides.

11. Überlagerung der Reaktion durch andere Standorteinflüsse.

Bei vielen Arten überlagern andere Standortseigenschaften (Gare, Lehm, Sandlehm, Humus, Nährstoff) oft den Einfluß der Reaktion (R). Man muß sich darüber klar sein, daß trotz vorhandener sauerer Reaktion typische Säurezeiger wie Knäuel, Hasenklee, kleiner Ampfer fehlen können. Zur Ermöglichung der Ansiedelung kommen eben unter Umständen neben der Reaktion noch andere Faktoren in Betracht, sie können sich vertreten bzw. überlagern. Ich habe nie so wenig Knäuel, kleinen Ampfer und Hasenklee gesehen wie auf den sehr saueren „Geestböden" (Oldenburg, Ammerland, Westerstede usw.). Hier führen die Böden hohen Nährstoff- und Stickstoffgehalt. Diese Faktoren (Nä, N) überlagern teilweise den Säuregrad R, so daß z. B. Knäuel zurücktritt. Man kann hier formulieren Nä + N $>$ R, folglich können Knäuel und Begleiter zurücktreten. Der N-Gehalt dieser Böden liegt oft bei 4000—4200 kg N je Hektar bei 20 cm Krume. (Nieschlag, Oldenburg.)

Sowie der N-Gehalt erheblich sinkt, stellen sich Rumex acetosella, Scleranthus, auch Arnoseris minima, Anthoxanthum aristatum und Trifolium arvense ein. Hier kehrt sich dann vorstehende Gleichung um: Nä + N $<$ R. Scleranthus, Trifolium arvense, Rumex Acetosella, auch Spergularia rubra treten hervor.

Übrigens herrscht im horizontgleichen Grünland dieser Gebiete Ferkelkraut, Hypochoeris radicata, als Zeigerpflanze vor, während Crepis biennis und Tragopogon pratensis zurücktreten oder ganz fehlen, wie z. B. Tragopogon (relativer Kalkzeiger).

Gute Beispiele für die Überlagerung von Standortsfaktoren R $>$ Nä, N und R $<$ Nä und N liefert auch einige Hohlzahnarten. Die in vielen Äckern sehr verbreiteten Hohlzahnarten (Hanfnessel, Daun, Duhn = Galeopsis) verdienen hinsichtlich ihrer Reaktionsansprüche eine kurze Vorkommensbetrachtung.

Hohlzahnaussagen im Acker*)

*) Hohlzahn, weil die Unterlippe nach oben zwei hohle Ausstülpungen (Hohlzahn) aufweist.

1. *Gruppe der reaktionszuverlässigen Arten*

a) für neutrale bis alkalische Lagen.

Der im Kalk, Jura und Muschelkalk vorkommende schmalblättrige, rötliche Hohlzahn (Galeopsis angustifolia) wird entscheidend von der Reaktion (R) beeinflußt. Bei ihm gilt $R > N + G$**) F. 53

b) für sauere, warme, sandige Lagen.

Bei dem bleichgelben, ziemlich großblütigen Sandhohlzahn (Gal. segetum = ochroleuca = G. dubia) des Buntsandsteingebietes und der westdeutschen Sandgebiete gilt ebenfalls $R > N + G$. Der bleichgelbe Hohlzahn ist eine deutlich westische (*atlantische*) Pflanze. Solche Pflanzen bevorzugen meist sauere Standorte (siehe Besenginster- und Salbeispektrum) und beschränken sich auf den Westen des Bundesgebietes.

2. *Gruppe der reaktionslockeren Arten.* (R 0?, R 0—3). Hierher gehören folgende, z. T. häufige Arten:

Acker- oder breitblättriger Hohlzahn (Gal. ladanum = intermedia) hat grobgesägte Blätter an den knotenlosen Stengeln.

Knotiger Hohlzahn (Galeopsis Tetrahit). F. 122

Farbiger, gelber Hohlzahn (G. speciosa). Diese großblütige, gelblichweiße Art hat auf der Unterlippe einen bläulichen Flecken. Der farbige Hohlzahn kann meist als guter Ackerzeiger bewertet werden. Eine Verwechslung mit G. segetum ist wegen des blauen Fleckens kaum möglich. F. 121

Haariger Hohlzahn (G. pubescens) vermutlich eine Unterart von Tetrahit. Durch feine Flaum- und Drüsenhaare von G. Tetrahit unterschieden. Blüte oft lebhaft rot. Bei diesen Arten ist der Einfluß der Nährstoffe und der Wasserführung stärker als die Reaktion. F. 123

} $R < G + N$ oder $(G + N > R)$

Die Hohlzahnarten des Ackers zeigen, daß man die Standortswerte vieler Pflanzen auch formelmäßig erfassen kann, selbst bei Pflanzen mit z. T. *großer Standortsbreite* (großer ökologischer Streubreite). Solche

**) R = Reaktion, G = Gare, Nä = Nährstoffgehalt, N = Stickstoffgehalt.
$>$ = größer als ..., wirksamer als ...
$<$ = kleiner als ..., unwirksamer als ...

Pflanzen eignen sich natürlich nicht als Reaktionszeiger, denn praktisch sind z. B. die unter 2 genannten Hohlzahnarten reaktions= und boden= unstet (bodenvag). Das hindert nicht, daß sie in anderer Hinsicht als Zeigerpflanzen, z. B. für Nährstoffgehalt, auftreten können. In den armen Pleinfelder=Sanden (Bodenzahl 18—19) kommt z. B. kaum Hohl= zahn*) vor, weil Nährstofflage und Wasserführung zu arm sind. Sobald aber Düngung, Wasserführung und Nährstoffgehalt steigen, treten Hohlzahnarten auf.

12. Standortsbeurteilung nach Wasserführung und Wasserzahl

Die Wasserführung des Bodens ist für Ackerbesiedlung, Pflanzengesell= schaften, Bebaubarkeit und Erntehöhe von hohem Wert. Technische, wirt= schaftliche und ökologisch=botanische Gesichtspunkte durchdringen sich hier gegenseitig.

Zeigerpflanzen für zu starke Wasserführung W 1

Wo Abwertungspflanzen, nämlich Mastkraut, kriechender Hahnenfuß, Zwei= zahn, Krötensimse, Ackerminze, Ruhrkraut (Ackeredelweiß) und vielleicht Breitwegerich, entweder alle oder wenigstens teilweise in verschiedenen Artenverbindungen in einem Acker oder in einem Ackerteilstück vorkommen, da liegt eine Flur mit entschiedenen Ackerfehlern vor. Die genannten Pflanzen haben nämlich mit Ausnahme des Breitwegerichs (Wasserhaushaltszahl 2 = Wasserzahl 2) die Wasserzahl 1. Das ist eine für den Ackerbau oft schlechte Pflanzenaussage. Eine solche Flur ist nämlich entweder 1. vernäßt (fließend oder stauend), 2. grundfeucht, 3. schlecht gelüftet. Die genannten Zeiger= pflanzen kann man ackerbaulich mit Recht als Abwertungspflanzen be= zeichnen.

Sind solche Stellen nur vereinzelt im Acker, so liegt ein deutlicher Schachbrett= boden (Mosaikboden mit wechselnder Struktur) vor. Jeder Bodendifferen= zierung entspricht eben eine Sonderausbildung im Pflanzenbestand, d. h. Wechsel der zuständigen Ackerflora. In den normalen Standort schieben sich dann sofort fremde Arten (Standortssonderarten) ein. Sie dringen als Diffe= renzierungsarten in eine „reine" Gesellschaft ein. Diese Arten deuten oft sehr feine Standortsunterschiede an. Siehe z. B. Abb. 22.

Zeigerpflanzen für feuchtere, aber ackerbaulich bessere Böden. Wasserzahl 2. Die Pflanzen dieser „Übergangsgruppe" gehen teil=

*) Reaktionsmäßig, also theoretisch wäre der gelbe Sandhohlzahn dort möglich; pflanzengeographisch dringt diese westische Art (atlantisch) nicht so weit nach Südosten bis fast in kontinentale Lagen vor.

weise auch in Böden mit W 3 und 4. Hierher rechnet man Ackerfuchsschwanz, Kleinling (Ackerrinnenpflanze), Mäuseschwanz (Myosurus minimus), steifen Sauerklee (Oxalis stricta), Ackerhahnenfuß und die Ackergänsedistel (Sonchus arvensis). Die anderen Gänsedistelarten gehören zu W 3 (W 4).

Das von Ellenberg unter W 2 aufgeführte haarige Schaumkraut (Cardamine hirsuta), eine Pflanze mit 19 systematisch-botanischen Namen, kann ackerbaulich übergangen werden.

Zeigerpflanzen für meist „gute" Wasserführung. W 3.

Im Hinblick auf die Ackerleistung deuten rote Taubnessel, Erdrauch, weißer Gänsefuß (Chenopodium album), Sternmiere, Klettenlabkraut, persischer und efeublättriger Ehrenpreis gute Wasserführung an. Diese Pflanzen führen die Wasserzahl W 3 (gut durchlüftet, gut bewässert; ohne zu starke Austrocknung, ohne nennenswerte Durchnässung). In nährstoffreichen Äckern mit guter Wasserführung tritt oft das gewöhnliche Rispengras (Poa trivialis) auf. In Naßjahren erscheint es in Massenvegetation. In diesem Fall wäre es falsch, diese an sich gute Zeigerpflanze als Abwertungspflanze zu betrachten. Dieses Rispengras unterscheidet sich durch das 2—5 mm lange, spitz zulaufende Blatthäutchen und oberirdische Ausläufer vom Wiesenrispengras, (Poa pratensis), das im Acker normal nicht vorkommt.

Zeigerpflanzen für noch gute Wasserführung, aber vereinzelt größere Bodentrockenheiten. W 3—4. Die Wasserzahl W 3 stellt eine Art Bestlage (Optimum) dar. Wenn die Wasserführung noch brauchbar ist und die Austrocknung sich in mäßigen Grenzen hält, siedeln sich an:

Bei neutraler bis alkalischer Reaktion:

Teufelsauge, Rittersporn, Venuskamm, Ackerhellerkraut (Thlaspi arvense); auch Sonchusarten mit Ausnahme von S. arvensis.

Bei sauerer bzw. wechselnder Reaktion:

Ackerspörgel, Sandmohn (Papaver Argemone), Ackerhohlzahn (Galeopsisarten mit Ausnahme von G. angustifolia), Erdrauch, Knäuelgras, und Ackerrettich (Hederich).

Zeigerpflanzen für trockenere Lagen. W 4.

Für bereits trockenere Lagen gilt die Wasserzahl 4 (für gelegentlich sehr stark austrocknende Lagen die Wasserzahl 5).

Wasserzahl 4 geht ackerbaulich noch an. Zu ihrer Erkennung können folgende Pflanzen dienen:

Stengelumfassende Taubnessel, Ackerskabiose, besser ist Feldwitwenblume (Knautia arvensis), Ackerkrummhals (Lycopsis arvensis), Wirbel= und Borstenhirse (Setaria verticillata und viridis), Katzenklee (Trifolium arvense), Dreiblattehrenpreis (Veronica triphyllos) und in einzelnen Gegenden die Sonnenwende (Heliotropium europaeum). Doch ist diese letztere Kalkzeiger=pflanze (R 5) nur im Rhein=, Main= und Nahetal (Kreuznach—Sobernheim) sowie im Moseltal bei Trier häufiger. In Bayern kommt die Sonnenwende nicht vor, falls sie nicht irgendwo eingeschleppt worden ist.

Zeigerpflanzen für zeitweise stark austrocknende Lagen; ökologisch sehr interessant, ackerbaulich oft bedenklich. Hierher gehören am Rain viele Trockenrasenpflanzen.

Trockenrasenpflanzen des meist saueren Bodens:

Wenn an einem Ackerrain z. B. folgende Pflanzen mit der Wasserzahl 5 stehen, so kann diese Gruppe von Trockenrasenpflanzen oft eine schlechte Aussage auf den horizontgleichen Acker bedeuten:

Doldige Spurre (Holosteum umbellatum), F. 24
Felsennelke (Tunica prolifera),
Feldbeifuß (Artemisia campestris, F. 29
Silbergras (Corynephorus = Weingaertneria),
Sandglöckchen (Jasione montana). Abb. 39.

Diese Arten treten z. B. in der Ackerlage Mühlstetten am Rain hervor. Ihr Vorkommen stimmt gut zur schlechten Wasserhaltung des anschließenden Ackers. Hier sollte es praktisch jeden Tag regnen.

In diesem Zusammenhang beachte man am Rain (vorzugsweise im Westen) auch Flügelginster, Ramsele, als Mager= und Trockenrasenpflanze. Ähnlich ist in vielen Fällen auch die aufrechte Trespe (Bromus erectus) zu bewerten, die aber auch kalkhaltige Standorte bevorzugt. Diese Aussage vom Rain her stellen Möglichkeiten in der großen Vielfalt des Ackers dar.

Trockenrasenpflanzen in Kalklagen:

Hierher rechnet man z. B. das seltene Federgras (Stipa) und die Goldaster*) (Aster linosyris), zwei Rainpflanzen.

Im Acker gehören hierher:

Der einjährige Ackerziest (Stachys annua), der aufrechte Ziest (Stachys recta), die nicht immer häufigen kalkliebenden Erdraucharten (Fumaria Vaillanti, Schleicheri und parviflora).

---

*) Siehe auch Wärmezahlen.

Von den Platterbsen die Ranken= und die behaarte Erbse (Lathyrus Aphaca und L. hirsutus); letztere eine Pflanze schwerer Tone.

Ferner kommen noch in Frage die schopfige Hyazinthe (Muscari comosum), eine Trockenrasen= und Ackerpflanze (Jura, Parsberg, Vorderpfalz, Rhein=hessen) sowie regional auch der schmalblättrige Hohlzahn. Er kann sehr trockene Lagen andeuten.

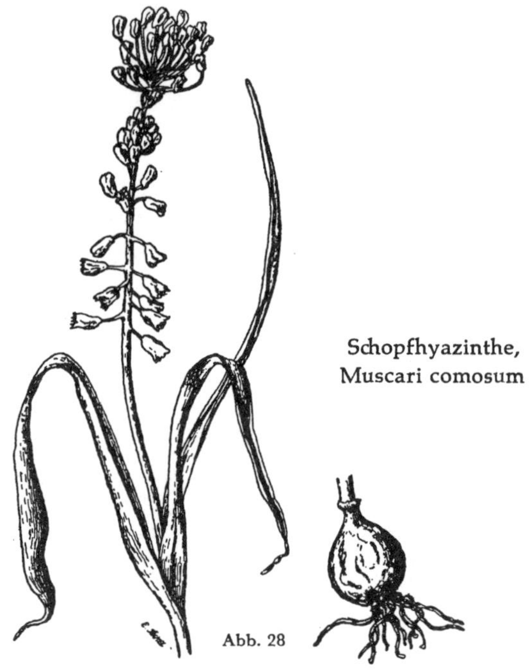

Schopfhyazinthe, Muscari comosum

Abb. 28

13. Wurzeltiefenaussage. Zeigerpflanzen als Profilschließer

Mit Hilfe der Wurzeltiefe lassen sich Einzelheiten der Bodenstruktur ziemlich gut festlegen. Man unterscheidet Oberflächen=, Flach=, Mittel= und Tief=wurzler.

Wenn auf einer Ackerflur alle Wurzeltypen z. B. auf Kalklehm deuten, so liegt in diesem Falle ein einheitlicher und tiefgründiger Boden vor. Wenn aber nur einige Oberflächenwurzler dieser Art vorhanden sind, dann kann der Acker ein ökologisch und soziologisch uneinheitliches Bild liefern, falls dicht unter der Oberfläche liegende Schichten andersartig sind. Sie wirken dann wie ein Mosaikboden, so daß ein gegensätzliches Pflanzenbild entstehen kann. Vgl. Abb. 40.

Bodenerschließung im neutral=alkalischen Gebiet

Hierzu einige Beispiele:

Röte . . . . Ackergleiße	überschreiten als Flachwurzler kaum die Tiefe der Ackerkrume. Teilweise nur Saatbeetwurzler.

Adonis, Teufelsauge . . . . Venuskamm (Nadelkerbel) . . . . . Rittersporn . . . . Haftdolde (nicht in Südbayern) . . . . Finkensame . . . . Ackersteinsame . . . . Flughafer (nicht im Sandgebiet) . . . . Ackersenf	Mittelwurzler etwa 30 cm tiefgehend. Meist gute Profil= und Ackerbauzeiger, da sie eine hinreichende Bodentiefe andeuten.

Esparsette . . . . Eiblatt, Schöterich (Conringia) . . . . Knollenplatterbse	Tiefwurzler. Erschließen Gleichmäßigkeit eines Profils.

Ein ausgezeichneter Tiefwurzler ist die Esparsette (Onobrychis viciaefolia). Wo sie nicht verwildert ist, stellt diese ostmediterrane Pflanze (mit kontinentalem Einschlag) eine ausgezeichnete Profilzeigerpflanze für kalk= und lehmreiche, warme, sommertrockene Gebiete dar. Zu ihr gehört pflanzensoziologisch die häufig im Acker vorkommende Rittersporngesellschaft und der entsprechende Ackerbau: Weizen, Zuckerrübe, Luzerne.

An die Pflanzen der Gruppe b—c schließen sich an: Sichelmöhre, Ackerwinde, Löwenzahn als Lehmzeiger bis in größere Tiefen über die eigentliche Ackerkrume hinaus. Ein Acker mit einer Reihe der genannten Pflanzen hat große Bodenreserven.

Im neutral=alkalischen Gebiet sind reine Oberflächenwurzler selten.

Profilerschließung im sauren Gebiet. Auch hierzu einige Beispiele:

a)

Krötensimse = Krötenbinse . . . . . Mastkraut . . . . Quendelehrenpreis	Oberflächenwurzler

(auf schwachsauren Lehmen nicht immer häufig)

Katzen=Hasenklee . . . . Blaues Stiefmütterchen . . . . Kleiner Sauerampfer	meist sehr flach wurzelnd

b)

Hederich . . . . Kamille . . . . Ackerfrauenmantel . . . . Spörgel . . . . Knäuel	Flachwurzler, selten die Tiefe von 20 cm überschreitend. Die eigentlichen Hauptanzeiger im saueren Gebiet.
c) Lammkraut (Arnoseris minima) . . . . Sandmohn (Papaver Argemone)	Mittelwurzler, 30 cm, manchmal 40 cm Tiefe erreichend, also ein *beträchtliches* Profil sauerer Art andeutend.

Vergleichsweise eine ähnliche Tiefe erreichen Kornrade und Kornblume. Beide Arten sind aber ziemlich bodenvag, mindestens im Hinblick auf Säuregrad und Wasserführung, haben also keinen besonderen Zeigerpflanzencharakter. Die Profilzeiger b und c sind für die Ackerbeurteilung in erster Linie verwendbar.

Bei den Säurezeigern fehlen im Acker richtige Tiefwurzler, wenn man nicht vom Rain her den Besenginster heranziehen kann.

Vom Rain her sind weiter Sandglöckchen und Sandbeifuß als Tiefenzeiger verwertbar.

Das Sandglöckchen geht mindestens bis 50 cm, manchmal auch tiefer. Man kann also im gegebenen Fall, z. B. in Mühlstetten, eine tiefreichende sauere Sandlage vom Sandglöckchen her annehmen. Die Bodenaufgrabung zeigt die Richtigkeit dieser Zeigerpflanzenaussage an. Vgl. Abb. Sandglöckchen.

Eine andere Pflanze im Sandgebiet mit Bodentiefenerschließung (Profilzeigerpflanze) ist der Sandbeifuß (Artemisia campestris). Er ist mehr Sandstrukturzeiger als Säurezeiger, jedenfalls geht er kleinen Kalksandlagen nicht immer aus dem Weg. Er zeigt eine Sandtiefe bis 1 Meter an.

Für die Mittellage schließt sich das Silbergras (Weingaertneria = Corynéphorus canescens) an. Es geht bis 30 cm.

Wo am Ackerrand alle drei oder wenigstens einzelne Pflanzen vorhanden sind, liegt tiefgründiger, sauerer Sand vor.

Bei den Aufwertungspflanzen finden sich auch Oberflächenwurzler als Saatbeetdeuter wie Sternmiere. Die anderen, wie Ackergreiskraut, Gauchheil, persischer und efeublättriger Ehrenpreis, rote Taubnessel, weißer Gänsefuß, bewegen sich als Flachwurzler in der Hauptzone des Ackerbaus, geben also nur über diese wichtige Zone Aufschluß.

Ein schönes Beispiel der Profilerschließung durch Pflanzen gibt nachstehende Skizze eines Feldes bei Hüttendorf (Fürth). An einer bestimmten Stelle (II der Skizze) fiel gehäuftes Vorkommen tieferwurzelnder Pflanzen auf:

Die Festlegung des Profils ergab eindeutig, daß auf der tieferen Krume (siehe Skizze) die tiefer wurzelnden Pflanzen sich eingefunden hatten.

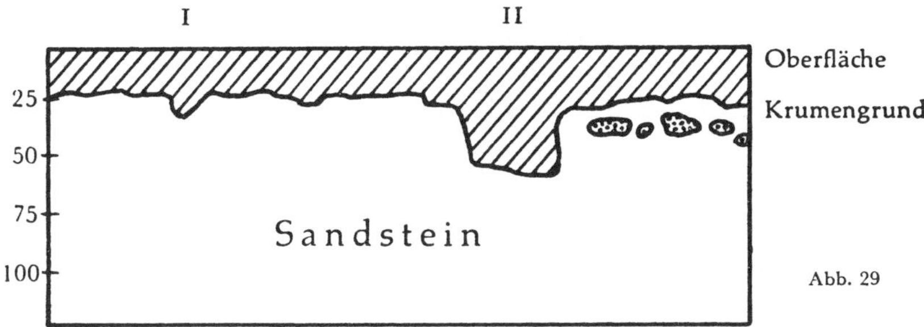

Bodengestaltung und Ackerflora bei Hüttendorf (Fürth, Bayern).

Pflanzen zu 1	Pflanzen zu 2	
Hederich, Knäuel Spörgel	Ackerdistel	wurzeln tiefer als die Pflanzen des Standortes 1
	Ackerwinde	
	Klettenlabkraut	
	Gänsedistel	

14. Einfügung des Ackers in die Vegetation der Landschaft

1. Besenginster und Salbeilandschaft. Großzeigerpflanzen.

Bei einer biologischen Ackerbeurteilung ist die vegetationsmäßige Betrachtung der ganzen Ackerlandschaft immer sehr lehrreich. Denn der Acker stellt mit Rain, Hecke, Hohlweg, Waldrand und Wald eine Vegetationseinheit dar, solange kein bodenmäßiger oder geologischer Horizont- und Schichtwechsel vorliegt. In diesem Fall der relativen Standortsgleichheit können daher am Rain bzw. in der zugehörigen Ackerlandschaft keine standörtlich gegensätzlichen Zeigerpflanzen stehen. Solange weiter eine anschließende Wiese annähernd ackermäßige Wasserführung zeigt, also für einen Acker nicht zu feucht ist, können in der Wiese vorzugsweise Pflanzen vorkommen, die z. B. zur Reaktion des Ackers passen; es wird also z. B. eine kalk- und reaktionsmäßig gute Wiese den Wiesenbocksbart (Tragopon pratensis) und Arzneiprimel (Primula officinalis) zeigen, im Acker kommt dann entsprechend der Ackersenf vor. Wo im Acker der Ackersenf wächst, kann in dem annähernd bodengleichen Grünland keine Arnika, kein Borstgras (Nardus stricta), kein Straußgras (Agrostis vulgaris), kein Dreizahn (Sieglingia) und kaum Ferkelkraut (Hypochoeris radicata, die Pflanze mit der grünsten Rosette), stehen. Diese Pflanzen bevorzugen saueren Boden (R 1, R 2, R 3). Im horizontgleichen Acker wird sich kein Ackersenf finden, denn diese Pflanze mit der Reaktionszahl 4 geht nicht in diese saueren Lagen. Rein ackerbaulich gesehen, baut z. B. der Landwirt nicht unbegründet auf einer Flur mit dem Flurnamen Sandacker oder Sandspitz die Scherrübe, Kohlrübe, Dotsche, Wruke (Brassica Napus*) var. Napobrassica) auch heute noch trotz aller gehobenen Ackertechnik an. Diese Rübe gehört standörtlich zum saueren Sand und Sandlehm. Soziologisch gesehen stehen hier mit Recht Knäuel, Spörgel, kleiner Ampfer. Umgekehrt fehlen Kohldistel (Sonchus, Lehm; Finkensame Neslia, Lehm) und die lehmzeigenden Kennarten der Rittersporngesellschaft. Diese Zeigerpflanzen gehören vorzugsweise zur Runkel- und Futterrübe (Beta).

Im Gefolge einer guten Zeigerpflanze — auch Brassica und Beta, die zwei Rüben, sind brauchbare Zeigerpflanzen — siedeln sich nämlich eine Reihe Pflanzen mit ähnlichen Standortsansprüchen an. So kommt bereits eine gewisse Ordnung in den Pflanzenbestand einer Gegend und eines Ackers. Man kann daher, von einer zuverlässigen Zeigerpflanze ausgehend, folgende drei Feststellungen treffen:

Welche Ackerpflanzen vorhanden sein dürfen,
welche auszuschließen sind und
daß viele standortsvage Pflanzen (Ubiquisten) unbehindert vorhanden sind.

In dieser Gesetzmäßigkeit spielen die schon in der Einleitung näher besprochenen Besiedelungseigenschaften, wie westisch, eurasiatisch, kontinental, mittelmeerisch eine Rolle sowohl im Acker wie als aufklärende Landschaftszeiger. (Großzeiger.)

Für eine überblickende Ordnung können z. B. folgende Landschaftszeiger verwendet werden:

Gruppe und Landschaft 1 Kalkarme Böden, quarzitische Sande (sauere Böden)	Gruppe und Landschaft 2 Kalkreiche Böden, Kalklehme, Kalksande
Besenginster (Priem, Ramse), Sarothamnus scoparius; Pechnelke, Viscaria vulgaris, F. 3, F. 5	Blauer Salbei, Salvia pratensis, F. 39 Karthäusernelke, Dianthus carthusia norum
Hundsveilchen, Viola canina	Behaartes Veilchen, Viola hirta

*) Napus heißt Rübe.

Straußgras, Agrostis vulgaris	Fiederzwenke, Brachypodium pinnatum
Birke, Betula	Behaarter Schneeball, Viburnum lantana
Magerkiefer, Pinus silvestris	Warzenwolfsmilch, Euphorbia verrucosa
Arnica, Arnica montana	Kleiner Wiesenknopf, Sanguisorba minor, F. 40
Heidenelke, Dianthus deltoides	Ästige Wucherblume, Chrysanthemum corymbosum
Adlerfarn, Pteridium aquilinum, F. 4	
Heidekraut, Calluna vulgaris	
Arzneiehrenpreis, Veronica officinalis	

Gruppe 1 und 2 stellen Ackerbau= und Ackerbesiedlungsgegensätze dar. Diese Besiedlungsgegensätze deuten in großen Umrissen folgenden Ackerbau an:

Gruppe 1	Gruppe 2
Vorzugsweise Roggenlandschaft Vergleiche hierzu die beiden Abbildungen: Salbei= und Besenginsterspektrum, 31, 32.	Vorzugsweise Weizenlandschaft.

In der Ackerlandschaft spielen laut vorstehender Übersicht neben zwei Veilchen auch zwei Nelken als Landschaftszeiger eine Rolle.

Bei diesen Nelken der Ackerlandschaft stellen Heidenelke (Deltanelke) und Karthäusernelke entschiedene Standortsgegensätze dar. Die Deltanelke gehört zur sauererdigen Roggen=, Serradella=, Kartoffel=, Scherrüben= (Dotschen) Landschaft. Die Karthäusernelke findet sich in der Weizen=, Luzerne=, Zucker= rüben=, Gerstenlandschaft mit ihrer meist neutral bis alkalischen Bodenreaktion.

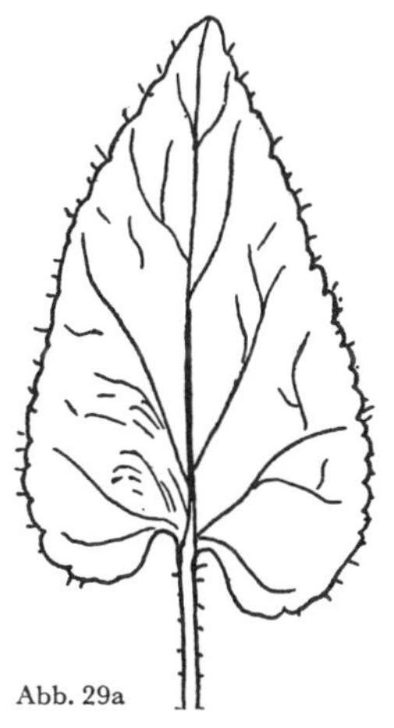

Abb. 29a

Rauhhaariges Veilchen
Viola hirta,
Kalk- und Wärmezeiger am Rain.
Blatt deutlich dreieckig. Ökologischer Gegensatz zum Hundsveilchen.
V. hirta R 4, V. canina R 2.

Wo also in einer Landschaft eine Besenginster=, Birken= (Kiefer=, Eichen=, Strauß= gras=)vegetation am Rain, am Hohlweg, am Ackerrand steht, finden sich im Acker zwangsläufig Säurezeiger verschiedenen Grades, wie Knäuel, kleiner Ampfer, Spörgel, Hederich, niemals aber Adonis, Venuskamm,

Rittersporn*), kleine Wolfsmilch (Euphorbia exigua), Finkensame und andere Kalkzeiger. Das ist das Besiedlungsgesetz der Landschaft, das sich unweigerlich im Acker und im Ackerbau widerspiegelt.

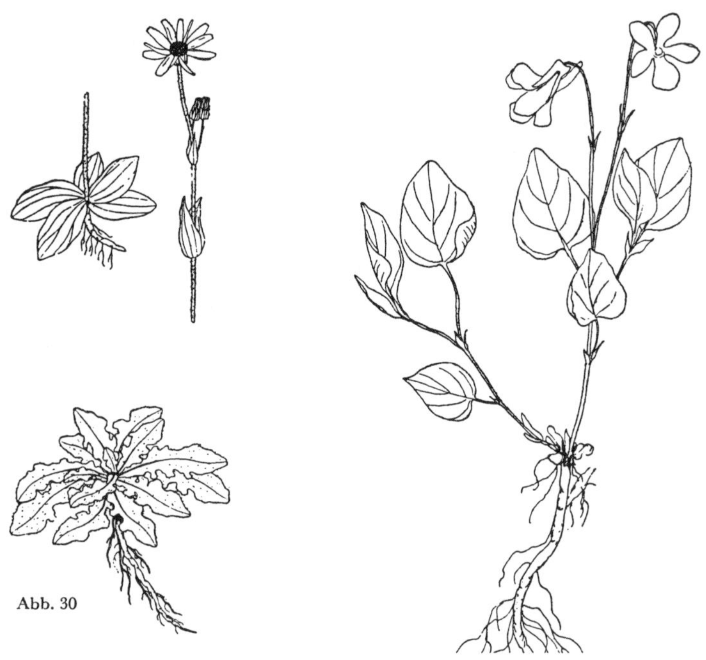

Drei Säurezeiger in der Ackerlandschaft und am Rain
Oben links: Arnica montana, Bergwohlverleih. Unten links: Ferkelkraut, Hypochoeris radicata. Rechts: Hundsveilchen, Viola canina. Gegensätze zur Salbeilandschaft.

Die Zeigerpflanzen der Gruppe 1 gehören ihrer Herkunft und ihren Stand=ortsansprüchen nach eng zusammen, ebenso die Zeigerpflanzen der Gruppe 2 wie die folgenden Herkunftshinweise (geographische Arealcharaktere) zeigen.

Pflanzen wie Besenginster, Hundsveilchen, Straußgras, Arnica, Heidenelke, Heidekraut, Adlerfarn, Birke und Kiefer haben einen westischen, einen Meeresrandeinschlag. Ihr Arealcharakter ist, wie schon betont, teils sub=ozeanisch, teils subatlantisch.

Bei Pflanzen dieses Charakters kommen viele Säurezeiger und Kalkflieher vor. Die Gegengruppe mit Wiesensalbei, Karthäusernelke, behaartem

*) Der Rittersporn macht in „Sandlagen" gelegentlich eine scheinbare Ausnahme. Man prüfe in jedem Fall die „Sandstelle" auf Kalk.

Veilchen, Warzenwolfsmilch (Gruppe 2) zeigt mittelmeerischen und östlichen Landblockeinfluß (mediterran=kontinentale Charaktere). Diese Pflanzen ordnen sich gerne in basenreiche (alkalisch=neutrale) Böden ein.

Diese Hinweise sagen aus, daß z. B. am natürlichen Standort einer Birke weder Salbei noch Warzenwolfsmilch, Fiederzwenke oder behaartes Veilchen am Ackerrain zu finden ist. Abb. 29a.

In der Gegenüberstellung beider Gruppen finden sich zwei Veilchen, das Hundsveilchen (Viola canina in saueren Lagen) und das behaarte Veilchen (Viola hirta, dieses in warmen Kalklagen). Im Volksmund bezeichnet man jedes nicht wohlriechende Veilchen als Hundsveilchen. Das echte Hundsveilchen ist auf kalkarmen Rainen, im fränkischen Keupersand und im granitischen Urgebirge nicht selten. Das rauhhaarige Veilchen fällt durch seine dreieckigen Blätter auf. Beide Arten schließen sich als physiologische Gegensätze (Standortsgegenspieler, Standortsantagonisten) am selben Standort aus. Sie deuten zwei verschiedene Ackerbaulagen an. Das rauhhaarige Veilchen weist auf Weizen, das Hundsveilchen auf Roggen. Wenn man z. B. am „Sandacker" (Ansbach) am Ackerrain Hundsveilchen findet, dann treten im Acker Roggen, Knäuel und Spörgel auf. Man ist nicht überrascht, wenn 150 km weiter entfernt z. B. um Regen (Bayer. Wald) das Hundsveilchen am Rain einen ähnlichen Ackerbau mit ähnlichen oder denselben Zeigerpflanzen vorfinden läßt. Die inneren Gesetze der Pflanzenbesiedlung lassen sich mit der Bezeichnung:

Wiederkehr des gleichen bzw. Wiederkehr des ähnlichen zusammenfassen

Wie fein im einzelnen die Besiedlungsabstufungen bei ackerbaulich wichtigen Landblockpflanzen sein können, zeigt nachstehende Übersicht über einzelne Arealcharaktere häufiger Zeigerpflanzen der Ackerlandschaft:

Art	Arealcharakter	Gesamtaussage f. d. Acker
Blauer Salbei	Mittelmeer, Bergstufe . . .	warm, trocken. Kalk, Lehm, Humus. Nie nasse Füße!
(Wiesen= und Quirlsalbei)	mediterran, montan . . .	
Karthäusernelke	mittelmeerisch	
Behaartes Veilchen	mittelmeerisch . . . . . medit. eurasiatisch	
Fiederzwenke	mittelmeerisch . . . . . Ostlandblock	

Art	Arealcharakter	Gesamtaussage f. d. Acker
Behaarter Schneeball	mittelmeerisch	warm, trocken. Kalk, Lehm, Humus. Nie nasse Füße!
Warzenwolfsmilch	mittelmeerisch . . . . . Landblockpflanze	
Kleiner Wiesenkopf F. 40	mittelmeerisch mit Landblockeinschlag	

Jeder Aussagegruppe ist in großen Zügen ein bestimmter Ackerbau und ein bestimmter Unkrautbestand im Acker zugeordnet. Die meisten Unkräuter des Ackers stehen also nicht wahllos im Acker, sie folgen meist deutlich erkennbaren Besiedelungsgesetzen. Die Frage: *Warum blüht und wächst eine bestimmte Pflanze* gerade in einem bestimmten Acker, kann meist mit guten Gründen aus dem Wesen der Pflanze heraus beantwortet werden. Zu einer westischen Pflanze mit Säureansprüchen gehören eben auch wieder westische Ackerzeiger des Säuretypus und zu einer Landblockgruppe mehr solche der Kalk bevorzugenden Landblockpflanzen. Auf dieser Tatsache beruht zum großen Teil die Sicherheit einer biologischen Ackerbeurteilung. Die folgenden Skizzen erläutern einige ökologisch=soziologische und ackerbauliche Zusammenhänge in weiten Gebieten des Bundesgebietes mit Hilfe von zwei allgemein bekannten Großzeigerpflanzen:

a) Besenginster b) Wiesensalbei.

Vergleiche hierzu Abb. 31 und 32.

Der dynamisch=soziologische Besenginsterkreis ist als Standortweiser auch ein ökologischer Kreis für kalkärmere, sauere Gebiete. Roggen, Hafer, gelbe Lupine, Serradella, Kartoffeln treten ackerbaulich hervor, als Rübe ist Brassica, Wasserrübe (Dotsche, Wruke) einheimisch, dagegen Ranges und Beta selten. Mit Abschwächung der Säure= und Lehmzunahme erfolgt der Übergang zum Salbeispektrum und Zunahme des Weizen= und Rübenbaues (Beta).

Die Salbeiaussage (das Salbeispektrum) ist der Gegenkreis zum Besenginster, gesellschaftlich, standörtlich, *ackerbaulich*. Beim Salbei tritt hervor: Weizen, Zuckerrübe (Beta, Luzerne; hier fehlt normal die Wasserrübe (Scherrübe, Dotsche, Wruke, Brassica).

Man kann die Beziehung vieler mit dem Salbei vorkommenden Pflanzen auch in der Weise darstellen, wie es Figur 33 zeigt.

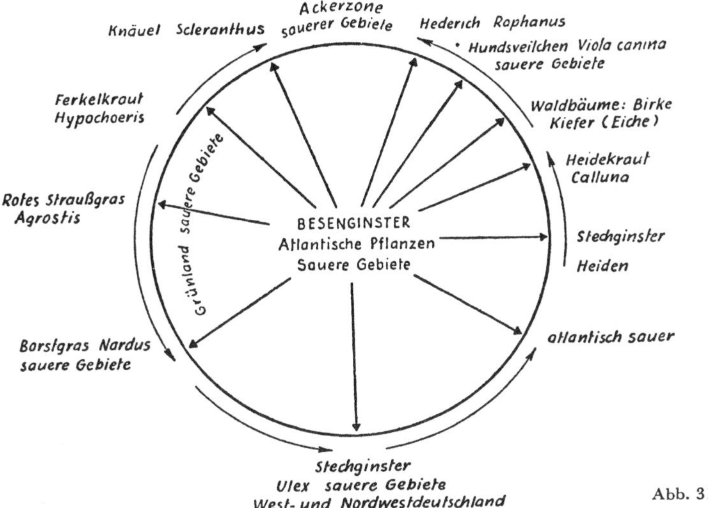

Abb. 31

Dynamisch=soziologischer Kreis um den Besenginster. Die Zeigerpflanzen besitzen als Meeresrandpflanzen westischer Herkunft einen atlantischen bis subozeanischen Einschlag. Sie besiedeln keine Kalkgebiete, auch fehlen in dieser Gruppe Kalk=zeiger.

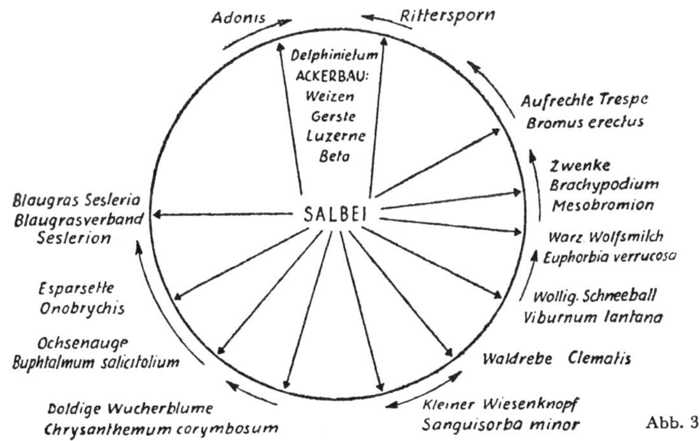

Abb. 32

Dynamisch=soziologischer Zeigerpflanzenkreis um den Wiesensalbei. Soziolo=gisches Salbeispektrum.

Von jedem Punkt aus kommt man zur großen Rittersspornflur mit dem zu=ständigen Ackerbau.

Die Pflanzen dieser Gruppe zeigen als Landblockpflanzen östlicher bis südöstlicher Gebiete einen typischen Kontinentalcharakter. Sie treten so meist als Kalklieb=haber bei uns auf. Säurezeiger fehlen in der Regel bei dieser Gruppe kontinen=taler bis mediterran=kontinentaler Pflanzen.

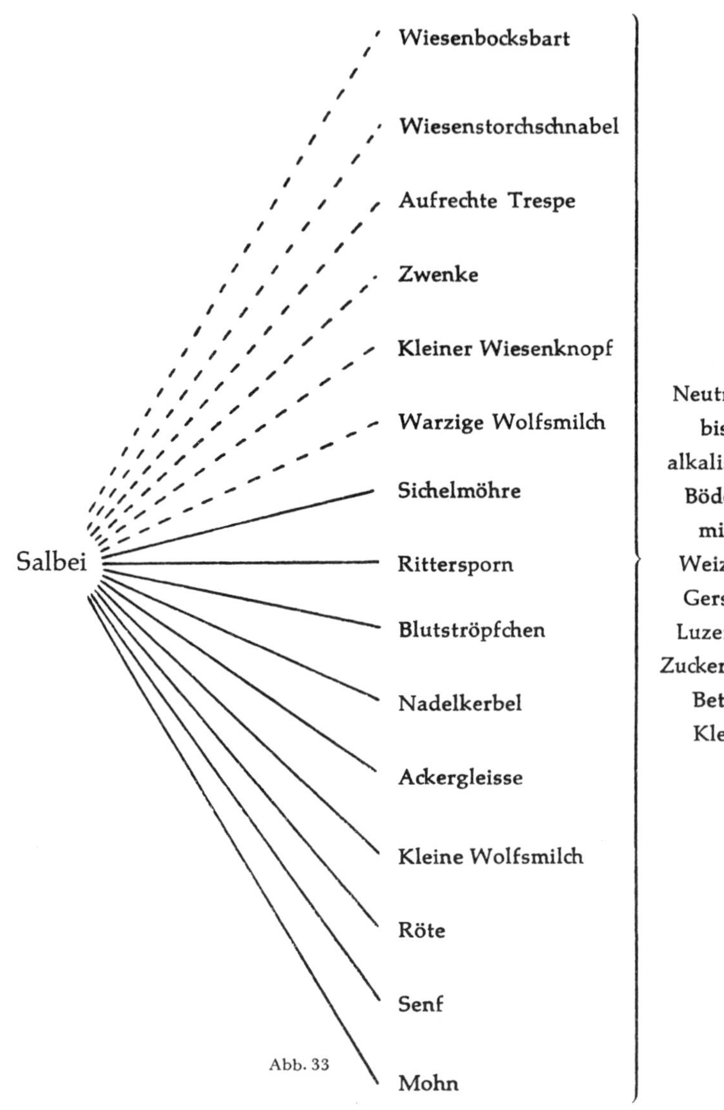

Besiedlungszusammenhänge und Ackerbau vom Salbei aus gesehen. Soziologisches und Ackerbauspektrum vom Salbei aus.

– – – – Pflanzen am Rain, im Grünland, Landschaftszeiger

——— Ackerpflanzen.

Der Salbei kann durch jede andere geeignete Zeigerpflanze vertreten werden.

Die Rittersporngesellschaft stellt sich im Acker ein, sofern bei geeigneter Reaktion (R 5) die Krumenfeuchtigkeit nicht zu groß ist.

Da nach diesen Ausführungen Besenginster und Salbei Gegensätze sind, so dürfen sie in einer Landschaft auch nicht miteinander am selben Standort vorkommen. Wo dies doch einmal der Fall sein sollte, liegt irgendwie ein künstlicher (unnatürlicher, sekundärer) Standort vor. Ginster und Salbei nebeneinander sah ich z. B. an einem Straßenrand bei Georgensgmünd (Mittelfranken). Dort ist die typisch sauere Bodenlage (Pleinfelder Sande mit PH etwa 3,8—4,5) am Straßenrand durch Kalksteineinbau (Kalk=lage) für den kalkliebenden Salbei umgeschaffen. So steht Salbei scheinbar auf sauerem Boden neben Besenginster und Heidekraut. Den Widerspruch solcher ökologischer Scheingegensätze löst die örtliche Bodenuntersuchung.

Am Nordausgang von Dinkelsbühl sah ich „nebeneinander" in üppiger Ent=wicklung Salbei und Flügelginster (Ramsele, Genista sagittalis = Cytisus sagittalis), Abb. 34. Diese wärmeliebende Pflanze ist für oberflächlich ent=kalkte, sauer=humose Westgebiete, auch für warme Borstgras= und Stech=ginsterfluren (Nardion, Ulicion der Soziologen) typisch. Im Westen, also auch noch um Dinkelsbühl zeigt der Flügelginster reichliche Entwicklung,

Abb. 34

Flügelginster

Cytisus sagittalis = Genista (Genistella) sagittalis.

Wärme-, Trockenheits-, milde Säure-Anzeiger.

Mediterran-atlantisch, daher keine hervorstechende Kalkbeziehung andeutend.

Als atlantische Pflanze in Ost- und Südostbayern selten, aber im Schwarzwald als Kennart der Flügelginstergesellschaft häufig.

natürlich nicht zusammen mit Salbei am selben Standort. In Ostbayern (Lech und Rednitz als pflanzengeographische Grenze angenommen) ist der Flügelginster (er hat ja eine spezifisch westische, mediterran=atlantische Verbreitung) selten. Die Bodenuntersuchung bei Dinkelsbühl ergab, daß auf eine sauerhumose Sandsteinlage kalkhaltiger Straßenabraum geschüttet war. Auf dieser „Kalkinsel", auf diesem Fremdmosaik, stand viel Salbei, am Rand der Aufschüttung blühte Flügelginster in Massenvegetation. Die Bodenuntersuchung bewahrte auch hier vor einem ökologischen und pflanzensoziologischen Fehlschluß und vor Aufstellung einer äußerlich scheinbar brauchbaren, physiologisch aber durchaus „falschen Vegetationsliste".

In anderen Fällen rücken sich Standortsgegensätze wenigstens bis auf einige Meter nahe, z. B. auf den Alluvialsanden der Donau*) (Parkstetten bei Straubing), wo kalkreiche und kalkarme Sande dicht aneinanderstoßen. (Abb. 35.) Hier treten auf:

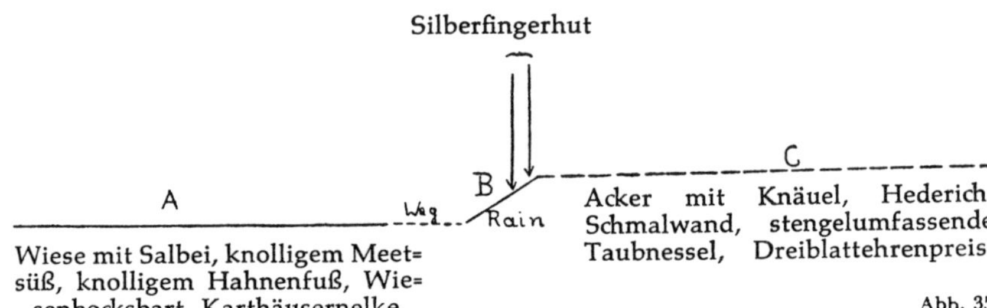

Abb. 35

Horizont= und Florenwechsel auf engstem Raum

Bei B Horizontwechsel.
Das Silberfingerkraut bei B steht in scharfem Gegensatz zur Flora bei A.

1. Gruppe (Antagonisten zu 2)	Aussage dieser Zeigerpflanzen
Säurezeiger verschiedenen Grades	
Silbergras, Weingaertneria	Sand, sauer, Wärme, Heide, trocken
Schafkresse, Teesdalia	Sand, sauer, trocken
Silberfingerkraut, Potentilla argentea	kalkarme, warme Lagen
Sandbeifuß, Artemisia campestris	kalkarme, warme Sande, trocken
Tripmadam, Sedum rupestre	meist kalkarme, warme Standorte

*) Ähnlich in der kleinen saueren Alluvial=Sandlage bei Barbing (Regensburg). Wiederkehr des gleichen.

2. Gruppe (Gegensätze zu 1) Kalk= und Lehmzeiger	Aussage dieser Zeigerpflanzen
Wiesensalbei	kalkig, warm, humos, trocken
Knolliger Meetsüß, Ulmaria hexapetala	kalkig, warm, trocken
Knolliger Hahnenfuß, Ranunculus bulbosus	lehmig=kalkig, Trockenrasen
Wiesenbocksbart	meist kalkreiche, lehmige, warme Lagen

Gruppe 1 und 2 stellen ökologische Gegensätze dar. Diese Gegensätze prägen sich auch aus im Ackerbau. In Parkstetten sieht man nämlich im Anschluß an die Mosaikackerlage nebeneinander gute und schlechte Luzerne. Die schlechte Luzerne grenzt an Knäuel, Hederich und Schmalwand. Gleich nebenan steht Ackersenf mit guter Luzerne.

Durch diese soziologische Buntheit (soziologische Scheinwidersprüche) wird die Mosaikstruktur dieser Sande erwiesen. Durch eine Standortsuntersuchung wird die Erkenntnis bestätigt, daß echte Zeigerpflanzen, besonders die Reaktionszeiger in Acker, Wiese und Landschaft strengen Besiedlungsgesetzen folgen. Diese ökologischen Gesetzmäßigkeiten kann man in Zweifelsfällen gleich an Ort und Stelle erweisen, indem man eine Aufgrabung, ein Profil anlegt und die Bodenreaktion prüft.

15. Hinweise auf Bodenstruktur und auf Bezeichnungen wie Sand, Löß, Braunerde, Staunässe und andere Standortswerte.

Bevor man eine Ackerbeurteilung mit Hilfe des Pflanzenbestandes vornimmt, sollen einige methodische Hinweise für eine feldmäßige Standortsbeurteilung gegeben werden.

Zeigerpflanzen und Unkräuter folgen nicht immer den Standortsangaben der Lehrbücher. Daher untersuche man in allen Fällen den Standort. Nur auf diese Weise erhält man eine Sicherheit in der biologischen Standortsbeurteilung. Zweckmäßig ist immer eine Prüfung des Kalkgehaltes am Standort. ($CaCO_3$=Feststellung mit verdünnter, etwa 15%iger Salzsäure.) Über viele Standorte gibt erst die Salzsäureprobe Klarheit. Vorhandener oder fehlender Kalkgehalt ($CaCO_3$) läßt sich mit der Salzsäureprobe am Aufbrausen oder Nichtaufbrausen feststellen.

Es bedeutet:	Gehalt an $CaCO_3$	
kein Aufbrausen	unter 0,5%, sehr kalk=arm, stark sauer	vorzugsweise Reich der Kalkflüchter, calciphobe Pflanzen meist atlantischer bis subozeanischer Herkunft
schwaches, kurzes Aufbrausen . . .	etwa 0,5% und höher, schwach kalkhaltig	Reich der üblichen Säurezeiger
deutliches, nicht anhaltendes Aufbrausen	etwa 2% und höher, mittlerer Kalkgehalt	Reich der Über=gangspflanzen von kalkliebend bis kalkstet
starkes, langanhaltendes Aufbrausen	über 5% (10%) und höher; stark kalkhaltig	Reich der kalk=steten Pflanzen, Delphiniétum im weiteren Sinn

Besonders empfiehlt es sich, die Kalkprobe um die Wurzelzone der betref=fenden Pflanze auszuführen; außerdem prüfe man noch verschiedene Acker=stellen. Selten ist nämlich ein Ackerboden gleichmäßig mit Kalk versorgt, was zu einer Differenzierung im Pflanzenbestand führen kann.

Für die Reaktionsbestimmung am Standort gibt es eine Reihe von Mög=lichkeiten wie Indicatorflüssigkeiten (Merck, Hellige u. a.) und Indikator=papiere.

Der Anfänger sollte auf alle Fälle sich in die einfache Methodik der feld=mäßigen Säuregradbestimmungen (P_H Werte) einarbeiten.

Über die Bodenstruktur gibt eine Gareprobe (Wurfprobe, z. B. schöne Krümelstruktur wie Gartenerde), ferner eine Bohrprobe mit dem Bohrstock oft wichtigen Aufschluß. Die Lehm= und Tonprobe kann im Feld mit dem Fingernagel erfolgen: Lehm reißt, Ton läßt sich (ohne Risse) glatt streichen; Lehm zerreißt beim „Ausrollen", Ton läßt sich kneten und ausrollen. Man beachte auch die Bodenfarbe: Lehm ist z. B. niemals grau, bläulich oder weißlich.

Bei der Schätzung des Humusgehaltes spielt die Wasserhaltung des Bodens eine deutliche Rolle. Gute Wasserführung läßt den Boden dunkler erschei=nen, täuscht also einen höheren Humusgehalt vor. Sandböden erscheinen im feuchten Zustande bei einem Humusgehalt von 0,2—0,5% grau, bei einem Humusgehalt von 2% und mehr grauschwärzlich, während sie im trockenen Zustand einen rötlichen Farbton aufzeigen.

Lehm= und Tonböden nehmen erst bei einem Humusanteil von 5 und mehr Prozent eine grauschwarze Farbe an.

Die große Mehrzahl der Ackerböden weist einen Gehalt von 1,5—2,5% Humus auf.

Tiefschwarze Böden wie anmoorige Böden haben 8% und mehr, reine Humusböden bis 15% und mehr Humus.

Für eine vergleichende Ackerbeurteilung gehe man von guter Garten= oder Komposterde aus, deren Struktur und Humusführung man sich als Ver=gleichsgrundlage einprägt.

In diesem Zusammenhang seien auch einige Hinweise auf viel angewendete Bezeichnungen wie Sand, Löß, Braunerde und Staunässe (Gley und Pseudo=gley) angefügt.

16. Sandlagen, Sandpflanzen.

Bei der Standorts=, Landschafts= und Ackerbeurteilung spielen „Sandzeiger" in vielen Gegenden eine große Rolle. Bei dem ökologisch und ackerbaulich wichtigen Begriff „Sand" beachte man, daß es vielerlei Sandtypen gibt, die auseinandergehalten werden müssen:

Diluvialsande (quarzitisch, sauer — Pleinfeld).

Tertiäre Sande (oft quarzitisch, z. B. Holledau, oft mit kleinen Kalkbänkchen unterminiert). Kreidesande.

Granitische Sande (sauer — Bayer. Wald).

Blasensandsteine (sauer, oft lehmig).

Burg=, Schilf= und Stubensandsteine (sauer).

Mainsande, Flußsande (oft mit Kalk und Kalksandsteinen versehen und nährstoffreich). Sandaueböden. Rumex thyrsiflorus. F. 19

Kalksande (kalkreich, oft stark alkalisch).

Geestsande aller Art, meist sehr sauer.

Es gibt eben keinen Einheitssandstein, so wenig wie einen Einheitskalkjura. Im „Sandstein", z. B. im Buntsandstein, treten vereinzelt kalkreichere Bil=dungen auf. Die Folge ist Florenwechsel und Vorkommen kalkzeigender Pflanzen. Im Buntsandstein kann Hederich oft beherrschend sein, beim Vor=kommen von Kalksandstein tritt er vegetationsmäßig sofort zurück.

Ein wichtiger Sandzeiger auf saueren, warmen Böden ist die Pechnelke. In vielen Gegenden, wie im Bayer. Wald, in der Oberpfalz (Kemnath), vertritt sie als Landschaftszeigerpflanze an trockneren Rainen den Besenginster.

Ein Sandzeiger für meist sauere Sande in Franken ist der Sandbeifuß (Artemisia campestris) und das Silbergras (Weingaertneria canescens = Corynephorus can.).

Der Sandbeifuß findet sich auch im kalkarmen Jura (Eisensandsteine, brauner Jura). In diesem Zusammenhang sei nochmals betont, daß es neben einem Kalkjura einen kalkarmen, d. h. einen lokal „entkalkten" Jura gibt. Zum Sandbeifuß passen Knäuel, Spörgel, Hederich.

Die Silbergrasheiden zwischen Nürnberg und Bamberg, auch im Rhein=Main=Gebiet, gehören zu den auffallenden Gebieten sauerer Sande. Moderne Ackertechnik kann auch neben einer horizontgleichen Silbergrasflur guten Ackerbau treiben. Selbst gute Luzerne vermag auf einer technisch behandelten Silbergrasflur zu wachsen. Soziologisch widersprechen sich

Silbergras Knäuel Kleiner Ampfer Sandglöckchen	auf der einen Seite Reaktionszahl 1—2	und Luzerne	auf der anderen Seite Reaktionszahl 5, alkalisch

Diese standörtlichen und soziologischen Gegensätze können durch Bodenbehandlung der Oberkrume (Saatbeet) überwunden werden, so daß man sogar auf einem anfangs saueren Sand mit Silbergras, Knäuel und Sandglöckchen gute Luzerne bauen kann (Mühlstetten=Pleinfeld, Roth). Man muß nur die Oberkrume luzernefähig machen, dann kann die Unterkrume deutlich sauer sein, wenn sie nur locker, luftig und nicht nässend ist. Die Luzerne kann also sehr gut von einer kalkreichen Oberkrume aus in einen stark saueren Untergrund eindringen, wenn dieser gut durchlüftet ist.

Hinweise auf Lößböden und die vielfach verwendete Bezeichnung:

Lößpflanzen.

Die Bezeichnung Lößboden ist vieldeutig. Es gibt locker=sandige bis in die Oberkrume kalkreiche Lößböden. Ackerbaulich handelt es sich bei den „Rohlößböden" oft um Kalkbrenner. Solche „Löße" sind schlechte Böden für Rotklee, auch wenn sie Bodenzahlen zwischen 40—60 haben sollten. Die Ackerflora zeigt meist eine verarmte Rittersporngesellschaft. Siehe Beispiel Rohlöß. Solche Rohlöße verhalten sich ökologisch und ackerbaulich oft ähnlich wie kalkhaltige Tertiärsande.

Neben diesen kalkig=sandigen Formen treten ökologisch folgende zwei Lößlehme hervor:

a) kalkreiche und

b) in der Oberkrume mehr oder weniger sauer reagierende Böden.

Die Bodenzahlen schwanken zwischen 55—95/100. Demgemäß schwanken auch die Pflanzenbestände erheblich. Die Pflanzenbestände von Lößböden wechseln von der Rittersporngesellschaft (kalkreiche Gebiete) bis zur Hederichgesellschaft. Auch die Mohn=Senfgruppe tritt hervor. Wenn *Staunässe* (Pseudogley) durch Tonzerfall eintritt, erscheinen zahlreiche Abwertungspflanzen.

Auch der Begriff *Braunerde* ist mehrdeutig. Es gibt z. B. Sandsteinbraunerde, Schotterbodenbraunerde (München, Fürstenfeldbruck), Lößbraunerden (Straubing, Irlbach, Uffenheim) und braune Aueböden.

Wichtig ist auf alle Fälle die Frage, ob eine *Braunerde* staunasse (gleyartige) Stellen hat. Wenn aber die „Entartung" bereits zu *grauen* Farbtönen geführt hat, dann liegt ein *staunasser Boden*, ein Pseudogley, vor. Staunasse *Erde* ist ein *Niederschlagseffekt*. Echte staunasse *Böden*, echte Gleyböden, sind jedoch die Folge der Einwirkung von *Grundwasser*. Dabei ist ein Grundwasserstand von weniger als 80 cm Voraussetzung.

Auf solchen Böden ist Luzernebau abzulehnen. Man beachte aber, daß eine gewisse Sickernässe (leichtes Fließen im Untergrund mit zureichender Durchlüftung) gute Luzerne ermöglichen kann.

Böden mit einem Grundwasserstand um 80 cm und weniger unter der Oberfläche in Flußtälern heißen Aueböden (Rohaueböden, grauer Aueboden, rendzinaähnlicher, schwarzerdeähnlicher Aueboden).

Bei den Braunerden erhebt sich die Frage, inwieweit Staunässeerscheinungen auftreten. In demselben Maß erscheinen Abwertungspflanzen als lokale Zeiger einer Standortsänderung, dabei spielen Mittelwurzler für die Ackerbeurteilung eine wichtige Rolle. Schachtelhalm und Sumpfziest sind besonders zu beachten, auch kriechender Hahnenfuß, Ackerminze und gewöhnliche Rispe finden sich ein. Diese Zeigerpflanzen erschließen annähernd eine Tiefe von 20—30 cm, nur der Schachtelhalm kann tiefer gehen.

Da etwa ⅓ der Böden Staunässestellen zeigen, also gleyartig sind, wird man *auf vielen Böden Abwertungspflanzen finden, meist in mosaikähnlicher Verteilung.*

17. Aspektbildner und Äckerbeurteilung.

Die Unkräuter des basenreichen Gebietes.

Häufig steht man vor einem Acker, bei dem eine einzige Art durch Farbe und Massigkeit der Entwicklung weithin im Ackerbild auffällt. Es erhebt sich die Frage, ob und inwieweit ein solcher Aspektbildner einen zuverlässigen Aussagewert hat. Nur in einzelnen Fällen decken sich Aspektbildner und Aussagewert. In den meisten Fällen muß man die für die Ackerbeurteilung ausschlaggebenden Pflanzen erst suchen. Manchmal können sie zahlenmäßig sehr zurücktreten.

Beim Auftreten von Ackersenf und Hederich als Aspektbildner fällt natürlich Erscheinungsbild (Ackerbild = Aspekt) und Aussagewert zusammen. Ein Aspektbildner muß aber nicht immer einen großen ökologischen und soziologischen Aussagewert haben. Hierüber gibt die nachstehende Zusammenstellung häufiger Aspektbildner Auskunft. Dabei ist die bei Ökologen und Soziologen verschiedene Wertung der Aspektpflanzen vergleichend einander gegenübergestellt.

Aspektbildner, beherrschendes Ackerbild	Reaktionszeiger, ackerbaulich wichtig	Soziologische Wertung als Kennart, in einer Gesellschaft (evtl. ackerbaulich wichtig)	Soziologische Wertung als „höhere" Art (ackerbaulich unbedeutende Wertung)
Stiefmütterchen, gelb . .	(+)	–	+
Stiefmütterchen, blau . .	+	–	+
Mohn	+	–	+
Senf	+	–	+
Hederich	+	+	–
Kamille	+	+	–
Adonis	+	+	–
Ackernüßchen	+	+	–
Kleiner Ampfer	+	+	–
Weiße Lichtnelke . . .	–	–	+
Kornblume	–	–	+
Kamille	(+)	+	–
Geruchlose Kamille . . .	–	–	+
Vogelknöterich*) . . .	–	–	–

*) Besonders in der var. procumbens, niederliegend, kriechend.

Nur in den fünf Fällen, Hederich, Kamille, Adonis, Ackernüßchen und kleiner Ampfer, fällt die wichtige, jedoch „niedere" soziologische Bewertung als Kenn=art und die Reaktionsaussage zusammen. Hier decken sich Aspekt und soziologische Bewertung. In den anderen angeführten Fällen läßt die Be=wertung durch die Pflanzensoziologie im Stich. Erscheinungsbild (Aspekt) und Standortsaussage stimmen nicht zusammen, denn die formale Ein=ordnung in soziologisch höhere Gesellschaftswerte, wie Ver=band, Ordnung, Klasse, spielt bei der biologischen Ackerbeurteilung und der Festlegung der Standortswerte ökologisch meist eine sehr untergeordnete Rolle.

Das Ackernüßchen (Neslia=Vogelia paniculata) ist in regional begrenzten Lehm= und Kalklagen des Jura, z. B. im Gebiet von Parsberg (Oberpfalz), im Sommer= und Wintergetreide oft weithin Aspektbildner, ebenso Boden= und Reaktionszeiger.

Der Ackersenf ist als Reaktions=, Lehm= und Humuszeiger von hohem Wert; die Tatsache aber, daß er soziologisch in den Stiefmütterchen=ordnungsbereich (Secalino — Violetalia) bzw. in den Gauchheil=ordnungsbereich (Anagallidetalia) gestellt wird, ist ökologisch und ackerbaulich unbedeutend.

Denn Stiefmütterchen und Gauchheil kommen auch auf Böden vor, in welche der Senf nie eindringt, man denke an diluviale Sande (Bodenzahl 18—20). Die soziologischen Begriffe sind also viel weiter als z. B. der öko=logische Wert, man vergleiche hierzu nochmals den Besiedlungsbereich beim Ackersenf.

Anders liegt die Standorts= und Gesellschaftsbewertung beim Hederich. Der Hederich bestreicht im saueren Bereich einen Raum von der Bodenzahl 18 (elende Sande) bis etwa zur Bodenzahl 72. In letzterem Fall handelt es sich um hochwertige, schwach sauere Böden (Sandlehme, Braunerde). Sowie hier der Kalkgehalt steigt, wird der Hederich sofort vom Ackersenf abgelöst. Der Hederich ist also immer eine beachtliche Leitpflanze, genau so wie der Ackersenf. Soziologisch hat aber nur der Hederich als Kennart in der Hederichgesellschaft (Raphanetum) eine gute Bewertung erhalten. Hier stimmt also Standortsaussage (Ökologie) und soziologische Einstufung zusammen, ganz gleich, ob nun der Hederich als Aspektbildner oder nur in geringer Zahl auftritt.

Einige Aspektbildbeherrscher sind teilweise im Klee sehr auffallend entwickelt. So erscheint viel Adonis (Teufelsauge) in Juragebieten als

„orangeroter Klee“ oft auf weiten Flächen. Der orangerote Klee ist nach Aussage von Dipl.=Landwirt Mayr, Ullstadt, für Pferde und Rinder (tragende Tiere) giftig. Der blaue Klee läßt bis heute keine nachteilige Wir= kungen erkennen (Lohmann, L.W.A. Münchberg).

Der Ampferaspekt führt im Bayerischen Wald zur Bezeichnung „Wald= lerklee“. Viele Lichtnelken bedingen den Aspekt des weißen Klees, z. B. in Südostbayern, in der Holledau (Aichach) und auch in anderen Gebieten. Das Kornblumenbild deutet auf gute Kali= und Phosphorsäureführung. Auf sicher phosphorsäurearmen Böden, wie um Laufen, scheint die Kornblume tatsächlich selten zu sein. Häufig gibt es Fluren mit doppeltem, z. B. zwei= schichtigem Erscheinungsbild, also mit Doppelaspekt. So zeigte eine stark kalkhaltige Weizenflur bei Ingolstadt einen massiven Doppelaspekt (Etagenaspekt):

Aspekt in Ährenhöhe durch die große, geruchlose Kamille, Matricaria inodora;

Aspekt in mittlerer Höhe durch die echte Kamille.

Beide Arten charakterisieren den Boden nicht hinreichend. Die Hauptaussage kommt dem reichlich vorhandenen Rittersporn zu. Es findet sich folgender Bestand:

Art	Aussage, Erscheinung
Doppelaspektbildner in der oberen Schicht:	
Geruchlose Kamille	massenhaft, hier in sehr kalkreicher, warmer Lage
in der mittleren Schicht: Kamille	massenhaft, auf sehr kalkreichem Lehm= boden.
Als Standortsdeuter finden sich noch:	
Rittersporn (Windhalm)	Kalk, Wärme (Lehm). Windhalm hier in entschieden alkalischer Lage, gut entwickelt. Vgl. Beispiel Windhalm in sauerer Lage, dann aber ohne Rittersporn
Mohn und Senf	passen zur Weizenlage, zur Reaktion, zum Rittersporn

Als Aufwertungspflanzen sind zu nennen:

Hühnerdarm Persischer Ehrenpreis Ackerfrauenmantel	wenig, z. T. unterdrückt*) durch die massige Entwicklung der Kamille

Unter den sonstigen Ackerpflanzen finden wir noch:

Rispengras, Poa trivialis	reichlich, nährstoffreicher, etwas grund=feuchter Boden
Sandmiere	reichlich, Pflanze weiten Standortsbereiches vom Kalk bis zum Sand, relativer Ubiquist (keine nassen Füße)
Behaarte Wicke, Vicia hirsuta	vereinzelt, auch im saueren Sand
Hirtentäschel . . . . Ackerhohlzahn . . .	vereinzelt, z. T. unterdrückt durch die massige Entwicklung der Kamille.

Derartige massige Doppelaspekte können den Anfänger verwirren. Man findet aber leicht eine Lösung, wenn man nach der Bestandsaufnahme eine ökologische Bedeutungsordnung vornimmt. Hieran kann sich dann noch die soziologische Ordnung anschließen.

Im vorliegenden Fall findet sich von der Rittersporngesellschaft nur der Rittersporn. Er steht hier ordnungsgemäß auf kalkreichem lehmigem Boden. Begleitet ist er vom Windhalm, der aber auch auf schwach saueren Böden vorkommt.

Auf etwas feuchten Sanden tritt häufig die Kombination Rittersporn=Windhalm auf. Fast immer ist sie irgendwie an alkalische Reaktion gebunden. Besonders deutlich beobachtete ich dies z. B. um Ellingen=Pleinfeld, in den Lechauen und in Böden der Lehrbergstufe (Ansbach).

Auf Mosaikböden kann an Rittersporn sich auch Knäuel und seine Gefolgschaft anschließen. Solche widerspruchsvolle Gegebenheiten können nur durch örtliche Bodenuntersuchung geklärt werden, denn Rittersporn und Knäuel sind an sich Gegensätze. Daß der Windhalm auch in sauere Sande geht, zeigt an, daß die Kombination Rittersporn=Windhalm nur von geringem Aussagewert ist, auch wenn die Soziologen eine Rittersporn=Windhalmgesellschaft annehmen (R. Knapp).

*) Man beachte im Einzelfall auch die Frage, ob Aufwertungspflanzen nur deshalb selten sind, weil hochwüchsige Pflanzen den meist kleineren Aufwertungspflanzen die Entwicklungsmöglichkeit erschwert haben.

18. „Unkräuter"

des saueren Bodenbereichs, dargestellt an einem weiteren Beispiel.

Gehäufter Aspekt einer exzessiven Knäuel=Lammkraut=Windhalm=Korn=blumenflur. Diesen auffallenden Befund zeigte eine Ackerlage bei Hemhofen in Oberfranken. Am Ackerrain standen als Landschaftsdeuter folgende Pflanzen:

Besenginster . . . . Kleiner Sauerampfer . Grasnelke, Armeria . .	wichtige Zeigerpflanzen für Kalkarmut Gegendsignatur für sauere Lagen verschiedenen Nährstoffgehaltes. F. 3, F. 7, F. 18
Straußgras, Agrostis . tenuis = vulgaris	(hier Zerrgras, Reiwasen = Rainwasen genannt).
Haariges Habichtskraut, Hieracium Pilosella	wärmeliebende Säurezeiger geringen Wertes, Oberflächenwurzler
Hungerblümchen, Erophila = Draba verna	(Reste vom Frühjahr noch erkennbar.) Trockenrasenpflanze, F. 174

Die dazugehörige Flur „Gartenfeld" (Vorfrucht Roggen) ließ die angebaute Wintergerste nur noch an einzelnen Halmen erkennen; dafür steht man vor einem üppigen Knäuel=, Windhalm=, Lammkraut= und Korn=blumenmeer, also vor vier eigenartigen Aspekten.

Pflanzenart	Deckungs=grad	Aussage	Konstitution, Arealcharakter
Typische Aspektbildner			
Windhalm, Apera spica venti, F. 34	3	Aspektbildner, wie im Hochwald alles deckend	eurasiatisch, subozean.
Knäuel, Scleranthus annuus	2	Aspektbildner, als Krautschicht eine fast geschlossene Decke bildend, Teppichpflanze	euras., medit., (subozeanisch)
Kornblume, Centaurea Cyanus, F. 119	2	Aspektbildner, alle Lücken ausfüllend, durch Wintersaat begünstigt	mediterran?
Lammkraut, Arnoseris minia, F. 12	1	bemerkenswert viel, sonst meist nur einzeln	subatlantisch

Sonstige Ackerpflanzen

Ackerveilchen, Viola tricolor arvensis	+	soweit noch Platz am Boden	eurasiatisch, subozeanisch
Windenknöterich, Polygonum Convolvulus, F. 172	+	Ubiquist	eurasiatisch
Ackerhundskamille, Matricaria inodora, F. 133	r	hier lockere, kalkarme Lage besiedelnd	subozeanisch

Neben dem Doppelaspekt von Windhalm und Kornblume findet sich gelegentlich sogar ein Dreieraspekt von Windhalm, Kornblume und geruchloser Kamille, Matricaria inodora. In der Geest sah ich, wie früher schon betont, auf nähr= und stickstoffreichen, aber saueren Böden (pH ca. 4—5) den üppigen Dreieraspekt von Windhalm, Kornblume und falscher Kamille.

Im Jura (Parsberg) steht Matricaria inodora auf Böden mit pH ca. 7,0, ebenso bei Ingolstadt auf Lößlehm. Diese Pflanze geht also wie bereits früher erwähnt, mehr von dem Nährstoffgehalt als von der Reaktion aus. Man kann hier schreiben Fö > R bzw. Nä + N > R. Matricaria inodora ist also kein zuverlässiger Reaktionszeiger.

Ähnlich verhält sich der Windhalm und ebenso die Kornblume. Die Kornblume scheint in Bayern übrigens viel seltener zu sein als z. B. in der Geest (Oldenburg, Amerland).

Diese Ackerflora der Flur „Gartenfeld" paßt innerlich als westische Meereshauchgruppe (eurasiatisch=subozeanisch=subatlantisch) ausgezeichnet zusammen, sie muß sozusagen nebeneinander stehen. Nur die Kornblume gilt als mittelmeerisch (mediterran). Unter den Ackerpflanzen scheint die Kornblume die einzige Mediterranpflanze zu sein mit der Temperaturzahl 1 (T 1). Siehe hierzu Abschnitt: Pflanzencharaktere im Acker: mittelmeerische Pflanzen.

In Wintersaat ist die Kornblume oft dominierend; das ist hier der Fall.

Der feinsandige Boden ist für Windhalm geeignet, aber die Vorfrucht Roggen ist für Wintergerste nicht günstig. Daher entwickelte sich infolge falscher Fruchtfolge und Anbaufehler die Gerste schlecht; infolge Aufhebung des Wettbewerbes konnte Knäuel enorm wachsen.

Das Lammkraut paßt in diese Lage; so entwickelte sich eine Art Lammkraut=Knäuel=Flur, ein Scleranthο=Arnoseretum, natürlich ohne den Sensenteufel, Anthoxanthum aristatum. Man hätte vermutlich schon bei der Vorfrucht am starken Knäuelbestand sehen können, daß hier eine Verarmung an Nährstoffen vorliegt.

Bei dieser ökologisch-biologischen Vorwarnung ist Gerstenanbau ein entschiedener Ackerbaufehler. So kam aus den gemachten Fehlern und aus der Nichtbeachtung der Pflanzenbestände (der Flursoziologie) der hier erwähnte Ackeraspekt zustande.

In der nahegelegenen Flur „oberes Lupinenfeld" findet sich dieselbe soziologische Überraschung. Die Pflanzenliste ist, dem Wort „Lupinenfeld"*) entsprechend, fast dieselbe, wie sie in der Flur „Gartenfeld" sich zeigte.

Solche Fluren mit Massenentwicklung von Windhalm, Knäuel, Lammkraut und Kornblume werden bei Anwendung von Kalkstickstoff weitgehend verändert, wie eine nahegelegene Flur zeigte.

Hier finden sich folgende Arten:

Weizen ohne Kalkstickstoff		Pflanze	Weizen mit Kalkstickstoff	
Deckungsgrad			Deckungsgrad	
3	(= ca. 50% der Fläche deckend)	Knäuel (Unterschicht, Krautschicht)	r	(nur wenige Pflanzen)
3	wie ein geschlossener Wald über dem Knäuel als Oberschicht stehend	Windhalm Oberschicht	+	(weniger als 1%)
r	(wenige Pflanzen)	Katzenklee	—	— fehlt —
+		Stiefmütterchen	r	
+		Windenknöterich	r	
1	(5—10% der Fläche deckend)	Kornblume	r	(ganz vereinzelt)

Die zwei Schläge mit und ohne Kalkstickstoff unterscheiden sich schon äußerlich durch die Kornblumenentwicklung. Das eine Feld ist geradezu blau, das andere grün infolge Mangel an Kornblumen. Trotz des starken Eingriffes in die soziologische Struktur des Ackers durch Kalkstickstoff ist

*) Lupinenfeld. Das Wort deutet auf die gelbe Lupine, Lupinus luteus, eine Pflanze sauerer, sandiger Gebiete.

die ursprüngliche bodenständige Knäuelflur doch noch zu erkennen. Eine häufigere Behandlung wird aber die ursprünglichen Ackerverhältnisse und ihre Pflanzenbestände nebst der Soziologie so stark zurückdrängen, daß man die primären soziologischen und ökologischen Ackereigenschaften nur noch mit Mühe sehen wird. Kommt dann noch eine Flurbereinigung mit Beseitigung der Bodenschwellen, Ackerraine und Hecken hinzu, so wird eine ganzheitlich betrachtende Agrarbiologie auf viele Schwierigkeiten stoßen, weil fast alle Ackerzeiger selten werden oder verschwinden, wenigstens in ebenen Lagen. In stark hügeligem Gelände (Jura, Rhön, Spessart, Eifel, Vogelsberg, Odenwald, Franken, Württemberg, Hessen, Urgebirge, Steigerwald, Haßberge usw.) werden die inneren agrarbotanischen Zusammenhänge nach wie vor mindestens gebietsweise erhalten bleiben, weil hier nicht jeder Rain und jede Hecke verschwinden kann. Dort wird sich die naturgemäße Ackerflora und die Ackersoziologie noch halten auch in zukünftigen Zeiten, in denen in der Ebene Ackerbotanik und Ackersoziologie nur noch in Andeutungen zu finden sein werden. Die Variabilität der erwähnten Knäuel- und Windhalmfluren ist je nach Gegend und Boden beträchtlich. Solche Fluren fallen natürlich besonders auf, wenn man aus Kalkgegenden unmittelbar Sandlagen betritt, weil dann ein sprunghafter Floren- und Ackerbauwechsel erfolgt. So stoßen wir z. B. auf der Höhe des Bades Bocklet (Kissingen) nach Verlassen der Kalkflora auf die „Großenbacher Flur" mit lehmiger, feinsandiger, oberflächlich verschlämmter Krume. (In anderen Gebieten spricht man bei ähnlichen Böden von Melm bzw. „kalter Klinge" als Flurname.) Durch viel Heidekraut deutet der an den Acker horizontgleich anstoßende Rain die sauere Ackerlage an. Ein naher, armer Kiefernwald läßt ebenfalls Säurezeiger im Acker erwarten.

Im Acker finden sich folgende Pflanzen:

Reaktionszeiger verschiedenen Grades:	Deckungsgrad	Reaktionszahl und Standortsaussage
Knäuel	3 stellenweise 4	1
Roter Spörgel Spergularia rubra	+	2
Windhalm	+ — 1	3
Ackerkrummhals	hier 2! sonst immer einzeln	ca. 2—3

Ökologische Besonderungs= gruppen	Deckungsgrad	Reaktionszahl und Standorts= aussage
„Ackeredelweiß", Ruhr= kraut, Gnaphalium uliginosum	+	2—3 Feuchtlagen
Huflattich, Tussilago	+	4 Tonige, auch
F. 75, 149, 150		feuchte Stellen
Schachtelhalm, Equisetum arvense	+	Irgendwie Wasser, oft erst in tieferer Schicht

Das Auftreten des Windhalms ist hier durch größere Krumenfeuchtigkeit bedingt. Häufig tritt nämlich der Windhalm nach ackerbaulicher Verschmie= rung des Ackers (ackern trotz Vernässung des Bodens) in Massenvegetation (Deckungsgrad 4 oder sogar 5) auf. In diesem Fall sind Ackeraspekt und soziologisches Verhalten die Folge eines ackerbaulichen Fehlers, der zu neuer ökologischer Grundlage führen kann.

Starke, oft teppichähnliche Knäuelfluren finden sich nicht nur in Keuper= sanden und in Keupersandsteinfeldern. In dem vielfach durch gute Flurlagen ausgezeichneten tertiären Hügelland Südbayerns, z. B. bei Vilsbiburg (ab= geschwächt auf den Höhen bei Dingolfing), sah ich ähnliche „Knäuelwälder" in Sommergerste. Auch hier sind Knäuel, Lammkraut, Spörgel, Wind= halm verheerendes Unkraut.

Bei richtiger Düngung und Bodenbehandlung können solche excessive Ackerbestände nicht auftreten. Dieselben Pflanzen können aber auch in demselben Felde Zeigerpflanzen sein, die uns den tatsächlichen Urzustand der Landschaft anzeigen. In diesem Falle reicht das Interesse an diesen Pflanzen vom Ackerbau bis zur Vegetations= und Heimatkunde einschließlich Naturschutz.

19. Landschaft und Löwenzahnaspekt.

Unter den Aspektbildnern im Acker und im Grünland fällt gebietsweise der Löwenzahn sehr auf. Er bildet als Massenvegetation geradezu ein „gelbes Meer", soziologisch sagt man: „gelber Blütenaspekt". Merkwürdigerweise tritt in den diluvialen Sanden mit Bodenzahl 18 und einer Untergrund= reaktion von pH 3,8—4,2 Löwenzahn in Luzerne nicht nennenswert auf. Auf diesen theoretisch luzernefeindlichen Böden kann man nämlich nach technischer Vorbereitung der Oberkrume (ca. 15 cm tief, pH 6,5—7,0)

Luzerne anbauen und am Hektar bis zu 130 dz Heu ernten. Noch im vierten oder fünften Jahre fehlt Löwenzahn. Die Deutung ergibt sich aus der Boden= und Lehmlage und den Standortswünschen des Löwenzahns. Wir vergleichen folgende zwei Luzernegebiete:

Fränkischer Luzerneboden Natürlicher Luzerneboden		Pleinfelder Sand, Mühlstetten
+	Lehm	o
+	Ton	o
+ – (+)	Humus	o – (+)
	Reaktion	
PH 6,8—7,0	Oberkrume	6,0—6,8 (technisch durch Kalkung bewirkt)
6,5—7,0	Untergrund	3,8—4,2 sehr sauer

Löwenzahn ist eine Pflanze humoser, nährstoffreicher Lehmböden (auch Tone). Diese Voraussetzung fehlt in Mühlstetten, deshalb tritt hier Löwen= zahn nicht als Landplage in Luzerne auf. Weitere Erläuterungen in dieser Frage, wobei auch die ökologischen Zusammenhänge zwischen Luzerne, Löwenzahn und Schmalwand klar werden, bringt untenstehende Tabelle.

Ort	Boden	Löwenzahn aspektbildend	Schmalwand
Mühlstetten Pleinfeld	Quarzsand lehmarm	o	+ reichlich
Kitzingen	Mainsande, falls mäßig Kalk führend und lehmarm	o	+ gut bebaubarer Boden
Scheinfeld (Buchhof)	schwere Tone (Pelosole) Buntton	+ + +	o schwer bebaubar
Scheinfeld	Schilfsandstein	(+)	+ leicht bebaubar
Ansbach (Weinberg)	Lehrberglehme	+ + +	o schwer bebaubar

In verbreiteten Floren, z. B. bei Garcke, wird der Löwenzahn als gemein bezeichnet. Gemein ist er aber nur auf „seinen Standorten". Dasselbe gilt z. B. auch vom Gänseblümchen, Bellis perennis. Beim Gänseblümchen bedeutet „sein Standort" auch Lehm, ferner eine gewisse Dichtigkeit durch Tritt und Beweidung. Folglich muß das „gemeine" Gänseblümchen in sandig=

lockeren Böden verhältnismäßig selten sein. In diesem Zusammenhang darf noch ein Hinweis auf eine häufige Pflanze, die gelegentlich in Massen=vegetation im Kleeacker auftritt, gegeben werden. Es handelt sich um den Spitzwegerich. F. 139

In die großen Lücken der Luzerneschläge geht auf schweren Lehmen wohl der Löwenzahn, nicht aber in gleicher Massenvegetation der Spitzwegerich. Der letztere besiedelt leichte Lehme und Sandlehme, muß also auf schwerem Lehm selten sein. So sind gewissermaßen zwei „Lehmpflanzen" gleichzeitig „Lehmgegensätze" (Antipoden).

Wenn eine einzige Pflanze in Massenvegetation auftritt, so ist der Schritt zum Begriff: Gesellschaftszerfall, Gesellschaftsunterdrückung nicht mehr weit. Deshalb sei hier kurz auf die Möglichkeit der Gesellschafts=zerstörung eingegangen.

Selbst bei den stärksten Aspektbildungen sind im Acker die Hauptvertreter der zuständigen Pflanzengesellschaften noch deutlich erkennbar. In Einzel=fällen mit üppiger Aspektbildung ist aber unter Zurückdrängung der Arten des Ackers schließlich nur noch eine einzige Art entwickelt. Die auf mehrere Arten gegründete Gesellschaft (As=sociation) verschwindet. Eine Einartvegetation (eine monotypische Sociation) übernimmt die Führung. Diese Fälle entstehen aber nur dann, wenn für einzelne Pflanzen die stand=örtliche Wachstumsbestlage (ökologisches Optimum) erreicht ist. Ein solcher Fall konnte auf Niederungsmoor bei Schleißheim beobachtet werden. Dort überwucherte der Hühnerdarm großflächig den Ackerboden. Da hier die Standortsbedingungen: G 5, N 5, R 3—4 und W 2 evtl. W 3 erfüllt waren, so konnte sich Stellaria media als Wucherpflanze, als ausschließende Teppichpflanze, entwickeln. Ackerbaulich ist eine solche Flur für Brau=gerste ungeeignet (zu viel Stickstoff, Lagerungsgefahr).

Ein anderer bemerkenswerter Fall ergab sich im Donautal bei Ingolstadt in anmooriger Wiesenlage bei hohem Grundwasser. Die Ackerfläche war geschlossen vom Gänsefingerkraut, Potentilla anserina, überwachsen. Das Gänsefingerkraut ist die namengebende Kennart der Gänsefingerkraut=gesellschaft (Potentilla anserina Gesellschaft). Hier ist die „Gesell=schaft", wie sie die Soziologen auffassen, nicht mehr vorhanden, da nur eine Einartvegetation den Acker überwuchert. Der Acker war früher Wiese, es lag ein sehr nährstoffreicher, humoser Boden (N 5) in frischer Lage vor. Das ist eben Wiesenlage. Der Wiesenumbruch war ackerbaulich und stand=örtlich ein grober Fehler, denn an diesem Ort war keine Ackerlage, schon

weil die hohe Grundwasserführung nicht hinreichend zu ändern war. So siedelte sich folgerichtig Potentilla anserina in Einartmassenwuchs an, entsprechend seinen Besiedelungsansprüchen: N 4 (5), R 4, G 1—2 (Bodendichte) und W 1. Die schlechte Garezahl G 1—2 ist das Anzeichen für Bodendichte. Das Fingerkraut gilt als trittfest, als Trampelpflanze. Die Wasserzahl W 1 paßt auch für Bodendichte, da stärkere Bodenfeuchtigkeit schlechte Durchlüftung bedeutet. Standörtlich bestimmt hier wohl die hohe Wasserführung bei sonst guten Standortsbedingungen die Wachstumsgröße.
Man kann sagen: Intensität und Dynamik der Besiedelung sind durch das günstige Zusammentreffen von W 1 mit N 4—5 und R 4 gegeben.

Das Gänsefingerkraut ist bei stärkerem Wachstum im Acker als Abwertungspflanze zu betrachten. In dem vorliegenden Fall stimmt diese Bewertung wortwörtlich. Hier ist keine Ackerlage. Das üppige Wachstum von Gänsefingerkraut bedeutet im vorliegenden Fall Rückkehr zum Grünland, solange die Wasserhaltung nicht im Sinne eines Ackers (W 3—4) korrigierbar ist.

Hühnerdarm und Gänsefingerkraut treten in den eben erwähnten Beispielen als Teppichpflanzen auf; sie überwuchern und verdecken die Ackergrundflora. Ähnlich, vielleicht manchmal noch stärker, namentlich im Herbst, verhält sich der Vogelknöterich. Da er auf saueren wie neutral-alkalischen Böden Teppiche bilden kann, überwuchert er die verschiedensten Ackerbestände und Gesellschaften, ausgenommen diejenigen auf Feuchtstellen. Denn der Vogelknöterich meidet „nasse Füße".

20. Strukturänderung im Acker und ihre Auswirkung auf den Pflanzenbestand.

1. Ein bodengenetisch bedingtes Strukturgefälle im Acker kann zu verschiedenen Bestandsausbildungen führen. Ein sehr übersichtliches Beispiel dafür sehen wir an einem Keupersandstein-Übergang zu Lehm und Ton auf Höhe 462 bei Ansbach (Ortschaft Deßmannsdorf). Die Ackerfläche

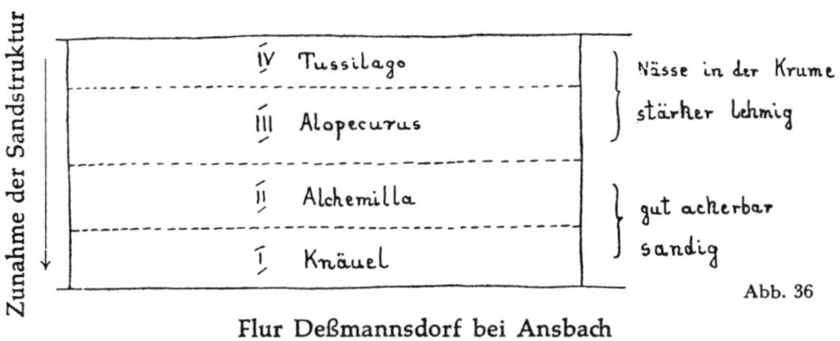

Abb. 36

Flur Deßmannsdorf bei Ansbach
Strukturgefälle im Acker
mit entsprechendem Pflanzenbestand.

ist fast ohne Gefälle. Die Pflanzenbestände folgen schrittweise dem Übergang von armem, lockerem Sand zu dichterem, frischem Lehm und schließlich Ton, wie die folgende Ackerskizze zeigt.

Vier Ackerzonen treten hier klar hervor:

Zone 1 zeigt eine Knäuellage mit geringem Anbauwert, kaum kleefähig, sehr arm, sandig.

Zone 2 läßt eine Ackerrettich-Kamillenflur erkennen (Raphanus-Matricaria-Gesellschaft). Hier ist bereits eine brauchbare Ackerzone gegeben. Ganz unvermittelt tritt zum Unterschied von Zone 1 deutlich Schmalwand, die Pflanze für gute Bebaubarkeit, auf.

Die Zonen 3 und 4 fallen durch etwas stärkere rote Farbe auf: stärkere Lehm- und Wasserführung betont die Ackerfarbe. Damit ändert sich die Ackerflora und der Anbau. Jedenfalls wächst auf Zone 1 keine Beta, wohl aber auf Zone 3 und 4 sicher, vermutlich mit Düngungshilfe auch auf Zone 2.

Das gegenseitige Variieren des Pflanzenbestandes erkennt man deutlich an der nebenstehenden Übersicht:

Zone	Knäuel	Kleiner Ampfer	Schmalwand	Ackerfrauenmantel	Hederich	Kamille	Fuchsschwanz	Huflattich	Zone
I	+ + +*)	+ +	(+)	(+)	(+)	—	—	—	I
II	+	(+)	+	+	+	(+)	—	—	II
III	(+)	—	(+)	(+)	(+)	(+)	+ +	—	III
IV	—	—	—	—	—	r	(+)	+ +	IV

Hauptbeurteilungsarten sind Frauenmantel, Hederich, Kamille und Schmalwand. Sie deuten mindestens brauchbare Böden an, wobei Schmalwand Ackerfehler, wie schwere Lehme und Tone, d. h. schlechte Bebaubarkeit ausschließt.

Der Fuchsschwanz als typischer Frische-, Lehm- und Tonzeiger verschwindet sofort, wo die Lehm- und Tonführung zu gering wird, nämlich auf Zone 1 und 2.

Ackerbaulich liegt nur eine einzige Flurnummer vor. Standörtlich und gesellschaftlich handelt es sich aber um vier ungleiche (inhomogene) Zonen, die sich scharf voneinander abheben und die vier Bodenzahlen erhalten müßten.

*) + + + = viel, + + = deutlicher Bestand, + nicht übersehbar, (+) = vereinzelt, — = fehlend oder nicht gesehen, r = nur in Spuren.

Soziologisch hat man eine Huflattich=Gesellschaft (Tussilago Farfara=Association) unterschieden, die aber hier ausscheidet. Huflattich tritt nur als Standortsdeuter ohne seine sonstigen Begleiter auf, er wird also n u r ö k o l o g i s c h gewertet.

Der Ackerfuchsschwanz wird als Roggenverbandscharakterart bezeichnet (Secalinion = Roggenverband). Mit einem so weiten Standortsbegriff kann man bei einer biologischen Ackerbeurteilung bzw. bei einer öko=logischen Vegetationskunde des Ackers nicht viel anfangen. Hier muß man sich daher an die Standortsaussagen halten, d. h. die Ökologie hilft zuerst.

Praktisch ist der ganze Acker sauer, daher kann man in fast der ganzen Flur den Kalkarmuts= und Säurezeiger Knäuel finden. Der Knäuel zeigt aber v o r z u g s w e i s e d e n R e a k t i o n s z u s t a n d an, die weiteren Ackereigenschaften lassen sich mit Hilfe der anderen Pflanzen ablesen. Es wäre durchaus falsch, hier einfach eine Knäuelgesellschaft (etwa ein Scleranthetum) anzunehmen. Man muß eben nicht bloß eine bequeme Zeigerpflanze (Knäuel) beachten, sondern den G e s a m t p f l a n z e n=b e s t a n d d e s A c k e r s bei der Beurteilung heranziehen. In der Zone 2 sprechen die guten Ackerzeiger Frauenmantel, Kamille, Schmalwand für die standörtliche, gesellschaftliche und ackerbauliche Änderung gegenüber Zone 1 und 3.

2. T o n b ä n d e r i n S a n d ä c k e r n

Solche Schulbeispiele wie das soeben beschriebene wiederholen sich in vielfacher Wandlung und an vielen Stellen.

Wenn in einer Flur humoser Sand, humusarmer Sand und Tonstellen vor=kommen, so ändert sich mit dem Boden die spezifische Acker= und Zeiger=pflanzenflora. Ein Sandacker (Prühl bei Scheinfeld) läßt folgende drei Zonen unterscheiden:

1. Viel Stellaria; nährstoffreicher, humoser Sand.
2. Viel großer Wegerich; Tonlage. F. 168
3. Wenig Stellaria; weißer, sehr humusarmer Sand.

Das Profil des Hangackers erklärt die drei Zonen sehr eindeutig. Zone 1 und 3 sind durch ein Tonband getrennt; am Austritt des Tonbandes, wo also der Boden dicht und feucht wird, tritt sofort der große Wegerich auf. In Zone 1 findet sich neben Sternmiere etwas Ackerfrauenmantel und Hederich, natürlich auch Schmalwand, denn diese Zone ist leicht bebaubar. In der u n m i t t e l b a r a n s c h l i e ß e n d e n s c h m i e r i g = t o n i g e n

Zone 2 fehlt Schmalwand nahezu ganz. Diese auch sonst zu beobachtende merkwürdige Tatsache bedarf einer kurzen Erklärung.

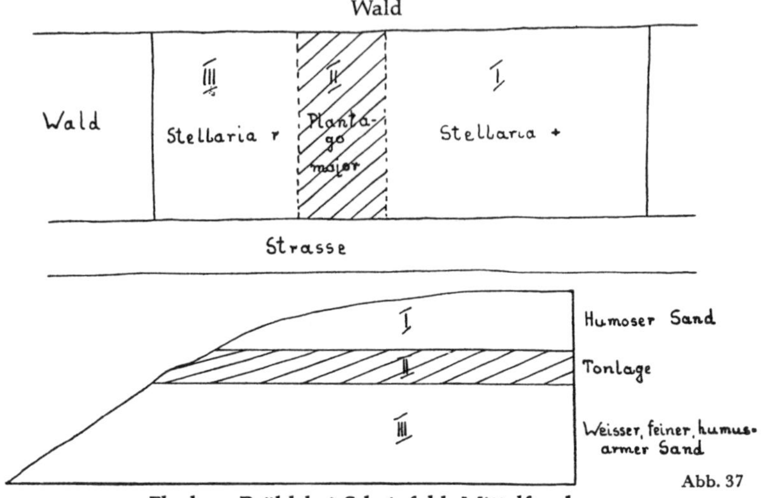

Abb. 37

Flurlage Prühl bei Scheinfeld, Mittelfranken

Ein ausstreichendes Tonband unterbricht die Hühnerdarmaussage des Ackers.

Die im Frühjahr und Herbst blühende Schmalwandpflanze deutet folgende Ackeraussagen an:

Lockerheit (Mangel an schwerem Lehm)	mäßige Säure	höheren Kalkgehalt	nasse Füße, größere Feuchtigkeit
+	+	–	–

Sie dringt in Kalklagen nicht ein, auch wenn z. B. ein Sandacker auf Blasensandstein unmittelbar an Kalklehm anstößt, wie das etwa an der hängigen Lehrbergstufe (Ansbach) der Fall ist. Auf ungeeignetem Standort antwortet eine standortstreue Pflanze meist mit verminderter Konkurrenzfähigkeit. Sie kommt dann im natürlichen Wettbewerb mit anderen „besser angepaßten" nicht mehr hoch, weil sie lockere, sandige Böden bevorzugt. Diese Lockerheit fehlt in Zone 3 und 4 (siehe Skizze). Auf dieser Zuverlässigkeit des Reagierens auf kleine Bodenunterschiede durch geeignete Zeigerpflanzen beruht die Möglichkeit einer biologischen Ackerbeurteilung. Solche Feinheiten einer Ackerbeurteilung mit Zeigerpflanzen lassen sich mit Hilfe der Schmalwandpflanze recht anschaulich vorführen. Die Tatsache, daß Schmalwand in eine unmittelbar benachbarte Kalklehmflur nicht eindringt, ist von der Samengröße her besonders auffallend.

Der Samen dieser Pflanze wiegt nur 0,00002 g = 0,02 Milligramm = 1/50 Milligramm. Das ist etwa 1/2200 des Gewichtes eines Roggenkorns, das etwa 45—48 Milligramm wiegt.

Die überleichten Samen von Schmalwand können schon durch einen schwachen Wind überall hinfliegen. Halb Mitteleuropa könnte von Schmalwandpflanzen bedeckt sein, aber nicht einmal den Weg von Zone 2 zu 3 und 4 überwinden sie nennenswert. Der Standortsanspruch dieser Pflanze verhindert die beliebige Ansiedlung. Vgl. Abb. 36.

3. Tonmosaik im Acker und Pflanzenbestand

Einen dritten Fall einer geschlossenen, aber hier plattenartigen Vegetationsunterbrechung in einem Keupersandsteinacker erläutert nebenstehende Figur.

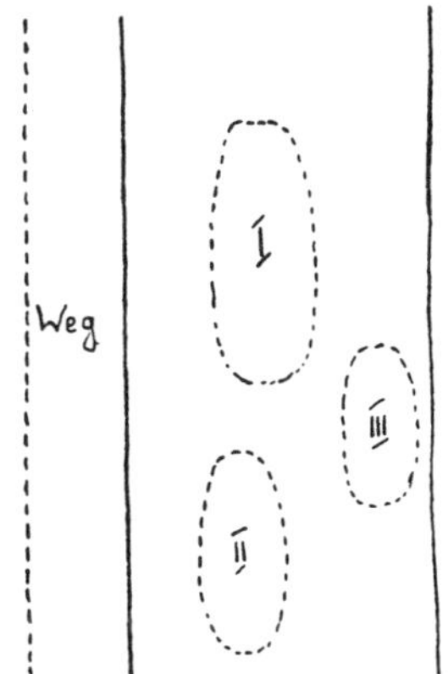

Acker bei Kemnath=Neustadt
Krume 10–15 cm leichter lehmiger Sand.

Großmosaik im Acker.

I, II, III Platten mit starkem Huflattichbestand. Bei I, II, III gibt die Bohrprobe nach 15 cm Sand, schweren Lehm, z. T. grauen Ton, daher nur hier Huflattich.

Abb. 38

Eine schwachsauere Sandlehmlage mit Hederich wird inselartig (Mosaikstellen) von Huflattichplatten I, II, III durchbrochen.

Der Sandlehmacker*) trägt eine lockere Hederichgesellschaft. Plattenartig schieben sich kräftige Lagen von Huflattich ein und verdrängen stellenweise den Hederich.

Die Bohrprobe löst diese Pflanzengruppierungsfrage sehr einfach. Nur an den Huflattichstellen steht dicht unter der 10—15 cm starken Krume schwerer grauer Ton an. An den anderen Ackerstellen fehlt in dieser Tiefe die Tonlage. Als Folge dieses Tonmosaiks im Acker treten horstartige, gut begrenzte Einschiebsel von Huflattich auf, an diesen Stellen ist der Acker sofort schwerer bebaubar, denn Huflattich stellt eine Abwertungspflanze dar.

---

*) Bestellt mit Beta; kaum eine Hackfruchtgesellschaft entwickelt! Siehe hierzu Hackfruchtgesellschaften.

Spezieller Teil.

Ackerbeispiele in ausführlicher Darstellung.

Bei der Feststellung der Pflanzen eines Ackers beachte man, ob Winter= oder Sommerfrucht vorliegt. Doch soll man diesen Unterschied nicht zu sehr betonen. Eine ganz typische Pflanze in Winterfrucht (aber nur auf Lehm und Ton) ist der Flughafer, er tritt aber in starken Flughafergebieten auch im Sommergetreide und in Hackfrucht auf.

Eine wichtige Zeigerpflanze ist der Knäuel; er geht normal in Wintergetreide, ebenso auch, oft massenhaft, in Sommergetreide und Hackfrucht.

Schon diese paar Hinweise zeigen, daß die Trennung in Winter= und Sommerfruchtpflanzen von vielen Standortsfaktoren abhängt. Weiter beachte man die Vorfrucht, weil hier Düngungs= und Bodennachwirkung eine nennenswerte Rolle spielen können.

21. Normal= und Übergangsacker ohne deutliche Reaktionszeiger und ohne nennenswerte Ackerfehler.

Nicht immer lassen sich Ackerbestände ohne weiteres nach dem Grund=schema: sauer oder alkalisch (neutral) einteilen. Dieser Fall tritt ein, wenn deutliche Reaktionszeiger fehlen.

Als Beispiel diene eine Flur mit einer Erdrauchgesellschaft (Fumariétum) mit den zwei Kennarten Erdrauch (Fumaria officinalis) und Gartenwolfsmilch (Euphorbia Peplus). Es handelt sich um eine Ackerflur aus dem Weserberg=land (Höxter, aufgenommen von Lohmayer). Standörtlich treten Erdrauch, Hühnerdarm und Wolfsmilch stark hervor, ferner Hirtentäschel und pfirsich=blättriger Knöterich. Im Ackerbild (Aspekt) fällt die Kennart Erdrauch und die Aufwertungspflanze Hühnerdarm auf. Insgesamt sind 23 Pflanzenarten vorhanden, die ich folgendermaßen bewertet und geordnet habe:

Ökologische Gliederung eines Ackerbestandes aus dem Weserbergland.

Hinweise:	Reaktionszahl	Garezahl	Stickstoffzahl
1. Aufwertungspflanzen in Menschen= oder Gartennähe			
Erdrauch*) F. 73	4 (gut)	4 (gut)	4 (gut)
Gartenwolfsmilch*) F. 135 .	4	4	4

*) In diesem Fall auch Kennarten der Erdrauchgesellschaft.

2. Aufwertungspflanzen:			
Hühnerdarm	o (4)	4	4
Rote Taubnessel	3 (4)	4	4
Persischer Ehrenpreis . .	4 (o)	4	4
Glänzender Ehrenpreis . .	5 ?	3	3
Greiskraut	o (4)	4	4 (5)
Kamille	3	3	3
Weißer Gänsefuß	o	4	5
Klettenlabkraut	3–4 (?)	(4)	ca. 4
3. Lehmzeiger:			
Ackerwinde	4	3	2 (3)
Kohldistel (Sonchus arvensis, oleraceus) . . .	o	?	3 (4?)
4. Sonstige Pflanzen:			
Hirtentäschel	o	?	—
Pfirsichblättriger Knöterich	o	o	o
Windenknöterich			
Melde (Atriplex patula) . .	4 ?	3	3
5. Örtliche Feuchtigkeitszeiger:			
Sumpfziest	4 ?	2	4 ?
Ackerruhrkraut	2 ?	3	4 2
Rispengras (Poa annua) . .	3	3	3
6. Ackereinwanderer:			
Raukensenf (Sisymbrium officinale) .	keine Ackerpflanze Pflanze der Nähe des Menschen, an Wegen und Schutt		

Das Vorkommen der Rauke beweist, daß die vorgenannte Ackergesellschaft in Dorfnähe steht, d. h. vom Menschen her beeinflußt ist (anthropogene Teiländerung der Ackerflora).

Das Vorkommen der Garten= und der Sonnwendwolfsmilch spricht im selben Sinn. In einer *ortfernen Ackergesellschaft* treten die drei genannten Arten sehr zurück.

Der Acker erhält hinsichtlich Reaktion und Gare durch die vorhandenen Pflanzen eine mittlere Beurteilungszahl zwischen 3 und 4. Die Angabe, der glänzende Ehrenpreis führe die Reaktionszahl 5 (alkalische Böden), ist kaum haltbar, es genügt etwa 4.

Es fehlen also entschiedene Reaktionszeiger sowohl nach der saueren wie nach der alkalischen Seite.

An nährstoffreicheren feuchteren Stellen, an Mosaikstellen mit anderer Wasserführung, treten die unter V angeführten Pflanzen auf.

Im Gesamturteil handelt es sich um einen Acker guter Bebaubarkeit und guter Leistungsfähigkeit ohne nennenswerte Ackerfehler, wenn man von kleinen Mosaikstellen größerer Frische (Gruppe V) absieht.

In der weiteren Umgebung des Aufnahmeortes finden sich noch eine Reihe von Pflanzen, die alle in das hier benutzte Grundschema passen.

Es sind dies:

Stiefmütterchen Gauchheil, Neunerle Hellerkraut Hohlzahn Vergißmeinnicht	Normalpflanzen vieler, meist brauchbarer Äcker, weder Armuts= noch Nässe= noch Säure=zeiger, teilweise mit Aufwertungscharakter
Rainsalat, Lapsana (Lampsana) Kriechender Hahnenfuß Ackerminze Pfefferknöterich	Pflanzen frischer oder feuchter Stellen
Quecke F. 113	Pflanze oft milder Säure, besonders im Sandlehm, aber auch im Kalklehm, also auch in der Ritterspornggesellschaft, Tief=wurzler sonst ohne besondere Zeiger=eigenschaften
Ackerdistel	Tiefwurzler, Lehmzeiger. Beachte Abschnitt Mühlstetten: Distel fehlt
Ackerhundskamille, Anthemis arvensis, F. 21 Geruchlose Kamille, Matricaria inodora, F. 133 Feldsalat, Rapunzel Vielsamiger Gänsefuß Filziger Knöterich, Polygonum tomentosum*)	Pflanzen meist mittlerer bis besserer Bodenlage

*) Gehört in den Formenkreis des Ampferknöterichs, Pol. lapathifolium.

Fehlende Pflanzen.

Auf den sechs Aufnahmen im Bereich der Erdrauchgesellschaft fehlen:

Krauser Knöterich, Rumex crispus . . . . . . Ackerfuchsschwanz, Alopecurus	Pflanzen lehmiger, oft frischerer Böden (namentlich beim Fuchsschwanz)
Kornblume, F. 119	Pflanze großer Standortsbreite, besonders in Wintersaat. Nässe-, dichte- und armutsfern.
Kornrade, F. 118	Pflanze großer ökologischer Streubreite. Sehr stark im Rückgang.

In den hier besprochenen Ackerbestand treten gleichzeitig drei Arten von „Kamille" auf, nämlich Kamille, Ackerhundskamille und geruchlose Kamille. Diese drei Arten lassen sich folgenderweise unterscheiden:

	Blütenboden	Geruch	Größe
Kamille, Matricaria Chamomilla	hoch, kegelig, hohl, ohne Spreublätter	aromatisch	bis 40 cm
Ackerhundskamille, Anthemis arvensis	nicht hohl, mit Spreublättern	herb	bis 45 cm
Geruchlose Kamille, Matricaria inodora (Chrysanthemum inodorum)	nicht hohl, nicht mit Spreublättern, Blüten größer als bei der Kamille, Blattzipfel sehr fein, unterseits gefurcht, tiefgrün	unangenehm	stattlich bis 60 cm

Man beachte, daß Hundskamille (Anthemis) und geruchlose Kamille sich auch standörtlich unterscheiden, selbst wenn sie im selben Acker vorkommen. Die geruchlose Kamille zieht regelmäßig feuchtere Stelle vor als die Hundskamille. Demgemäß gibt man für beide Arten folgende Wasserzahlen an:

Hundskamille W 3—4 (normalfeucht bis trockener)

Geruchlose Kamille W 2 (grundfeucht, doch auch in W 3 übergehend).

Durch solche Standortsvergleichung kann man sich ein sicheres Bild über den tatsächlichen Aussagewert einer Pflanze verschaffen.

21a. Formsoziologische Gliederung desselben Ackerbeispiels.

Fumariétum officinalis, als Schulbeispiel nach Lohmayer übernommen

Gesellschaftskennarten:	Deckungsgrad
Fumaria officinalis	2.1
Euphorbia Peplus	1.1
Verbandskennarten:	
Veronica persica	1.1
Sonchus asper	+
Lamium purpureum	+0.2
Sonchus oleraceus	2.1
Veronica polita	+
Ordnungskennarten:	
Chenopodium album	1.1
Capsella bursa pastoris	2.1
Atriplex patula	+
Senecio vulgaris	1.1
Sisymbrium officinale	+
Klassenkennarten:	
Polygonum convolvulus	1.2
Stellaria media	1.2
Matricaria Chamomilla	1.1
Begleiter:*)	
Polygonum Persicaria	2.1
Convolvulus arvensis	+.2
Galium Aparine	1.2
Ranunculus repens	+
Stachys palustris	1.2
Poa annua, F. 156	+.2
Gnaphalium uliginosum	+.2

*) In der Soziologie bezeichnet man als Begleiter „Pflanzenarten . . ., die in verschiedenen Artenverbindungen wachsen können". Tüxen. Ökologisch können sie sehr wichtig sein; auch wenn sie formalsoziologisch nicht hoch bewertet werden.

Die Soziologen verwenden für Mengenteil und Geselligkeit folgendes Zahlenschema:

Deckungsgrad		Geselligkeit (= Zahl nach dem Punkt [.])
+ = nur wenige Pflanzen vorhanden		. 1 = einzeln
1 = etwa 5% der Ackerfläche bedeckend		. 2 = in Gruppen
2 = etwa 5— 25% der Ackerfläche bedeckend		. 3 = truppweise
3 = etwa 25— 50% der Ackerfläche bedeckend	*)	. 4 = ganze Teppiche bildend
4 = etwa 50— 75% der Ackerfläche bedeckend	*)	
5 = etwa 50—100% der Ackerfläche bedeckend	*)	. 5 = große Fläche bedeckend

Es bedeutet also

Erdrauch 2 . 1	2 = 5—25% des Ackers bedeckend . 1 = alle Pflanzen einzeln wachsend
Rote Taubnessel 2 . 1	
Hühnerdarm 1 . 2 . . .	1 = etwa 5% der Ackerfläche bedeckend . 2 = in Gruppen wachsend

Vorkommen von Hühnerdarm mit Deckungsgrad 1 . 2 läßt auf einen guten Acker schließen.

Vom Raukensenf mit dem Deckungsgrad + sind nur wenige Pflanzen vorhanden. Das ist verständlich, weil der Raukensenf als Schuttpflanze vom Dorf her in den Acker verschleppt wurde. Daher ist eine starke Entwicklung unwahrscheinlich.

Die soziologische Einstufung der verschiedenartigsten Bewertungspflanzen unter der Gruppe der Begleiter ist wenig glücklich. Wir wollen daher die Bedeutung dieser „Begleiter" im Sinn einer dynamischen Ökologie etwas herausheben.

I. Gruppe	ökologische Bewertung	soziologische Einstufung
Ackerwinde	Lehmzeiger, Tiefwurzler	Ackerpflanzenklasse Siehe Nr. 7. F. 74
Klettenlabkraut	Humus= und Nährstoffzeiger	Siehe Nr. 7. F. 126
Pfirsichblattknöterich	frische, nährstoffreiche Sandlehme	Hirse=Knöterich=Gesellschaft, Panico=Chenopodietum

*) Hier tritt eine Zeigerpflanze bereits als lästiges Unkraut auf. Ende des Zeigerpflanzenbegriffes.

II. Gruppe

Jähriges Rispengras	nährstoffreiche auch festere Stellen	Ackerpflanzenklasse
Sumpfziest	Lehmzeiger an frischeren Stellen, auch Verschlämmungszeiger	Riedgesellschaften
Ackerruhrkraut	feuchte, nährstoffreiche sandig=tonige auch sandig=lehmige Böden	Zwergbinsengesellschaft, Nanocyperion. Siehe Nr. 7.

Dieser vorstehende Bewertungsversuch von „Ackerbegleitern" löst die ökologische Frage: W a r u m s t e h t d i e s e o d e r j e n e P f l a n z e g e r a d e h i e r ? Dagegen wirkt die Zusammenfassung unter formal soziologischen der Bezeichnung „Begleiter" fast wie eine Art Rumpelkammer, in der Tief=wurzler, Humus=, Lehm=, Sandlehm, Nährstoff= und Frischezeiger neben=einanderstehen.

Die formale Soziologie wird der Dynamik des Ackers und seines Pflanzen=bestandes nicht gerecht. Man muß also da, wo rein soziologische Angaben vorliegen, diese Bestände nach Bedarf standörtlich umordnen.

Dem Anfänger bereiten die Erdraucharten und Gesellschaften mancherlei Schwierigkeiten. Deshalb wird im folgenden eine Übersicht über Erdrauch=arten gegeben, damit man sie ökologisch richtig ansprechen und ihre Be=deutung in Getreide, in Hackfrucht und im Weinbau leichter erkennen kann.

Übersicht über die selteneren Arten der Gattung Erdrauch (Fumaria).

Art	Blattstiel	Frucht	Blüte	Standort
1. Gruppe meist aufrecht				
Fumaria Vaillantii Vaillants Erdrauch Feinblättriger Erdrauch F. 72	kurz, dick	stumpf	rosa	Kalk, Lehm, warm, oft mit Haft=dolde oder in der Bingelkraut=gesellschaft häufig

Art	Blattstiel	Frucht	Blüte	Standort
Fumaria parviflora Kleinblütiger Erdrauch	kurz, dick	spitz	weiß mit rosa Spitze	Kalk, Lehm, warm, oft in der Bingelkraut=gesellschaft, sonst selten
Fumaria Schleicheri Schleicherscher Erdrauch Dunkelblütiger Erdrauch	dünn	spitz	dun=kelrot	Meist auf Kalk, warm, selten
2. Gruppe: oft rankend				
Fumaria capreolata Rankender Erdrauch	oft rankend	kugelig	gelb=lich	Meist auf kalkarmen Böden, daher auch med.= atlantisch selten

Die Arten capreolata und Schleicheri fehlen, von seltenen Ausnahmen ab=gesehen, in Bayern. Verhältnismäßig häufig ist noch F. Vaillantii. Dieser und F. officinalis ist im Bayerischen Wald erkennbar seltener. Die Erdrauchgesell=schaft kennt nur den gebräuchlichen Erdrauch. Zwischen einzelnen Erdrauch=arten und der Bingelkrautgesellschaft bestehen Beziehungen, die im Ab=schnitt „Hackfrucht" näher dargestellt sind.

22. Möglichkeiten der Ackerbeurteilung in sauren, silikatreichen Böden mit Hilfe der wildwachsenden Ackerflora.

Als ausführliches Beispiel sollen die Pflanzenbestände sauerer, diluvialer Sande bei Mühlstetten=Pleinfeld (Mittelfranken) einer eingehenden Be=trachtung unterzogen werden.

Wir gehen zunächst von der normalen Ackerflora aus, wie sie die Flur am Widerwechsel zeigt.

Die Flur am Widerwechsel hat grobsandigen, humus= und lehmarmen Boden. Der trockene, schwach rötliche Rollsand hat schlechte Bindigkeit. Oberflächen=verschlämmung und Wasserhaltung sind gering; P_H ca. 4,8—5,2, im Unter=grund 3,8—4,2, Niederschläge ca. 580 mm, Jahrestemperatur im nahegelege=nen Weißenburg in Bayern 8,1° C, Bodenzahl 19, also ein geringwertiger Acker. Abb. 40.

Das Bodenprofil zeigt etwa 15—17 cm tief schwach=humosen Diluvialsand. Daran schließt sich metertiefer, roter, lehmarmer Diluvialsand mit einzelnen Einschlüssen von abgeschliffenen quarzitischen Teil=chen. Nirgends läßt sich eine Lehm= oder Kalkspur finden. Der an dem Feld vor=überführende Hohlweg trägt nach der Nord= und Südlage (Expositoin) eine zwar in den Arten verschiedene, in der Aus=sage aber übereinstimmende Flora. Das verschiedene Standortskleinklima an der Süd= und an der Nordseite bedingt diesen Ausdruckswechsel, diese verschie=dene Physiognomie.

Sandglöckchen
Jasione montana
Zeigerpflanze am Ackerrain in saueren, trockenen Sandlagen.

Abb. 39

Welche Zeigerpflanzen finden wir an der Südseite des Raines? Hier sind es Pflanzen westischer Herkunft; die wir bereits als Säurezeiger kennen:

	Bedeutung, Hinweise:
1. Besenginster, Sarothamnus scoparius F. 3	Sauere, kalkarme, nicht zu nährstoffarme, evtl. lehmig=sandige Lagen, frostempfind=lich. Subatlantischer Charakter.
2. Sandglöckchen, Jasione montana	Sandlagen, sauerer Trockenrasen mit ungünstiger Wasseraussage auf den Acker, subatlantisch. Abb. 39.
3. Lammkraut, Arnoseris minima	Sauere Lagen, in Bayern meist selten, oft unbeständig, subatlantisch. Siehe auch Aspektbildner.
4. Heidekraut, Calluna vulgaris	Vom nahen Wald her in den Ackerrain eingedrungen. Geht in feuchteren oder einst stärker bewaldeten Gebieten stän=dig auch in den Rain. Nordisch=subatlantisch.

5. Ferkelkraut, Hypochoeris radicata F. 5	Sauere bis mäßig sauere Lagen. Geht nicht in basengesättigte Wiesen. Subatlantisch. D ü n g u n g s f r e u d i g e P f l a n z e (eutroph).
6. Knäuel, Scleranthus annuus Ausdauernder Knäuel, Scleranthus perennis F. 14	Fast nur in saueren Lagen; hier sogar im Rain. Subozeanisch (medit.). (Steht in nächster Nähe.) Säurezeiger, oft mit Silbergras, Corynephorus. Gehört zur Jasione-(Nr. 2)Knäuelgesellschaft. Subatlantisch (medit. euras.).
7. Kleiner Sauerampfer, Rumex Acetosella, F. 17, 18	Auf armen, saueren Lagen. Sehr typische Zeigerpflanze. Subozeanisch.
8. Straußgras, Agrostis vulgaris 9. Rotschwingel (selten), Festuca rubra	Meist auf kalkarmer Unterlage. Subozeanische Arten von brauchbarem Zeigerwert.
10. Silbermännlein, Filago arvensis	Auf saueren Lagen. Wärmeliebend. Mediterran? Daneben auch rote Miere. Vgl. Abb. 41, 42.

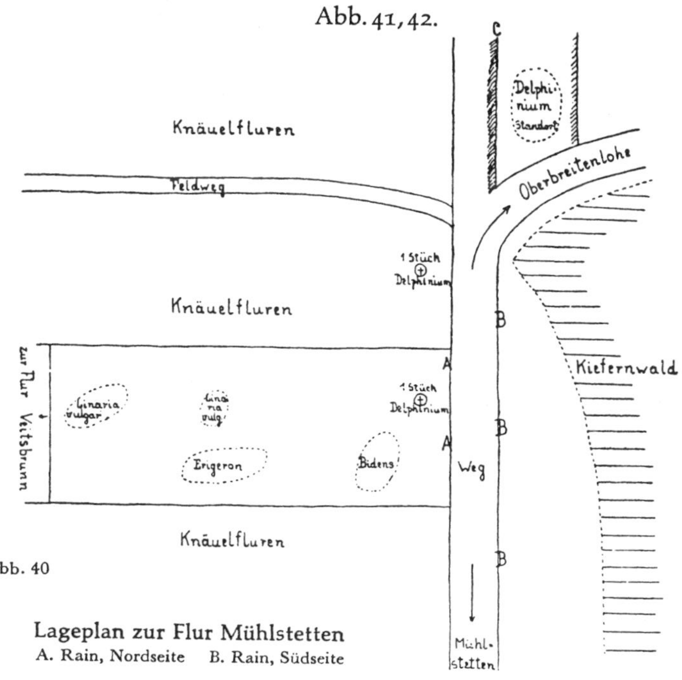

Abb. 40

Lageplan zur Flur Mühlstetten
A. Rain, Nordseite B. Rain, Südseite

Abb. 41

Rote Schuppenniere

Spergularia rubra = S. campestris.
Pflanze sauerer, sandiger Lehme und Tone, auch dichter Böden; nicht in guten, humusreichen Böden, auch mit Filago.

Abb. 42

Ackerfilzkraut

Schimmelkraut, Silbermännchen, Filago arvensis.
Säurezeiger auf Sand- und Grusböden; oft mit Jasione und Scleranthus.

Auch unter den Zeigerpflanzen anderer Herkunft sind deutliche Säurezeiger vertreten.

11. Steinnelke, Dianthus deltoides	Meist auf kalkarmen Lehmen. Beachtbare Zeigerpflanze. Eurasiat. – medit.
12. Silberfingerkraut, Potentilla argéntea	Meist auf kalkarmen Lehmen. Vielgestaltig, Zeigerpflanze. Eurasiatisch-mediterran.
13. Pechnelke, F. 6 Viscaria vulgaris	Auf saueren, kalkarmen Trockenrasen. Wärmeliebend. Kontinental-mediterran.
14. Sandbeifuß, Artemisia campestris	Im Halbtrockenrasen, auch mit Festuca rubra. Wahrzeiger sauerer Sande in Franken. Kontinental.

Wie überall finden sich auch hier sonstige Rainpflanzen von geringem Standortswert.

15. Gelber Feldklee, Trifolium campestre F. 151	Reichlich, auch auf Kalklagen, vielleicht eine eigene Subspecies. Subatlantisch-medit. Im Trocken- und Magerrasen (Trespenbeziehung-Brometalia-Art).
16. Sommerlabkraut, Galium verum	Wenig, wärmeliebend, mäßiger Lehmzeiger. Halbtrockenrasen. Kontinental.
17. Hartheu, Hypéricum perforatum	Zeigerwert gering, meist im Magerrasen. Medit.-subozeanisch.
18. Weinblume, Oenothéra biennis	Auf Rohboden, ohne wesentlichen Zeigerwert (eingewandert).
19. Bruchkraut, Zwangkraut, Herniaria glabra	Alte Heilpflanze (Zwangkraut – Urin!), meist auf kalkarmen Böden; hier ziemlich selten. Vgl. Abb. 43.
20. Mantelnelke, Tunica prolifera	Wärmeliebend, auch in Kalklagen; mediterran, Trockenrasenpflanze. Wasserzahl 5!
21. Wilde Möhre, Daucus Carota F. 115, F. 170	Wärmeliebend, daher am kälteren Nordhang fehlend; etwas reaktionsunsicher, doch Vorliebe für Kalk. Medit. eurasiatisch.

Abb. 43

Bruchkraut. Herniaria glabra

22. Sandmiere, F. 157 Arenaria serpyllifolia	Weitverbreitet, ohne deutlichen Zeiger= wert; eurasiatisch=medit.
23. Berufskraut, F. 29 Erigeron canadensis	Rohboden, Schuttpflanze, Hochsommer= pflanze, Wärme und Trockenheit ver= tragend, eingewandert.

In nächster Nähe finden sich noch zwei wichtige Landschaftszeiger:

24. Adlerfarn, F. 4 Pteridium aquilinum = Pteris aquilina	Subozeanisch	mangelnde Basensättigung, Säurezeiger
25. Silbergras, Weingaertneria canescens = Corynéphorus canescens	Subatlantisch Trockenrasen= pflanze; W 5!	

Unser Beobachtungsacker befindet sich also in unmittelbarer Nähe einer Silbergrasflur. Außerdem treten noch auf:

Kleiner roter Spörgel (Spergularia rubra), Schafkresse (Teesdalia nudicaulis), grüne Hirse (Setaria viridis) und Hühnerhirse (Panicum lineare = P. Ischae= mum). Das sind lauter Pflanzen meist sauerer, oft recht kalkarmer Gebiete.

Am Rain findet sich ferner vereinzelt das behaarte Habichtskraut (Hieracium Pilosella); es ist Wärmezeiger, Flachwurzler und Bewohner oft kalkarmer Lagen. Weiter tritt auf der wärmeliebende, vielgestaltige Feldthymian (Thymus Serpyllum, als Sammelart). Dieser geht auch in Sandfluren, in Silbergrasgebiete, auf Keupersande usw. Er paßt in die Rainflora, ist aber *ohne nennenswerten anderen* Aussagewert. Nirgends findet sich jedoch eine Pflanze, die auf Kalk deutet. Die *ganze Ackerlandschaft stimmt mit der Rainaussage gut überein*, d. h. *man kann einen Acker vom Rain her oft sehr genau beurteilen*, schon bevor man ihn genauer gesehen hat. Dabei spielen namentlich *Trockenrasenpflanzen* eine Rolle, weil sie eine wichtige Aussage auf die Wasserhaltung des Ackers gestatten. Von der Wasserhaltung des Ackers aber hängt zu einem erheblichen Teil die Ernte ab.

Von insgesamt 25 aufgeführten Arten sind 14 = 56% Säuretypen. Mit dieser Feststellung ist Landschaft, Acker und Ackerbau gekennzeichnet: Der Acker ist besonders geeignet für Roggen, Kartoffeln, Hafer, gelbe Lupine, Serradella, weniger für Rotklee. Als Rübe kommt im Anbau nur die Scherrübe, Brassica, in Betracht, die, der Vernunft der Landschaft entsprechend, auch tatsächlich angebaut ist. Der Anbau dieser Rübe entspricht eben der ursprünglichen alten bäuerlichen Signatur der Landschaft. Dagegen ist die Futterrübe, Beta, nur mit erheblicher ackertechnischer Hilfe anbaubar.

An dem nach *Norden* schauenden Ackerrain unseres Beurteilungsfeldes fehlen die Pflanzen Nr. 2 bis 10; es treten folgende Pflanzen hervor:

1. Ein kleiner Eichenbusch. Er steht vermutlich nicht zufällig hier, als Vertreter des bodensaueren Eichen-Birken-Waldes kann er gegendgemäß erwartet werden.
2. Ein Strauch des Besenginsters.
3. Reichlich Straußgras, im Hochsommer rot. Agrostis vulgaris ist ein deutlicher Säurezeiger. Abb. 45.
4. Vereinzelt Ferkelkraut; Bodenversauerungsanzeiger.

Der artenarme Grasrain stimmt in der Aussage durch die Arten 2 bis 4 mit dem artenreichen Südhang überein. Im Aussehen (physiognomisch) gleichen sich Süd- und Nordhang jedoch nicht.

Im Hochsommer gibt die farbenfrohe Artenverbindung rotes Straußgras, blaues Sandglöckchen und rote Steinnelke eine eindeutige Gegend- und Ackerbausignatur, wie man sie auf Kalklagen (Jura, Muschelkalk, Lettenkeuper, Kalklöß usw.) niemals findet. Diese Artenkombination schließt Kalkzeiger aus.

Die innere Verwandschaft dieser drei Rainzeiger ergibt sich aus der folgenden Übersicht:

Art	Soziologische Einreihung und Verwandtschaft		Ackerbauliche Aussage
Deltanelke, Dianthus deltoides Steinnelke	Borstgrasverband, Nardion Silbergrasverband, Corynephorion	diese drei Rainzeiger stehen als Zeiger sauerer Lagen nebeneinander	Roggen=, Brassica=, Serradella=, Kartoffel=gebiete
Sandglöckchen, Jasione montana	Silbergrasverband, Corynephorion		
Rotes Straußgras, Agrostis vulgaris	Borstgrasverband, Nardion Ginsterverband, Ulicion		

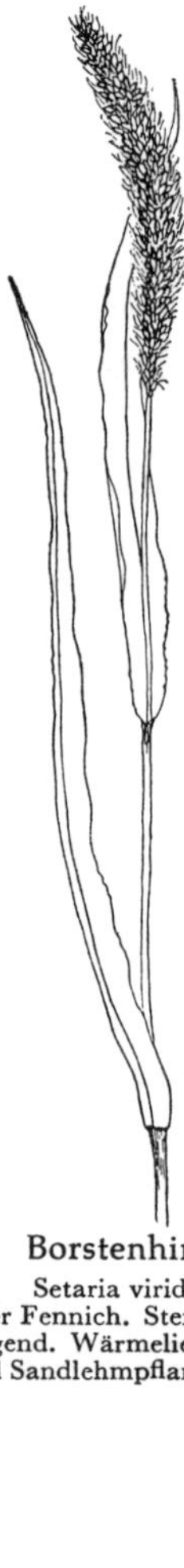

Abb. 44

Borstenhirse

Setaria viridis.
Grüner Fennich. Stengel knickig aufsteigend. Wärmeliebende Sand- und Sandlehmpflanze. F 11.

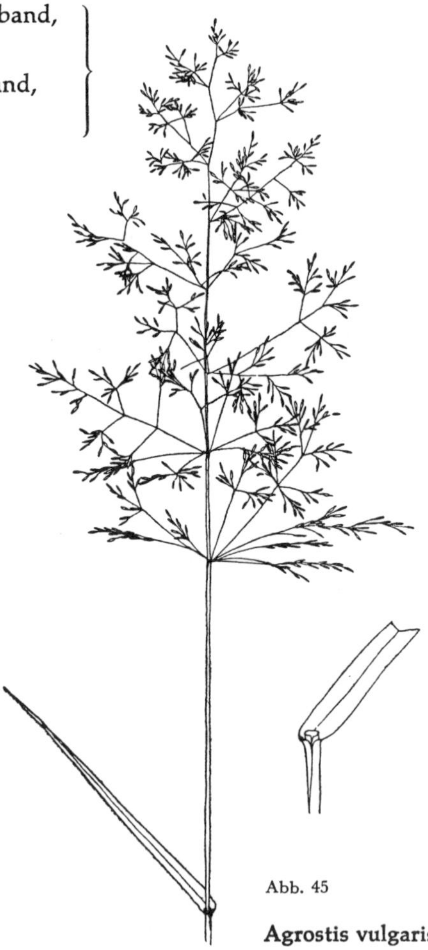

Abb. 45

Agrostis vulgaris

Nun noch der Gegenbeweis: Es fehlen bei den Rainpflanzen eindeutige Kalkzeiger in der Flora; auch Lehmzeiger (Galium verum) sind selten.

Was zeigt die Ackerflora im Frühjahr?

Folgende Arten sind vorhanden		Kann man von dieser Rainflora aus die folgenden Ackerzeigerpflanzen erwarten?	Übereinstimmung zwischen Befund und Erwartung
1. Knäuel, F. 14	viel	ja	völlig
2. Kleiner Sauerampfer	viel	ja	völlig
3. Spörgel, F. 12	wenig	ja	völlig
4. Schmalwand, F. 22, 23	massenhaft	ja	völlig
5. Hungerblümchen	sehr viel	ja	völlig
6. Ackerfrauenmantel geringe Vitalität	selten	nur bedingt	befriedigend

Sonst finden sich im Frühjahr noch:

7. Dreiblattehrenpreis	meist auf sandigen Böden
8. Persischer Ehrenpreis	selten, da Boden nährstoff= und lehmarm
9. Efeublättriger Ehrenpreis	nur kümmerlich, weil der Boden zu arm ist
10. Hühnerdarm	wenig, da armer Boden
11. Stengelumfassende Taubnessel F. 147	viel, oft auf Sandböden. Bodenzeigerwert gering, auch auf Kalk. Im Frühjahr und im Herbst
12. Ackerschachtelhalm, F. 103 13. Hirtentäschel, F. 143	wenig zahlreich, ohne Bedeutung
14. Feldsalat 15. Pfennigkraut	selten, Boden nährstoffarm ganz selten, da Boden lehm= und nährstoffarm

Von diesen Pflanzen sind drei (1—3) deutliche Säurezeiger, Nr. 4 und 5 stellen einjährige Frühjahrspflanzen (Therophyten) basenarmer Gebiete dar. Die

Übereinstimmung der Frühjahrsflora mit der zu erwartenden Bodenzeigerflora ist gut. Der Ackerfrauenmantel kann sich gerade noch halten, er liebt bessere Böden. Wenn auch Knäuel und kleiner Sauerampfer den Acker bereits hinreichend charakterisieren, so wird erst durch die Sommerentwicklung die Ackerflora in ihrer standörtlichen und soziologischen Zusammensetzung und Bedeutung vollständig.

Wie sieht die Ackerflora im Sommer aus?

Neben Knäuel, kleinem Ampfer und Spörgel sind folgende Arten vertreten:

Mehr oder minder deutliche Säurezeiger.

1.	Schmalwand (2. Blüte!), Stenophragma Thalianum	Kosmopolit, subozeanisch
2.	Lammkraut, Arnoseris minima	vereinzelt, subatlantisch
3.	Katzenklee, Trifolium arvense	wärmeliebend, eurasiatisch-mediterran (subozeanisch)
4.	Ackerkrummhals, Lycopsis arvensis	wenig, Einzelgänger, medit. nicht in schweren Böden
5.	Hederich, Raphanus Raphanistrum	wenig; Boden zu arm
6.	Silbermännchen, Filago arvensis	vereinzelt; verschleppt vom Rain?
7.	Sandmohn, Papaver Argemone	selten. Auf kalkarmen Lagen vikariierende Art für Klatschmohn, medit.
8.	Kamille, Matricaria Chamomilla	nur vereinzelt, ostmedit. mit subozean. Einschlag

Sonstige Ackerpflanzen.

9.	Fingerhirse, Fadenhirse, Panicum lineare	Sommer- und Wärmepflanzen (9. und 10.)
10.	Borstenhirse, Setaria viridis, Abb. 44	
11.	Gänsefuß, Chenopodium album	wenig, meist klein
12.	Vogelknöterich, Polygonum aviculare	Ubiquist, gering entwickelt
13.	Stengelumfassende Taubnessel, Lamium amplexicaule	auch im Frühjahr, 2. Entwicklung, Ubiquist

Abb. 46

Greiskraut
Senecio vulgaris
Eine Pflanze nährstoffreicher, nicht zu schwerer, nicht zu leichter Böden. Allgemeine Bewertungszahlen G 4–5, N 4–5, W 3, T 1. Durch T 1 weit verbreitet. Ein bekanntes Gartenunkraut.

Abb. 47

Frühlingsgreiskraut
Senecio vernalis.
Wanderpflanze.
In Südbayern noch fehlend.

14. Berufskraut, Erigeron canadensis	in Gruppen; eingewandert seit 1700; wärmeliebend
15. Leinkraut, Frauenflachs, Linaria vulgaris, F. 35	in Gruppen, wärmeliebend, eurasiatisch=medit.
16. Greiskraut, Senecio vulgaris Aufwertungspflanze, Abb. 46	vereinzelt, weil Boden nährstoff=arm, medit., sekundärer Kosmo=polit mit mehreren Generationen im Jahr.
17. Distel, Cirsium arvense	wenig, Boden zu arm, lehmarm.
18. Windenknöterich, Polygonum Convolvulus	wenig, Ubiquist
19. Reiherschnabel, Erodium cicutarium F. 20	wärmeliebend, bodenvag, Zeigerwert gering.

Dazu kommen am Ackerkopf zwei unerwartete Pflanzen:

20. Zweizahn, Bidens tripartitus	öfter an engumschriebener Stelle
21. Sumpfruhrkraut, Ackeredelweiß, Gnaphalium uliginosum	wenig, an gleicher Stelle

Zwei Stücke des Frühlingsgreiskrautes, Senecio vernalis, die zum erstenmal im Sommer 1954 auftraten, sind ohne Bedeutung. Senecio vernalis ist in diesem Teil Bayerns eine Zufälligkeit, vielleicht mit Samen der Luzerne eingeschleppt (siehe Nr. 10). Abb. 47.

Als Ackerrätsel findet sich:

22. Ein Exemplar Rittersporn, Delphinium Consolida, am Ackerkopf.

Von diesen 30 Pflanzen (ohne Zweizahn, Sumpfruhrkraut und Rittersporn) sind 10 Zeigerpflanzen für sauere Lagen, das sind 33% der erwähnten Pflanzen. Vielleicht kann man die Fingerhirse noch hier anschließen. Der Zusammenklang, d. h. die soziologische Entsprechung von Rain und Acker ist gut. Die übrigen Pflanzen sind z. T. Ubiquisten, die man je nach Menge (Dominanz) und Wüchsigkeit (Vitalität) zur Ackeraussage verwenden kann. Nun noch einige soziologische und standörtliche Besonderheiten im Bereich der Ackerflora von Mühlstetten.

Der Acker am Widerwechsel zeigt im Hochsommer zwei, vielleicht sogar drei bemerkenswerte soziologische Besonderheiten.

Als erste Besonderheit: Frauenflachs, Linaria vulgaris. F. 35

Am leichtesten zu klären ist das truppweise Auftreten des Frauenflachses. Diese auffallende, etwas wärmeliebende Pflanze führt bei Ellenberg die Reaktionszahl 4, wohl weil die Soziologen diese auf Äckern häufige Pflanze der Natternkopf-Steinklee-Gesellschaft (Echium-Melilotus Ass.) nähern. Den Frauenflachs habe ich so oft auf kalkarmen Sanden verschiedener Herkunft gesehen, daß die Reaktionszahl 4 zu sehr nach der neutral-alkalischen Seite verschoben scheint. Frauenflachs ist Tiefwurzler. Nach Lage der Dinge hat er keinen Kalkhorizont*) erreicht. Diese Tatsache zeigt:

1. daß der Frauenflachs an der saueren Oberfläche keimen und
2. daß die Wurzel in dem stark saueren Untergrund weiterwachsen muß. Dieses Gesamtverhalten in Mühlstetten spricht gegen Reaktionszahl 4.

*) Es wurden zahlreiche Profile angelegt. In der Wurzelreaktion (30 cm bis 1 m) herrscht stark sauere Reaktion P_H 3,8—4,2.

Als zweite Besonderheit: zwei Naßtypen.

Auf einer ziemlich kleinen Fläche am Ackerkopf (Hohlwegnähe) stehen zwei für einen Acker mit Rollsand und großer Wasserdurchlässigkeit des Bodens unerwartete Pflanzen

a) der Zweizahn, Hosenbeißer, Bidens tripartitus und

b) das Ackeredelweiß, Ruhrkraut, Gnaphalium uliginosum; dieses nur spärlich, aber es steht neben dem Zweizahn.

Beide zeigen sehr gute Wasserführung und irgendwie Oberflächenverschlämmung an, besonders das Ackerruhrkraut. Mit welcher Berechtigung finden sich diese Pflanzen, die ich seit Jahren beobachte, gerade hier?

An dieser Stelle ist der Boden von unten her durch eine kleine, engbegrenzte Naßstelle*) ökologisch etwas feuchter als der übrige Acker. Durch eine Grabung (Spatenstich) kann diese Tatsache erkannt werden. Somit treten diese beiden Pflanzen nur an dieser Stelle auf, aber mit eindeutiger Notwendigkeit, trotz des sonstigen Rollsandgefüges des Ackers.
Man könnte hier noch erwarten:

Pfefferknöterich, Polygonum Hydropiper (Blätter meist gelblich; zerkaut auf der Zunge scharf brennend); F. 82

Krötenbinse, Krötensimse, Juncus bufonius; F. 81

Mastkraut, Sagina procumbens;

Schmiele, Windhalm, Apera spica venti (zu wenig Feinsand oder Lehm). F. 34

Diese vier Pflanzen scheinen wegen zu geringer Wasserführung in der Krume zu fehlen.

Zusammenfassend läßt sich im Hinblick auf das Zweizahnvorkommen (Besonderheit 2) sagen:

Hier ist eine lokalisierte, aber verarmte Zweizahngesellschaft (Bidentetum) auf ganz kleinem Fleck angedeutet. An wirklich feuchten Stellen tritt sie in ganz anderer Üppigkeit auf. Die mitangeführte Schmiele findet sich um Mühlstetten vereinzelt und ohne Beziehung zu deutlichen Feuchtstellen.

Als dritte Besonderheit sei besprochen: Ackerrittersporn, Delphinium consolida, auf ursprünglich sauerem Rollsand mit der Bodenzahl 19.

Einigermaßen auffallend ist ein Einzelexemplar des Ackerrittersporns am Ackerkopf. Vgl. Abb. 40.

---

*) In Trockenjahren kaum erkennbar.

Nicht weit von diesem Einzelgänger entfernt steht am Ackerkopf (bessere Ernährungslage) noch einmal **ein** versprengter Rittersporn. Diese Pflanze mit einer Reaktionszahl 5 (Boden mit P_H 6,8–7,5 und höher) paßt nicht in den saueren Sand der Flur am Widerwechsel mit einem ursprünglichen P_H von etwa 5,0, das sind ja im Vergleich mit dem normalen Reaktionsbedürfnis des Rittersporns P_H ca. 7 fast 2 Zehnerpotenzen.

Freilich kann man in dem bodenartig schnell und stark wechselndem Gebiet auf benachbarten, engbegrenzten Kalklagen Rittersporn finden. Ich verweise nur auf das naheliegende Hauslach=Georgensgmünd, wo Fr. Merkenschlager manchen ökologisch=soziologischen Hinweis gab. Diese kleinen Rittersspornvorkommen lassen an Verschleppung denken. Der Rittersporn hält sich dann bei Verschleppung an einem weniger guten Standort an begünstigter Stelle, d. h. am Ackerkopf, denn das ist die Ackerstelle mit aufgehobener Konkurrenz (gemildertem Wettbewerb). Alle üblichen Rittersspornbegleiter fehlen. Warum wächst aber hier überhaupt ein einzelnes Rittersspornexemplar? Der Rittersporn wird, wie schon erwähnt, leicht verschleppt. Zwischen Pleinfeld und Mühlstetten sah ich in Ortsferne die Reste einer auf „Diluvial=Sand" angelegten Kompoststätte. Der Boden war tief schwarz, stark humos und sandig locker. Hier stand in starker Dominanz und Vitalität auf einer scharf umschriebenen Fläche von wenigen Quadratmetern:

Rittersporn, Delphinium Consolida, Deckungsgrad 2
Windhalm, Apera spica venti, Deckungsgrad 3, also beide

fast in Reinbeständen. Hier liegt natürlich ein sekundärer Standort vor, der zeigt an, daß der Rittersporn verschleppt ist. An diesem Standort könnte man in soziologischer Sprache ein Delphiniétum aperetosum*), d. h. eine zweiartige Rittersporn=Windhalm=Gesellschaft, annehmen. Ohne Klärung der physikalischen Bodenverhältnisse kann man mit solchen sekundären Standorten, auch wenn sie noch so auffallend sind, aber nicht viel anfangen; auch mit dem Hinweis auf das Vorkommen einer kleinen Stelle mit Rittersporn und Windhalm in der Nähe von Mühlstetten ist das Einzelvorkommen von Rittersporn auf der Flur „Am Widerwechsel" nicht hinreichend geklärt.

Der ganz vereinzelte und durchaus auffallende Standort des Rittersporns auf der Flur Widerwechsel bei Mühlstetten findet aber eine sehr natürliche Erklärung. Etwa 200 Meter westlich vom Widerwechsel stoßen wir nämlich auf einen stärker lehmigen Ackerboden. Der lehmige Bestandteil hebt

*) aperetosum = Windhalmhaltig.

diesen Schlag sofort etwas von dem Mühlstettener Rollsand ab. Im Hochsommer 1953 fand sich nach Roggen folgende Restackerflora, die in zwei deutlich verschiedene Bereiche zerfällt.

Im annähernd neutralen Bereich:

Rittersporn, Delphinium Consolida	+	10. 10. 1953 noch blühend
Röte, Sherardia arvensis	1	10. 10. 1953 reichlich fruchtend und blühend, Lehmwertzeiger
Ackergauchheil, Anagallis arvensis	r	blühend
Feldklee, Trifolium campestre	+	blühend
Knäuel, Scleranthus annuus	r	möglich, da Knäuel vereinzelt ein P_H von 7 verträgt

Im saueren, lehmärmeren Bereich

Knäuel, Scleranthus annuus	1	
Kleiner Ampfer, Rumex acetosella	r	
Hasenklee, Trifolium arvense	+	fast aspektbildend

Auf diesem Feld liegt die Quelle für die Verschleppung des Rittersporns in die nahegelegenen Sandfluren, wo er sich aber nur sehr kümmerlich hält. Daß gleich in der nächsten Nähe (50 m entfernt) auf einer kleinen, etwas erhöhten Ackerstufe der ausdauernde Knäuel, der Rainzeiger für sauere Lagen, vorkommt, zeigt den starken Boden- und Florenwechsel in diesem Gebiete an.

Das Auftreten des subatlantischen, ausdauernden Knäuels in dieser Gegend ist wohlbegründet. Dieser Knäuel paßt zum Sandglöckchen (Jasione-Knäuelgesellschaft) und zum Silbergras. Beide Pflanzen stehen in nächster Nähe. Die inneren Zusammenhänge dieser örtlichen Vegetation sauerer Standorte werden somit von vielen Seiten aufgehellt. Um so mehr fällt das Ritterspornvorkommen dem kritischen Beobachter auf. Wer hier nicht Boden, Bodenfarbe, Lehmvorkommen, Kalk und den physikalischen Zustand von Flur zu Flur prüft, kann sich in solch wechselnden Lagen leicht täuschen. Es treten in solchen Fällen zwei Fragen auf:

Ist Delphinium über den ganzen Acker verteilt oder nicht?
Wie ist die Reaktion des Bodens?

Angesichts solcher Standorte ergibt sich weiter die Frage, ob die für den Rittersporn angenommene Reaktionszahl 5 wirklich zuverlässig ist. Die an Ort und Stelle aufgenommene Verteilung der wichtigsten Pflanzen zeigt auch Abbildung 40. Rittersporn und Röte sind hier lokal gehäuft, Scleranthus ebenfalls in seinem Bereich. Die mehrmals vorgenommene Kalkprobe ergibt im Raum des Rittersporns schwache, jedoch sichere Kalkreaktion. Im Knäuelraum fehlt diese Reaktion.

Ökologisch ist also das Auftreten von Delphinium neben viel Röte hinreichend begründet, ebenso das des Knäuels im anderen Teil des Ackers. Den zwei verschiedenen ökologischen Bereichen des Bodens entsprechen zwei Gesellschaftsbereiche, nämlich:

> Die gegendgemäße Knäuelflur, Scleranthetum
> und eine etwas isolierte Rittersspornflur=Restflur, Delphiniétum.

Die Frage, ob hier der Rittersporn primär auf einer kleinen Kalkinsel oder sekundär durch Kalkzuführung auf einer Scheinflur wächst, kann im Sinne eines primären Standortes beantwortet werden, das geht auch aus den folgenden Beobachtungen hervor.

Um Mühlstetten finden sich, wie schon erwähnt, in kleinem Ausmaß dicht beieinander sehr unterschiedliche Böden, deren Reaktion bis an den Neutralpunkt herangehen kann. Auf solch einer nahegelegenen reaktionsmäßig isolierten Insel tritt ebenso unerwartet wie der Rittersporn der Venuskamm (Nadelkerbel), Scandix pecten Veneris, auf. Natürlich denkt man in dieser Knäuelgegend an den Venuskamm nicht, falls man von den Rollsanden dieser Gegend ausgeht und nur auf Schafkresse, Teesdalia, Sandglöckchen, Jasione und Besenginster als Gegendzeiger eingestellt ist.

Man stelle sich einmal folgende drei ziemlich nahe beieinander gelegene Ackergegensätze vor:

Mühlstetten 1 Rollsand:	Mühlstetten 2 Sandiger Lehm mit Kalkresten:	Mühlstetten 3 Sandiger Lehm:
	Beherrschende Flora:	
Scleranthus annuus, Knäuel, Arnoseris minima, Lämmersalat Lammkraut	Delphinium Consolida, Rittersporn (lokal vereinzelt)	Scandix Pecten Veneris, Venuskamm (lokal auf ganz kleiner Fläche)
Rumex acetosella, Kleiner Ampfer (Teesdalia nudicaulis, Schafkresse)		Rumex u. Scleranthus zerstreut, beweisen den saueren Charakter der Gesamtlandschaft

Man erkennt sofort, daß die Pflanzen der drei erwähnten Fluren ökologische, soziologische und ackerbauliche Gegensätze in einer mosaikähnlichen Gegend darstellen. Dieser Wechsel drückt sich auch ackerbaulich folgendermaßen aus:

Auf Schlag 1 wächst:	Auf Schlag 2 und 3
Keine Gerste kein Weizen keine Beta kaum Klee	ist Gerste, Weizen und Beta mindestens in kleinem Umfang möglich, ebenso Rotklee

Der Landwirt und der Biologe lernt aus solchen soziologischen Feinheiten und Gegensätzen die Fluren auch im Kleinen kennen.

Hier schieben sich an einzelnen Stellen in die beherrschende Knäuel- bzw. Hederichflur Vertreter einer anderen Welt, nämlich der Rittersporngesellschaft, wenigstens in kleinem Ausmaß ein. Diese Verzahnung gegensätzlicher Gesellschaften muß man deuten, wenn man sich vor Beurteilungsfehlern sichern will.

Noch einige Hinweise auf fehlende Pflanzen in unserem Mühlstetter Flurenbeispiel:

Es fällt auf, daß in den Sandäckern um Mühlstetten Schafkresse und Lammkraut selten sind oder fehlen, obwohl beide Arten in der Landschaft vorkommen. Das Vorkommen oder Fehlen auf bodensaueren Sanden ist eine Ernährungs- bzw. eine Düngungswirkung, denn die Schafkresse ist eine nährstoffscheue (oligotrophe) Pflanze. Lammkraut verhält sich ähnlich.

Es läßt sich folgende Reihe zunehmender Nährstofffreudigkeit einiger Zeigerpflanzen bodensauerer, quarzitischer Sande aufstellen:

N 1	N 2	Zwischen-gruppe	N 3	N 4, N 5
nährstoff-scheu oligotroph	mäßig nährstoffsuchend mesotroph		nährstoff-liebend hemieutroph	nährstoff-gierig verschiedenen Grades, eutroph
Teesdalia Schafkresse	Arnoseris Lammkraut		Scleranthus Knäuel	
	Rumex Acetosella Kleiner Ampfer	Schimmel-kraut	Raphanus Hederich Alchemilla arvensis Kamille	Spergula

Zunahme der Nährstoffgier bei den genannten Zeigerpflanzen. →

Durch Düngung kann eine Schafkresse=Lammkrautflur mit Knäuel, Spörgel, Ampfer völlig verändert werden, so daß andere Gesellschaften auf boden=saueren Fluren auftreten. So entstehen Rest= und Übergangsgesellschaften, d. h. Düngung und Kolloidzustand (Humusgehalt usw.) verändern die Pflanzengesellschaften, wenn ein Übergang von Nährstoffarmut (Oligo=trophie als physiologische Konstitution) zu Nährstoffreichtum (Eutrophie als Pflanzenkonstitution) eintritt. Außerhalb dieser Gruppe stellen Teufels=auge (Adonis) und Ferkelkraut (Hypochoeris radicata) zwei entschieden nährstoffgierige (eutrophe) Pflanzen dar. Man kann ihnen auf Grund experimenteller Prüfung die Nährstoffzahl 4—5 geben. Ellenberg glaubt mit N 2 auskommen zu können. Jedenfalls bleiben diese zwei Pflanzen bei Düngung beharrlich auf ihrem Standort. Das ist ein Hinweis auf eine dynamische Soziologie, Ökologie und Gesellschaftsänderungen.

In Mühlstetten steht der Adlerfarn zwar in der Nähe am Ackerrain, er tritt aber nicht in den Acker über. Als Ackerpflanze erscheint er weder bei Ellenberg noch bei Garcke, Hegi, Wehsarg oder Vollmann. Trotzdem ist er eine Ackerpflanze*); so findet er sich z. B. verschiedentlich zwischen Pleinfeld und Gunzenhausen im Acker. Als Tiefwurzler hält er sich lange im Boden, besiedelt aber nur geringere Sandlagen. Übrigens ist der Adlerfarn ein echter Kosmopolit, der auch in außereuropäischen Ländern „ärmere" Lagen anzeigt. In den lockeren Sanden fehlen alle Nässe=, Dichte= und Lehmzeiger.

Auch das Frühlingsgreiskraut, Senecio vernalis, siedelt sich nur vereinzelt (erstmals 1955) als Wanderpflanze an, fehlt aber in diesen Gebieten sonst völlig.

Löwenzahn dringt in Lücken der Sandäcker nur vereinzelt ein; Lehmmangel hemmt hier die Ansiedlung. In diesen Fluren kann daher keine gelbe Acker=landschaft, kein gelbes Meer entstehen wie in lehm= und tonreichen Luzern=gebieten, in denen der Löwenzahn als Landschaftszeiger und als Massen=unkraut (physiologisch ist er aber besser zu bewerten) auftritt. Der Löwen=zahn gehört mit dem kriechenden Hahnenfuß zu den wenigen Pflanzen, die gleichzeitig in Acker und Wiese vorkommen. Natürlich fehlt auch der kriechende Hahnenfuß in Mühlstetten, weil der Boden zu trocken und zu nährstoffarm ist. Auch Wegwarte fehlt wegen Lehmmangel. F. 62

Durch dieses Doppelvorkommen sowohl im Acker als im Grünland fallen Löwenzahn und kriechender Hahnenfuß unter den Ackerpflanzen auf; ähn=

*) Als Anzeiger ehemaliger Waldränder.

liches gilt von der weichen Trespe, Bromus mollis, die als Wanderpflanze in Luzerne in den besser gedüngten Mühlstetter Sanden gelegentlich auftritt. Auf diesen Sanden, die soziologisch und ökologisch einen völligen Gegensatz zu Luzerne (Reaktionszahl 5) darstellen, kann man nach Aufkalkung eine Luzernemassenernte erzielen, wobei aus der Oberkrume mit 6,5 bis 6,8 die Wurzel in starksaueren Unterboden mit P_H 3,8 bis 4,2 kräftig vorstößt, teilweise unterstützt durch Calciumsulfolignin. (Collex der Zellstoffabrik Waldhof, Mannheim.)

Naturgemäß fehlen krauser und stumpfblättriger Ampfer, dagegen ist der kleine recht verbreitet. Da über die anderen häufigen oder auch manchmal auffälligen Ampferarten nicht immer ökologische Klarheit besteht, so folgt hier eine Übersicht über vier regional wichtige Ampferarten. Nach der Mühlstettener Sandlage (sauer, lehmarm) kann der krause Ampfer in Mühlstetten nicht vorkommen. Der kleine Ampfer und der krause Ampfer sind Antipoden, sie schließen sich gegenseitig aus. Der krause Ampfer fehlt mit Recht in diesen quarzitischen Sanden. Vgl. Abb. 26.

Die verschiedenen Ampferarten lassen folgende Standortsansprüche erkennen:

	Reaktionsbeziehung	Wiese	Rain	Acker	Egarten	Sand	Lehm	Nährstoffansprüche
Kleiner Ampfer, R. Acetosella	deutlich sauer, R1 !	–	+	+	–	+	(+)	gering
Sauerampfer, R. Acetosa	unscharf Ro (?)	+	+	(+)	(+)	–	+	hoch
Krauser Ampfer, R. crispus	oft kalkliebend Ro (?)	(+)	(+)	+	(+)	–	++	hoch
Stumpfblättriger Ampfer R. obtusifolius	unscharf R4?	+	–	(+)	+	–	++	sehr hoch

Natürlich fehlen auf diesen an Feinsand armen und dadurch mit schlechter Wasserführung ausgestatteten Böden auch in Feuchtjahren die Lebermoose, z. B. Sternlebermoos (Riccia) und Hornlebermoos (Anthoceros, kalkmeidend!), die man auf lehmigeren Stellen anderer Äcker im Herbst oft reichlich findet. Beide Moose fehlen hier zwangsläufig. Ihre Standortsansprüche: Feuchtigkeit, lehmige, wasserhaltige Böden sind eben hier nicht erfüllt, obwohl die Reaktionslage „sauer" ihnen entsprechen würde.

Weiter fehlen sonst in Äckern häufige Pflanzen, z. B. die schmalblättrige Wicke (V. angustifolia). Ihr sagt der lehm- und humusarme Sand nicht zu, d. h. sie braucht etwas bessere Böden. F. 154

Auch der Ackerkrummhals tritt nur in kümmerlichen Exemplaren auf. Diese Pflanze wird zur Gesellschaft des Ackerziest (Stachys arvensis Ges.) gerechnet. Der subatlantische Ackerziest ist Kalkflüchter, er würde in die Gesamtlage passen, fehlt aber trotzdem, schon weil der Boden zu lehmarm ist, obwohl er mit seiner Reaktionszahl 2 hier wachsen könnte. Man sieht also, daß neben der Reaktionszahl noch andere Faktoren an der Besiedlung eines Ackers wesentlichen Anteil haben.

In den Sanden bei Mühlstetten fehlt auch die sonst weit verbreitete Ackergleiße (Aethusa agrestis). Auf leichtem Blasensandstein, z. B. bei Rehdorf (Nürnberg), auf tertiären Sanden, z. B. um Pfaffenhofen in der Holledau fehlt ebenfalls die Ackergleiße, die als Angehörige der Rittersporngesellschaft einen gewissen höheren Kalkgehalt beansprucht. Ihre Reaktionszahl, etwa 4(—5) weist noch etwas über den Frauenspiegel hinaus ins Neutrale. Auch das Klettenlabkraut (Galium Aparine) ist kaum vorhanden. Auf Niederungsmoor dagegen gehen im Hochsommer 50—150 Keimpflanzen je Quadratmeter auf; diese Galiumüppigkeit fehlt an den drei genannten Orten. Labkrautvorkommen, so unerwünscht diese Pflanze bei stärkerem Auftreten als Unkraut ist, kann für den geschulten Blick des Landwirts und Ökologen ein brauchbarer Hinweis auf tiefgründige, lehmige, nährstoffreiche und humose Böden sein. In einzelnen Fällen ist das Klettenlabkraut eine zuverlässige Zeigerpflanze für Wiesenumbruch, selbst wenn der Umbruch Jahre zurückliegt; der noch vorhandene Humus erleichtert die Ansiedlung von Labkraut. Auch ehemalige Hecken lassen sich mit Hilfe des Klettenlabkrautes in einer Ackerlandschaft noch bestimmen.

Weithin fehlen in diesen Sandlagen Ackermohn, Senf und Beifuß (Artemisia vulgaris), die Zeiger für Lehm (Ton), Humus und erhöhten Nährstoffgehalt. Hier ist das mohnarme Land der Roggen- und Serradellalandschaft. Schon die Reaktionsverhältnisse schließen Mohn und Ackersenf aus.

In Mühlstetten fehlt der Frauenspiegel (Legousia Speculum Veneris = Specularia). Wenn nun diese Sandböden örtlich etwas Lehm und Humus führen, so kann sich der Frauenspiegel oft dicht an eine Knäuellage heranschieben, wie ich das z. B. im Blasensandstein (Rehdorf bei Nürnberg) beobachtet habe. In ökologischer Folgerichtigkeit des Frauenspiegelvorkommens tritt dann sofort Weizen- und Rübenbau (Beta) auf. Man kann diese Zusammenhänge zwischen Pflanzenbestand und Ackerbau an Hand nachstehender fünf Zeigerpflanzen folgendermaßen darstellen:

Auftreten (Zunahme) der fünf Zeigerpflanzen in folgender Reihe:

→

Knäuel Frauenmantel Hederich Kamille Frauenspiegel.

→ F. 67

Zunahme der Weizen=, Gersten=, Rübenfähigkeit.

(Entsprechend Änderung der soziologischen Verhältnisse.)

Diese Reihe gibt unter Beachtung der Zahl (Dominanz) und des Wachstums (Vitalität) bei Vergleichung von Äckern im saueren Bereich einen sicheren Hinweis auf Nährstoff, Lehm, Humusgehalt und Ackerbau.

Der Frauenspiegel ist eine Grenz= und Übergangspflanze, ein Vorposten zu anderen Böden=, PH= und Gesellschaftsbereichen. In Rehdorf kann bei seinem vereinzelten Auftreten lokal eine Reaktionsscheide in Vorbereitung sein: Übergang vom gemäßigt saueren Bereich (Reaktionszahl um 3) in den neutral=alkalischen Bereich (Reaktionszahl 4, eventuell 5). In Rehdorf bricht die Weiterentwicklung des Frauenspiegelhorizontes plötzlich ab. Wäre dieser Horizont stärker vorhanden, so könnte man am Rain neue Zeigerpflanzen erwarten, nämlich:

Ebenstrauß=Wucherblume, Tanacetum corymbosum — warzige Wolfsmilch, Euphorbia verrucosa — Sichelmöhre, Falcaria — Salbei, Salvia pratensis — Zwecke, Brachypodium pinnatum — Schneeball, Viburnum lantana — Feld=ahorn, Acer campestre.

Natürlich fehlen diese Pflanzen in Mühlstetten, im Blasensandstein bei Reh=dorf und in den tertiären Sanden der Holledau (am Wiegenacker bei Pfaffen=hofen) vollständig. Diese Betrachtung, vom Frauenspiegel ausgehend, führt in andere Flurlagen, in die Welt des Weizens, der Gerste und der Luzerne und somit zu den ökologisch=geographischen Gegensätzen:

subatlantisch — subozeanisch	mediterran — kontinental
Kalkmangel	Basensättigung
sauer	neutral=alkalisch
Roggen=Hafer=Kartoffel=	Weizen=Gerste=Luzernelage
Lupinen=Serradellabau	Mohn=Senflandschaft

Trotz starker Sandlage fehlt in Mühlstetten der kleine zierliche Vogelfuß, die kleine Serradella, Ornithopus perpusillus. Diese meist nicht häufige Zeigerpflanze für lockere, warme, trockene Sande findet sich in Keuper=sanden, auch im sandig=grusigem Urgestein, in Südschwaben, am Rhein, im

Maingebiet, im Odenwald, häufiger ist sie im Buntsandstein und in der Pfalz. Jura, Muschelkalk und alle Kalklagen schließen diese Pflanze mit der Reaktionszahl 1 aus. Im feuchteren, kühleren Bayerischen Wald fehlt sie trotz sandigem Granitgrus, weil sie als westische Pflanze ihre Ostgrenze längst hinter sich hat. Im Ackerbau sieht man diese Trockenheitspflanze mit der schlechten Wasserzahl (W 4—5) nicht gern, sie bringt mindestens drei ungünstige Aussagen mit sich: starke Säure (R1), geringe Wasserhaltung (W4—5), Gare= und Nährstoffmangel (G1). Bei stärkerem Vorkommen müßte eine solche Pflanze als Abwertungspflanze gelten. Man vergleiche hiermit die Aussagewerte von Hühnerdarm, Efeuehrenpreis und anderen Aufwertungs=pflanzen. F. 128—130, F. 159

Wie verhält es sich mit den Ehrenpreisarten im Ackerbeispiel Mühlstetten? Von den im Acker häufigen Arten ist höchstens der Dreiblattehrenpreis einigermaßen verbreitet, efeublättriger und persischer sind selten, die an=deren, wie Acker= und glänzender, fehlen überhaupt. In diesem Zusammen=hang seien übersichtlich die Ehrenpreisarten des Ackers besprochen. Es sind dies:

Art	Aussage	
Efeublättriger E., Veronica hederaefolia	Aufwertungspflanze	R 3, G 3, N 3, T 3
Persischer E., V. persica=Tournefortii	Aufwertungspflanze	R 3—4, G 3, N 3, T 3 Lehmzeiger
Acker E., V. agrestis	— — — — —	R 3?, G 3, N 3, T 3
Glänzender E., V. polita	wärmeliebend	R 3—4, G 3, N 3, T 3—4
Dunkler E., V. opaca	wärmeliebend	R 4?, G 3, N 3, T 3
Dreiblättriger E., V. triphyllos	Frühjahrspflanze Sandzeiger	R 2?, G 2, N 2, T 3
Feldehrenpreis, V. arvensis	wärmeliebend	R 3?, G 3, N 3, T 2
Früher Ehrenpreis, V. praecox	wärmeliebend	R 4?, — — T 5 Weinbergklima
Quendelblättriger E., V. serpyllifolia	Lehmzeiger saurer Gebiete	R 3, N 2, T 0? meist schwere Böden

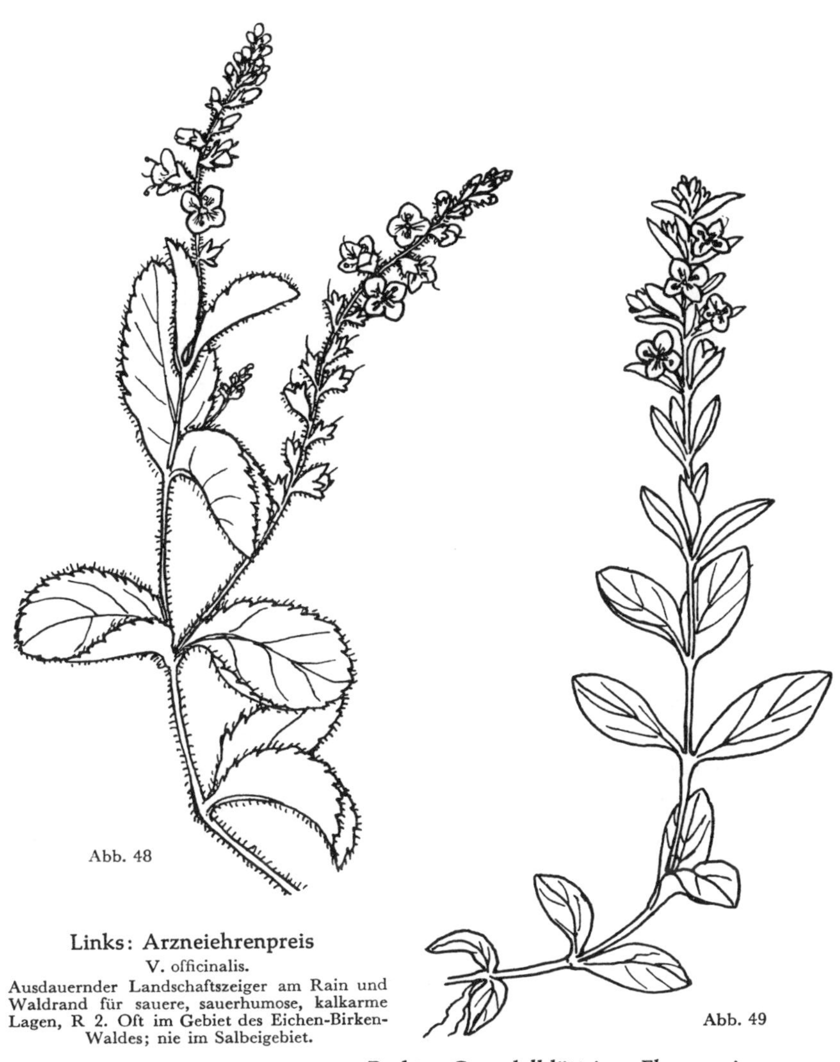

Abb. 48

Links: Arzneiehrenpreis
V. officinalis.
Ausdauernder Landschaftszeiger am Rain und Waldrand für sauere, sauerhumose, kalkarme Lagen, R 2. Oft im Gebiet des Eichen-Birken-Waldes; nie im Salbeigebiet.

Abb. 49

Rechts: Quendelblättriger Ehrenpreis
Veronica serpyllifolia.
Ausdauernde Lehmzeigerpflanze im Acker und Grünland; mäßiger Säurezeiger, R 3.

Verhältnismäßig weit verbreitet ist der Feldehrenpreis; er findet sich auch auf grasigen Plätzen und trockeneren Wiesen. Seine große Standortsstreu=breite zeigt, daß er keinen leicht erkennbaren Zeigerwert hat. Soziologisch ist er eine „Ackerart", eine „Secalino=Violetaliapflanze". Er muß sich also soziologisch mit der nichtssagenden Einreihung in die „Ordnung der Acker=unkräuter" begnügen. Etwas besser kommen die anderen Arten weg.

Art	Gesellschaftliche Einreihung	
Persischer Ehrenpreis	Knöterich=Gänsefußverband Polygono=Chenopodion . .	Hackfrucht=pflanzen, nährstoff=liebend, auch viel im Getreide
Ackerehrenpreis	Polygono=Chenopodion . .	
Dunkler Ehrenpreis	Polygono=Chenopodion . .	
Glatter Ehrenpreis	Polygono=Chenopodion . .	
Efeublattehrenpreis	Frauenmantel=Kamillen=Gesellschaft	viel in Winter=getreide

Dieser soziologischen Einreihung gegenüber sind unsere ökologischen Hin=weise brauchbarer:

Sandzeiger	Dreiblattehrenpreis, F. 175	
Lehmzeiger	Quendelblättriger, auch persischer E.	
Humus= und Nährstoffzeiger	efeublättriger E.	F. 129
Aufwertungspflanze	efeublättriger E.	F. 129
Säurezeiger	quendelblättriger und Arzneiehrenpreis, Veronica officinalis. Dieser am Ackerrain.	

Jedenfalls eignen sich diese Hinweise gut für die biologische Ackerbeurteilung.

Unter diesen Arten fällt der Dreiblattehrenpreis durch seine Bewertungs=zahlen R 2, G 2, N 2 deutlich ab, ebenso durch seine Wasserzahl W 4. In diesem Fall erscheint er bereits als Trockenheitszeiger im Ackerbau. Diese Eigenart paßt wieder zum Begriff: Sandzeiger. Der Dreiblattehren=preis, ein Frühjahrsblüher besonders der Sandböden, gilt als Charakterart der Ackerfrauenmantel=Kamillengesellschaft (Alchemilla arvensis Matricaria chamomilla Ass.). Als Sandzeiger steht in einem gewissen Gegensatz zum efeublättrigen und persischen Ehrenpreis, die beide Lehm und Humus an=zeigen und die bessere Wasserzahl 3 = gute Wasserführung im Acker haben. Zum Beweis des ökologischen Unterschiedes zwischen Dreiblatt=, Efeublatt= und persischem Ehrenpreis seien drei Sandlagen verschiedener geologischer Herkunft ver=glichen, dabei ist Hühnerdarm und Hellerkraut mit an=geführt. Die Unterschiede verstärken sich auf diese Weise.

Pflanze	Ort		
	Pfaffenhofen (Holledau)	Mühlstetten (Mittelfranken)	Rehdorf (Mittelfranken)
Flur:	Wiegenacker bei der Ortschaft Puch	Widerwechsel	Büchleiner Weg

Abb. 50

Links: Frühlingsehrenpreis	Mitte: Feldehrenpreis	Rechts: Dreiblattehrenpreis
Veronica verna, kleinblütig.	Veronica arvensis. Kleinblütig.	Veronica triphyllos. Häufig; großblütig. Verbreitet in Sanden und Sandlehmen oft mit Ackerfrauenmantel.

Boden:	sehr arme tertiäre Sande	sehr arme diluviale Sande	etwas anlehmige Sande (Blasensandstein)

	Pflanzenentwicklung		
Dreiblattehrenpreis	stark	stark	schwächer
Persischer, Tournefortischer E.	schwach	schwach	stärker
Efeublättriger E.	schwach	schwach	stärker
Hühnerdarm	schwach	schwach	deutlich besser
Hellerkraut	fehlt	fehlt bis vereinzelt	häufiger

Alle drei Gebiete stellen Sandlagen verschiedener Herkunft dar. In den drei verglichenen Gebieten findet sich der Dreiblattehrenpreis z. T. recht häufig, er tritt aber sofort etwas zurück, wenn die reine Sandstruktur des Ackers nachläßt. Ein scharf beobachtender Ackerbauer wird auf Grund des Verhalten des Dreiblattehrenpreises die Flur „Wiegenacker“ für geringer halten als die Rehdorfer Flur. Alle drei genannten Fluren sind sauer, ihre Zeigerpflanzen sind Knäuel, Spörgel, Hederich und kleiner Ampfer; am Ackerrain findet sich der „Sandzeiger“ Feldbeifuß; Artemisia campestris.

Gehen wir nun in ein nährstoff- und niederschlagreicheres Gebiet, z. B. in das sauere Moränengebiet bei Wangen (Allgäu), so tritt der Dreiblattehrenpreis unter diesen Standortsbedingungen (nur die sauere Reaktion bleibt) stark zurück.

Wenn man sich noch die folgenden Unterschiede und Gegensätze in den Standortsansprüchen der drei bekanntesten Ehrenpreisarten des Frühjahrs nochmals einprägt, dann kann man mit Hilfe dieser drei Arten weitgehend in die Beurteilung eines Feldes eindringen. Man sieht auch, daß der Dreiblattehrenpreis einigermaßen einen Gegensatz zu den zwei anderen Arten darstellt.

Art	Reaktionszahl	Stickstoffzahl	Geographischer Charakter
Persischer Ehrenpreis, Veronica persica	4	3–4	o. medit. montan
Efeublättriger Ehrenpreis, V. hederaefolia	3–4	3 ?	medit. subatl.
Dreiblättriger Ehrenpreis, V. triphyllos	2–3	2–3	medit. (kont.)

Schließlich sei noch erwähnt, daß einige Ehrenpreisarten Ameisenpflanzen sind (Myrmekochoren). Ihre Samen werden durch Ameisen verbreitet. Von den hier erwähnten Arten zeigen die Ameisenpflanzen niederliegendes Wachstum.

Einige morphologisch-biologische und standörtliche Unterschiede zwischen den erwähnten Ehrenpreisarten sind in der nachstehenden Übersicht zusammengestellt:

Art	Wuchsart aufrecht	Wuchsart liegend	Ameisenpflanze	Sandzeiger	Lehmzeiger
Veronica hederaefolia	–	+	+	–	+
Veronica persica	–	+	+	–	+
Veronica agrestis	–	+	+	–	+
Veronica triphyllos	+	–	–	+	–

Genaue örtliche Beobachtung kann hier noch manche Aufklärung bringen, denn auch die Bezeichnungen Sand- und Lehmzeiger stellen wohl nur vorläufige Anhaltspunkte dar.

Zur Erleichterung der Erkennung der nicht abgebildeten Arten der Gattung Veronica mögen nachfolgende Angaben folgen:

a) Aufrecht wachsend, Blüte klein bis sehr klein.

Früher Ehrenpreis, V. praecox.

Blütenstiel aufrecht, Blüte dunkelblau, Griffel die Kapsel weit überragend. Selten. Wärmeliebend. R 4?

Frühlingsehrenpreis, V. verna.

Blüte sehr klein, himmelblau. Griffel an der Kapsel die Ausrandung kaum überragend. Mittlere Blätter fiederteilig. Selten. Nicht in Kalklagen.

b) Niederliegende bis aufsteigende Arten, Blütenstiel etwa so lang wie das Blatt (bei V. persica ist der Blütenstiel länger als das Blatt).

Ackerehrenpreis, V. agrestis.

Blätter dicklich, hellgrün, wenig behaart, grob kerbsägig. Blüte blaugestreift. Nicht selten. Deutlich lehmliebend. Oft auch in der Bingelkrautgesellschaft, nicht in armem Sand.

Dunkler Ehrenpreis, V. opaca.

Blätter beiderseits behaart. Krone dunkelblau. Blütenstiele kraus behaart. Fruchtstiele herabgebogen. Meist auf Kalkböden. R 5? (R 4).

23. Vergleichung zweier Knäuellagen.

a) Trockener, saurer Sand, Mühlstetten bei Pleinfeld;

b) Sauerer Boden mit Staunässe (Pseusogley und Grauerde), Galleck bei Vilsbiburg, Niederbayern.

Die Gruppe Knäuel=Ampfer=Spörgel sagt in erster Linie aus, daß der Boden sauer ist, etwa eine Reaktion von PH 4,5—5,8 aufweist. Über Lehm=, Ton=, Dichte=, Nässestellen erhalten wir keine Hinweise. Das zeigt sehr schön die Vergleichung zweier „Knäueläcker", nämlich Mühlstetten und Galleck (Niederbayern bei Vilsbiburg). Der Acker in Vilsbi=burg ist Grauerde (Podsol), von dichtem Gefüge und auch in der Ober=krume staunaß. Es liegt also eine Verbindung von Podsol mit Pseudo=gley vor, Pseudogley wirkungsgemäß (dynamisch) auch in der Oberfläche.

Demgemäß tritt folgende Zeigerpflanzen=Differenzierung ein:

	Galleck, staunaß		Mühlstetten, trocken	
Ökologische Gruppe:				
Krötensimse	+ + +	Boden stark verdichtet, feucht	o	Boden locker, trockener
Ruhrkraut	+ +		o	
Mastkraut	+ +		o	
Niederliegendes Johanniskraut	r—+		o	
Pfefferknöterich	+		o	
Hederich	+ + +		o—r	
Kamille	+		r—o	
Reaktionsgruppe				
Knäuel	+		+—+ +	
Spörgel	+ +		+—r	
Kleiner Ampfer	+		+—+ +	

Wer formalsoziologisch beiden Böden ein Scleranthetum bzw. ein Rapha=netum zuschreibt, ist im Recht, bleibt aber standörtlich im unklaren. Gemein=sam ist beiden Standorten die sauere Reaktion, deshalb finden sich an beiden Orten einige westische Säurezeiger (Knäuel usw.). Ackerbaulich und öko=logisch ist in Galleck die Reaktion (R) überlagert vom Dichte= und Nässegefälle, sagen wir vom Ungarezustand – G. Hier ist also – G > R; für – G können wir auch sagen DW (Verdichtung und Wasser), so daß wir schreiben können DW > R. In Galleck überlagert die ökologische Sumpfruhrkraut= und Krötensimsengruppe (Gruppe 15 und 16 von Ellen=berg) die soziologische Reaktionsgruppe des Knäuels. Die ökologische Gruppe ist hier bodenbiologisch und ackerbaulich entscheidend, die Krumenfeuchtigkeit überlagert die Reaktion.

Zwischen dem Beispiel Mühlstetten und Galleck gibt es zahlreiche Übergänge.

Am Ackerrain und am Waldrand stehen in Galleck folgende Arten:

Birke, Kiefer, (Eiche), Heidekraut, Ferkelkraut,
Dreizahn (Sieglingia), Arzneiehrenpreis. Vgl. Abb. 49.

Erwartungsgemäß treten die entsprechenden Reaktionszeiger im Acker auf. Die genauere ökologische Sonderdifferenzierung kann vom Rain her nicht ohne weiteres erwartet werden. Daß in Galleck alle Gare= und Humus=zeiger fehlen, ist klar; es fehlt natürlich auch Schmalwand (Stenophragma), die Pflanze leichter Bebaubarkeit, sie paßt ja nicht zu Staunässe bzw. Pseudo=gley.

24. Auch salzliebende Ackerpflanzen kommen an geeigneten Stellen vor.

Eine eigenartige Ackerflora findet sich in der Gegend von Brunst (Leuters=hausen, Mittelfranken) auf blaugrauen, deutlich krumenfeuchten Böden. Etwas abgelegene Aufschlüsse führen vereinzelt Knollenmergel und hauch=dünne Kalkbänkchen. Der schwere, tiefgründige, teilweise feuchte und ungleich mit Kalk versorgte Boden trägt Luzerne und Futterrübe (Beta). Die Hochsommerflora zeigt folgende 18 Arten:

Auf der Ackerfläche, vorzugsweise Lehm=, Dichte= und Nässezeiger.

	Deckungs=grad	Hinweise
Ackerfuchsschwanz, Alopecurus agrestis = A. myosuroides (schön rot überlaufen)	1—2	feuchte, verschläm=mende Lagen, Lehm=zeiger, Aspekt bildend
Ackerhahnenfuß, Ranunculus arvensis	r	Lehme, auch Kalk
Ackergänsedistel, Sonchus arvensis	r	Lehme, auch Kalk
Ackerruhrkraut, Gnaphalium uliginosum	r	in der Furche! Feucht
Krötenbinse, Juncus bufonius	r	Verschlämmungs= und Nässezeiger
Wasserknöterich, Polygonum amphibium var. terrestre, Landform	+	feuchtere, nährstoff=reiche Stellen, anspruchsvoll, nicht im Sand

Auf der Ackerfläche, Reaktions- und Nährstoffzeiger:

	Deckungsgrad	Hinweise
Knollige Platterbse, Lathyrus tuberosus F. 60	r—+	Lehme, Kalk, Tiefwurzler
Ackersenf, Sinapis arvensis	r	nährstoffreiche Böden
Hellerkraut, Pfennigkraut, Thlaspi	r	nährstoffreiche Stellen
Klettenlabkraut, Galium Aparine	r	tiefgründige Böden
Pfirsichblättriger Knöterich, Polygonum Persicaria	r	—
Feldsalat, Valerianella spec.	r	nicht blühend, daher schwer bestimmbar
Viersamige Wicke, Vicia tetrasperma	r	paßt zur Lehmlage
Stiefmütterchen	r	freizügige Art
Gänsefuß, Chenopodium album	r	Ubiquist, auch im Lehm
Hederich, Raphanus Raphanistrum	ganz vereinzelt	verschleppt oder Mosaikboden?
Nur an den Ackerköpfen:		
Knäuel, Scleranthus annuus	r	Säurezeiger. Hier die Bodenstruktur etwas leichter
In der Furche der Ackerköpfe (größere Feuchtigkeit):		
Zierliches Tausendgüldenkraut, Erythraea pulchella	+	Lehm, Ton, auch salzliebend

In der Oberkrume zeigt der Flachwurzler Knäuel (vereinzelt) sauere Lehmstellen an. Die tiefwurzelnde knollige Platterbse (Lathyrus tuberosus) weist auf basenreichere Tiefen hin. So stehen scheinbar widerspruchsvoll nebeneinander:

Knäuel mit der Reaktionszahl 1 und
Knollige Platterbse mit der Reaktionszahl 5 } zwei ganz gegensätzliche Arten.

Eine genaue Standortsprüfung hilft über solche Schwierigkeiten hinweg, nicht aber eine statistische Pflanzenliste.

Verdichtung bzw. Oberflächennässe und damit höchstens mäßige Gare (G 2) des Bodens ist deutlich angezeigt durch Krötensimse, Ackerruhr=kraut, das seltene zierliche Tausendgüldenkraut neben üppigem Acker=fuchsschwanz. Der Lehm ist nährstoffreich; daher tritt der Ampfer=Knöterich (Polygonum lapathifolium), der meistens auch nur mittlere Gare anzeigt, auf.

Der Wasserknöterich reicht vom Wasser über Röhrichtgesellschaften und nasse Wiesen bis zum Acker. In seiner Landform var. terrestre tritt er als Ackerpflanze auf. Er ist aber ohne große Bedeutung, zudem gilt der Wasserknöterich als Gesellschaftsflüchter (gesellschaftsvag).

Der Ackeraspekt wird teilweise gebildet von Fuchsschwanz (Alopecurus) und von Wasserknöterich (Polygonum amphibium). Der lehmig=frische, nährstoffreiche Boden rechtfertigt das Vorkommen der beiden Pflanzen gerade in dieser Flur.

Dieser Pflanzenbestand erinnert von ferne etwas an Ellenbergs Acker=saudistelgruppe. An der Aufnahmestelle ist freilich die Saudistel sehr zurück=gedrängt. Der Fuchsschwanz bestimmt vor allen anderen Pflanzen das Aus=sehen des Ackers. Fast der ganze Pflanzenbestand deutet auf einen nähr=stoffreichen, schweren Boden, die Vernässungsanzeiger mit eingeschlossen. Besonders bemerkenswert ist das Auftreten des schönen Tausendgülden=krautes (Erythraea pulchella). Mit welchem Recht steht diese Pflanze gerade auf diesem Acker? Hierauf gibt die Untersuchung der dem Acker benachbarten Flora Auskunft.

In unmittelbarer Nähe des kleinen Tausendgüldenkrautes finden sich fol=gende z. T. salzliebende Arten:

Das echte Tausendgüldenkraut, Erythraea Centaurium = Centaurium minus.

Der salz=, ton= und lehm=, auch Festigkeit liebende Erdbeerklee, Trifolium fragiferum.

Die Spiralblume*), die Schraubenorchis, Spiranthes autumnalis. Auch diese meist seltene Pflanze liebt Lehm und Salz.

*) Die Spiralblume ist gern auf Schafweiden, auf Lehm, Ton und Urgestein (Gneis). Sie findet sich z. B. im Südschwarzwald, Odenwald (Katzenbuckel), vereinzelt in der Pfalz, im Neckar= und Rheingebiet, verhältnismäßig häufig in der oberbayerischen Hochebene südlich von München, bei Amberg auf Kreide; im Bayerischen Wald ist sie selten, sonst durch ganz Bayern sehr zerstreut, ebenso in Nordwestdeutschland, nicht in Schleswig.

Hier treten also gleich drei als salz= und lehmliebend bekannte Pflanzen ziemlich dicht nebeneinander auf; alle drei in nennenswerter Zahl und bester Vitalität. Von diesen drei Pflanzen sind mindestens zwei, Tausendgüldenkraut und Spiralblume, selten, während der salzliebende Erdbeerklee nicht allzu selten ist. Ökologisch werden sie durch ihre Vorliebe für Salz und schwere Lehme (Tone) zusammengehalten.

Geologisch befindet sich die hier erwähnte Flur in einer Gegend mit Salzführung. Pflanzenvorkommen und Bodenchemie stimmen hier gut zusammen. So finden sich beispielsweise in nicht zu großer Entfernung vom Standort auch Steinsalz metamorphosen (Umbildungen) und salzführende Wasser.

Natürlich können die erwähnten Salzpflanzen auch außerhalb von Salzzonen wachsen, die Stellvertretung von Standortfaktoren gilt auch für die Salzpflanzen.

Soziologisch tritt der medit. (euras.) Erdbeerklee gerne in Trittgesellschaften auf; gelegentlich ist er Charakterart in der Gesellschaft des gelben Cypergrases (Cyperus flavescens, Cyperetum flavescentis).

Eine richtige Tritt= und Verdichtungspflanze ist auch der kriechende Klee; auch er ist außerdem noch Salzzeiger, allerdings geringerer Art. Diese beiden morphologisch und biologisch ähnlichen Kleearten kommen hier nicht nur reichlich, sondern auch mit wirklich innerer Berechtigung nebeneinander vor. Ihre Standortsberechtigung deutet sich hier in dreifacher Art an:

Als Salzpflanze (Halophilie geringerer Art).

Als Tritt=,

als Verdichtungszeiger.

Soziologisch streben sie etwas auseinander, indem der kriechende Klee sich gerne in der Weidelgras=Kammgras (Lolieto=Cynosuretum) und in der Schwingelkammgrasgesellschaft (Festuceto=Cynosuretum) hervorhebt. Vom kriechenden Klee (Tr. repens) kennt man den stärker salzliebenden Erdbeerklee (Tr. fragiferum) durch den blasig aufgetriebenen netzaderigen Kelch sofort vom ähnlichen Weißklee (Tr. repens) weg.

25. Was sagt der rauhe Hahnenfuß und die mit ihm gemeinsam auftretende Kleinlingsgesellschaft frischer Keupersande?

In manchen Gegenden, besonders in Keupersanden, im Diluvialsand, in der Rheinebene, in Norddeutschland tritt auf feuchten, nährstoffreichen und kalkarmen Stellen der rauhe Hahnenfuß, Ranunculus Sardous (= R. Philo=

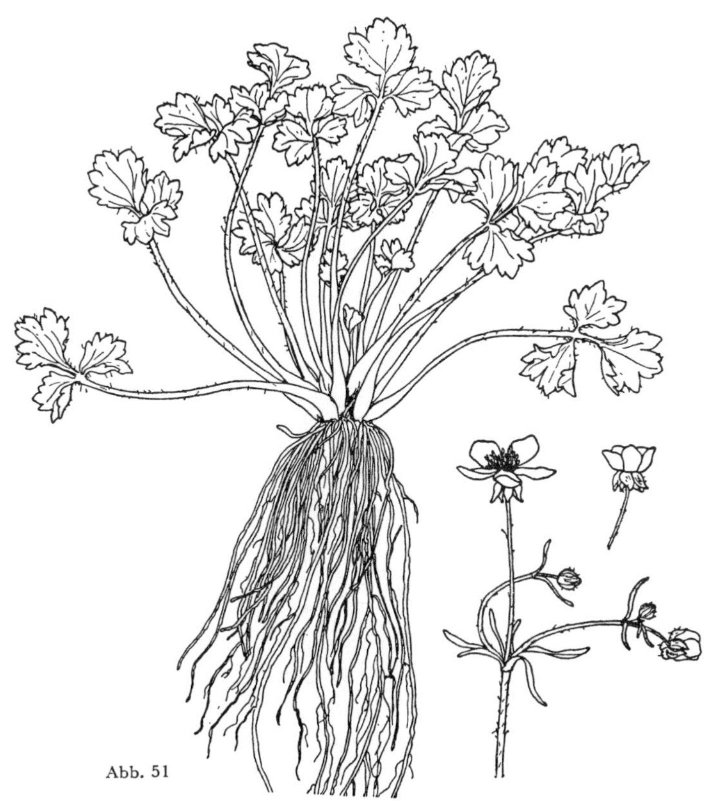

Abb. 51

Rauher Hahnenfuß, Ranunculus Sardous

Grundblätter, Büschelwurzeln. Blüte mit zurückgeschlagenem Kelch. Dadurch Verwechslung mit Ackerhahnenfuß, R. arvensis, möglich. Trotzdem Standortsgegensatz zum Ackerhahnenfuß. Ackerwerte R. sardous R 3, W 2 (1). R. arvensis R 4 W 2–3.

notis = R. hirsutus), meist mit einer Reihe Feuchtigkeitszeiger auf. Als Beispiel diene eine Schilfsandsteinlage (Schwarzenbergacker bei Scheinfeld in Mittelfranken). Hier fand sich auf etwas oberflächenfeuchtem Schilfsandstein nach Roggen im Herbst folgender Restbestand:

Säurezeiger	Bedeutung:
Knäuel	Allgemeiner Säurezeiger
Rauher, auch Fränkischer bzw. Sardinischer Hahnenfuß, Ranunculus Sardous	Säurezeiger auf frischen, nährstoffreichen Sanden, Sandlehmen Reichlich

Feuchtigkeitsanzeiger

Mastkraut Ackerruhrkraut	Gehören zur Oberflächenfeuchtigkeit
Ackerminze	Schwacher Säurezeiger, Flachwurzler in Feucht-stellen

Herbstpflanzen

Vogelknöterich	Teppichbildung durch Massenentwicklung, Aspektbildner. Im Herbst immer gesetzter Boden, wenn die Stoppeln nicht früh umgeworfen sind.

Der rauhe Hahnenfuß kommt in nährstoffreichen, oberflächenfeuchten Sanden besonders des Keupers vor, namentlich auf Diluvialsand. Naturgemäß tritt er auch auf der kalkarmen Sanddecke bei Monheim im Jura auf, auch im Buntsandstein und im entkalkten Muschelkalk. In Südbayern ist er selten. In der oberen Rheingegend erscheint er auf Schwemmland neben Mäuseschwanz (Myosurus minimus), der auch oberflächenfeuchte Böden liebt. Ranunculus Sardous, eine alte Unkrautpflanze (Archaeophyt), ist häufig etwas unbeständig. Durch die zurückgeschlagenen Kelchblätter ist er der knollenlose Doppelgänger zum knolligen Hahnenfuß. Denn beide Arten, obwohl sie standörtlich starke Gegensätze darstellen, haben zurückgeschlagene Kelchblätter. Durch die verschiedenen Reaktions-, Standorts- und Wasseransprüche unterscheiden sich beide Arten erheblich, wie die folgende Übersicht zeigt:

	Knolle	Reaktions- zahl	Wasser- zahl	Lehm- anspruch	Wärme- anspruch
Knolliger Hahnenfuß	+	4	4	deutlich	wärmeliebend
Rauher Hahnenfuß	—	3	2	gering	frische Böden, Ackerrinnen

Beide Arten schließen sich also am selben Standort gegenseitig aus, nur der zurückgeschlagene Kelch bringt sie morphologisch einander nahe. Der rauhe Hahnenfuß gilt soziologisch als Charakterart der Kleinlingsgesellschaft (Centunculo-Anthoceretum). Hierher gehören:

Rauher Hahnenfuß Kleinling, Centunculus minimus Hornlebermoos, Anthoceros	gerne auf oberflächenfeuchten bzw. frischen und kalkarmen Böden

Der Kleinling ist im Keuper besonders auf Burgsandstein häufig. Im Bunt=sandstein und in Südbayern tritt er zurück. Zusammen mit diesen drei Arten findet sich auf frischen Sandböden oft der Mäuseschwanz, Myosurus mini=mus. Auch er gilt als Charakterart der Kleinlingsgesellschaft. Diese eigen=artige Pflanze wächst auf mindestens zeitweise frischen, sandigen, tonigen, etwas dichten Böden. (Auf etwas kalkhaltigen Lehmen der Lehrbergschicht bei Ansbach verläßt er den schwach sauren Standort. Hier tritt er mit Adonis, Delphinium und Falcaria, Scandix pecten Veneris in die Rittersporngesell=schaft über.) Meist sind diese Böden mäßig sauer, wie es der ganzen Klein=lingsgesellschaft entspricht. Die auffallendste Art dieser Gesellschaft ist der stattliche rauhe Hahnenfuß.

Das Hornlebermoos, Anthoceros, ist wie alle Ackermoose eine ganz oberflächlich wachsende Pflanze. Die geringste Oberflächenentkal=kung gestattet diesem Lebermoos die Ansiedlung auch auf „Kalkböden". Der rauhe Hahnenfuß tritt gern mit Säurezeigern und Feuchtigkeits=zeigern auf, wie eine Aufnahme beim Gebiet um Höchstadt (Aisch) zeigte. Alle um diesen Hahnenfuß wachsenden Pflanzen deuten auf feuchte Acker=lage. Dies zeigt auch die im folgenden kurz besprochene Flur Moorhof (im Gebiet von Höchstadt) an:

	Wasserzahl	Reaktionszahl
Rauher Hahnenfuß	2	3
Mastkraut	1	?
Niederliegendes Johanniskraut		
Hypericum humifusum, F. 16	1	2
Gipskraut, Gypsophila muralis, F. 176	2	2—3
Sternlebermoos, Riccia	2—3	—

Auch das Sternlebermoos, Riccia, rechnet man wie das Hornlebermoos, Anthoceros, in die Kleinlingsgesellschaft. Beide treten erst gegen den Herbst reichlicher auf. Das Sternlebermoos zeigt tonig=lehmige, oft überschwemmte, kalkarme Furchen an, paßt also gut zu den genannten Pflanzen, das Gips=kraut mit eingeschlossen. Beide Lebermoosarten erschließen wegen ihrer sehr zarten Scheinwurzeln (Rhizoiden) nur ganz oberflächlich den Boden, ihre Standortsaussage ist im gegebenen Fall gering. In dieser Flurlage habe ich den Knäuel nicht gesehen; die Ackerfläche scheint ihm zu feucht zu sein. Bei der Ansiedlung einer Pflanze spielen eben verschiedene Faktoren eine Rolle; ein Faktor z. B. Säure (Reaktion), kann von anderen überlagert werden und die Ansiedlung unterdrücken.

26. Hinweise auf Sonderfloren in Ackern des Silikatgebirges, z. B. in Waldkirchen im Bayerischen Wald.

Beim Betreten des bayerischen Ostgebirges bemerkt ein geübter Beobachter, daß so bekannte Pflanzen wie Salbei, Zwenke, Arzneischlüsselblume, Herbstzeitlose, Wiesenbocksbart, kleiner Wiesenknopf und teilweise sogar der Wiesenpippau, Crepis biennis, selten werden, falls nicht irgendwo ein Urkalkzug auftritt oder sekundär z. B. durch verborgene Mauerreste kleine Kalkmengen vegetationsmäßig zur Geltung kommen. Von den bekanntesten Pflanzen begleiten uns unentwegt auf Fettwiesen nur noch der scharfe Hahnenfuß und an Warmstellen die Zypressenwolfsmilch.

So ist also vom Fehlenden her — es fehlen weiter Warzenwolfsmilch, wolliger Schneeball und auch nahezu völlig die kalkliebende Berberitze (Sauer=dorn) — Waldkirchens Landschaftsausdruck (Physiognomie) ohne Boden=reaktionsuntersuchung, ohne Bodenuntersuchung und ohne geologische Kenntnisse in Umrissen festgelegt: B a s e n a r m e, s a u e r e B ö d e n. Das be=deutet landwirtschaftlich Roggen=, Hafer=, Kartoffel=, Wasserrüben=(Bras=sica=) und Kleebau. Luzerne ist ohne vorbereitende Maßnahmen unsicher, obwohl sie in klimatisch ähnlichen Tauerntälern mit 2000 mm Nieder=schlägen gut wachsen kann. Diese Tatsache ist ein Hinweis für die Möglich=keit größeren Anbaues auf Süd= und Südwesthängen im Bayerischen Wald bzw. auch im Fichtelgebirge.

Das landschaftskundlich auffallende Fehlen der erwähnten Pflanzen läßt sich natürlich auch in anderen, klimatisch und ökologisch ähnlichen Gebieten feststellen.

Von Waldkirchen aus liegt es nahe, auf folgende ost= und nordostbayerische Silikat= und Mangelgebiete hinzuweisen. In dem großen Gebiet Wunsiedel, Münchberg, Hof, Schesslitz, Rehau, Selb, Marktredwitz mit Urgebirge (Silikatgebirge), Kambrium, Silur und Devon (natürlich mit Ausnahme der inselartig eingestreuten Devonkalke) fehlen Wiesenbocksbart, Salbei, Fieder=zwenke, Arzneischlüsselblume und kleiner Wiesenknopf. Sogar der Pippau, Crepis biennis, ist seltener. Sowie aber Kalkzüge auftreten, z. B. Devonkalke bei Hof, erscheint selbst in kleinen Kalkgebieten die Zwenke. In den schmalen Urkalkzügen bei Marktredwitz, Holenbrunn, Thierstein, Hohen=berg tritt sofort Weizen=Gerstebau auf, und Hohlzahn (Lung, Loung) er=scheint stärker im Winterweizen. Der sonst im Fichtelgebirge*) fehlende

*) Im Gebiete von Wunsiedel wird als lästige Ackerpflanze lokal der Meerrettich, Armoracia rusticana, empfunden. Der Meerrettich ist sekundärer Kosmopolit, schwer ausrottbar, seine großen Blätter sind ungewöhnlich frostfest.

Salbei findet sich der Boden= und Getreidelage entsprechend zwangsläufig bei Thiersheim.

Den stärksten Gegensatz zu diesen Kalkinseln stellen die ungewöhnlich kalkarmen Serpentingebiete bei Rehau mit ihrem großen Magnesiumüberschuß dar.

An Stelle der fehlenden Kalkzeiger finden sich im Silikatgebiet folgende Landschaftsdeuter:

Pechnelke, kleiner Sauerampfer und in feuchteren Lagen das gefleckte Johanniskraut (Hypericum maculatum = H. quandrangulum), Rain= und Waldzeiger, wie Birke mit Kiefer, fallen oft deutlich in der Landschaft auf; manchmal schließt sich der Besenginster an, gelegentlich auch noch der Sand=beifuß (Wildenau, Oberpfalz). Diese Zeigerpflanzen deuten sauere Lagen an mit Knäuel und Hederich, kleinem Ampfer im Acker.

Der Ackerbau dreht sich, von Sondergebieten abgesehen (Kalkzüge, Gneis=lehme), besonders um Roggen, Hafer und Kartoffel.

In diesen Urgebirgsgebieten beherrscht der weiße Hederich aspekt=mäßig oft weithin Acker= und Landschaftsbild; manchmal tritt auch der gelbblühende Hederich in ähnlich starker Entwicklung auf. Neben diesen namentlich im Herbst sehr farbigen und sehr einheitlichen Hederichfluren kommen gelegentlich recht verschiedenartige, bemerkenswerte Ackerfloren vor. Die Temperaturzahl T 2 ermöglicht diese farbigen Hederichäcker im Herbst.

Denselben bemerkenswerten Vegetationswechsel sieht man natürlich auch, wenn man vom Jura der schwäbischen Alb von Ulm aus über Keuper, Muschelkalk, Buntsandstein den Südschwarzwald erreicht. Mehrmals kann Salbei= und Besenginsterlandschaft und damit Ackerbau und die zugehörige Ackerflora wechseln. Einen ähnlich großen Wechsel kann man beobachten, wenn man von Würzburg (Muschelkalk) über die Mainsande zum Buntsandstein zum Odenwald und schließlich bis zur Kreide westlich und nördlich des Vogelsberg vordringt Wir wenden uns nun dem silikat= und niederschlagsreichen Gebiet von Waldkirchen zu.

Die zwei Besonderheiten im Gebiet von Waldkirchen stellen Podagrakraut (Geißfuß, Ackerholler) und der hohle Lerchensporn dar. Das Podagrakraut, eine Laubwald=, Auen= und Fichtenwaldpflanze, findet sich außer im Waldkirchener Gebiet auch sonst im Ostgebirgszug immer wieder im Acker, aber kaum so häufig wie um Waldkirchen. Auch in hohen Lagen

(Mallnitz 1200 m) tritt Geißfuß in den Acker über. Zur Ackerholler gesellt sich noch im Acker eine Pflanze mit ähnlichen Standortsansprüchen, eine Wald=humuspflanze, der hohle Lerchensporn, Corydalis cava. Nach der Wald=niederlegung hielt sich diese Pflanze als Zeuge einstiger Bewaldung (humoser Mischwald) im Acker. Die tiefliegende hohle Knolle wird vom Pflug nicht leicht erreicht. So kann eine Waldhumuspflanze noch jahr=zehntelang nach der Abholzung im Acker wachsen, wie das Gebiet Wald=kirchen sehr schön zeigt.

Der hohle Lerchensporn wird in die Gesellschaft der Traubenhyazinthe (Taubekröpfle), Muscari racemosum, gerechnet.

Diese Mittelmeerart mit der Wärmezahl T 5 gehört ins Weinbergklima; sie geht auch in den warmen Trockenrasen (Mesobrometum); naturgemäß fehlt sie weithin im kälteren Bayerischen Wald. Der hohle Lerchensporn steht als Bewohner grundwassernaher Böden in scharfem Gegensatz zur „Halb=trockenrasenpflanze Traubenhyazinthe". Diese letztere Pflanze kann nicht in den kühlfeuchten Raum von Waldkirchen einwandern, wohl aber kann der Lerchensporn in klimatisch bessere Lagen eindringen.

Physiologisch=ökologisch betrachtet stellt die Verbindung Lerchensporn=Traubenhyazinthe einen inneren Wider=spruch dar. Rein praktisch bedeutet diese Erkenntnis, daß es nicht immer möglich ist, eine Pflanzengesellschaft auf Räume außerhalb ihres eigentlichen Klimagebietes zu übertragen. Das heißt: ein anderer, weniger begünstigter (nicht optimaler) Raum bedingt Gesellschaftszerfall. Bei der Anwendung eines Gesellschaftsbegriffes ist natürlich vorausgesetzt, daß die betreffende Gesellschaft innerlich (physiologisch, ökologisch) überhaupt gefestigt ist.

Häufig treten im Acker Gesellschaftsbruchstücke (Gesellschaftsfragmente) auf. Hier hilft fast immer die Prüfung von Standort (Klima) und Pflanzen=charakter, wie dies hohler Lerchensporn und sein in Waldkirchen nicht vor=handener Partner die Traubenhyazinthe andeuten.

Die negative Seite der soziologischen Verhältnisse dieser Landschaft zeigt sich im Fehlen der Gesellschaft des blauen Rittersporns, des Delphiniëtums und des damit zusammenhängenden Ackerbaues. Demgemäß fehlen auch fast ganz Ackersenf (Sinapis arvensis) und Mohn (Papaver Rhoeas). Hier ist das mohnarme Land, das ist die soziologisch und ackerbaulich wich=tige Feststellung.

Im Gebiet von Waldkirchen finden sich am Ackerrain folgende Zeigerpflanzen:

Arten	Aussage
1. Kleiner Ampfer	Sauerer Boden
2. Heidekraut, hier sehr häufig	Kalkarme, sauere Rohhumuslagen, Magerrasenpflanze
3. Honiggras, Holcus mollis, „Bayerische Waldquecke"	Frische, sauere Sandlehme, Lehme, „Waldquecke"
4. Pechnelke, Viscaria vulgaris	Sauere, sandige Lagen, meist sommerwarme Halbtrockenrasen
5. Blutwurz, Potentilla tormentilla = Potentilla erecta = P. silvestris	Frische, mindestens oberflächlich kalkarme Lagen

Hiervon sind die Pflanzen 1–4 sichere Säurezeiger, wir befinden uns ja auch im kalkarmen Gebiet. Der Unterschied von anderen Säuregebieten, z. B. Mühlstetten, ist nur gering.

Die Ackerflora z. B. bei Kronwinkel und Exenbach (Waldkirchen) fügt sich in das Grundschema einer Ackerlandschaft mit saueren Böden ein, wie die folgende Pflanzenliste zeigt:

Säurezeiger:	Aussage
Kleiner Ampfer	–
Hederich	–
Quendelehrenpreis, Veronica serpyllifolia	Besonders auf frischen, schwachsaueren Lehmen. Im Acker nicht immer häufig.
Besonderheiten des Waldgebietes:	
Ackerholler, Podagrakraut, Aegopodium Podagraria, F. 97	Frische, nährstoffreiche Böden, Feuchtigkeitszeiger, (nicht Nässezeiger).
Nährstoffzeiger:	
Hainkohl, Lampsana communis F. 98	Frische, auch beschattete, nicht zu arme lehmige Böden (auch sonst in der Ebene nicht selten), gerne auch in Hecken. Blüten nur von 6 bis 11 Uhr offen.

Kriechender Hahnenfuß	Häufig in diesen Böden.
Klettenlabkraut Hohlzahn (jugendl. Pflanze) Hühnerdarm, Vogelmiere	Mehr auf nährstoffreichen Böden.
Sonstige Ackerpflanzen:	
Vergißmeinnicht, F. 163	Beide Unterarten nebeneinander. Ohne große Bodenaussage.
Waldschachtelhalm, F. 101	Wasserzügige Böden. Hier oft in starken Gruppen.
Pflanze als Zeiger früherer Bewaldung (Mischwald):	
Hohler Lerchensporn, Corydalis cava	Nährstoffreiche, frische, oft kalk=arme Böden, „Tiefwurzler".

Durch das Vorkommen des hohlen Lerchensporns hebt sich die vorstehend beschriebene Ackerflora stark von anderen Ackerbeständen ab. Ellenberg führt den hohlen Lerchensporn nicht in seinen „Unkrautgemeinschaften" auf. Es ist anzunehmen, daß der hohle Lerchensporn durch seine ökologischen Eigenschaften (tiefliegende Knolle) die Einflüsse der Technik in der Land=wirtschaft übersteht und als seltene Acker= und Zeigerpflanze für frische, fette Böden erhalten bleibt.

27. Einiges über Ackerwildpflanzen auf kalkarmen, feuchten Lehmen.

Als Besonderheit sei erwähnt: Weiderich und Mohn auf einem Jura=Feucht=acker von mäßig sauerer Reaktion.

Feuchtigkeit, zusammen mit der Bodenstruktur, kann zu bemerkenswerten Ackerbeständen führen. Ein aufschlußreiches Beispiel dieser Art zeigt dicht vor Seegendorf (Landwirtschaftsamt Bamberg) die Flur Bruckacker auf etwas steinigem, sandig=lehmigem Eisensandstein [brauner Jura*) im Übergang zum Opalinuston].

Die Tatsache, daß der Acker noch nach der alten Bewertung eingestuft ist — Bonitätsklasse 6 — beweist, daß hier altes Ackerland vorliegt. Das seltene Vorkommen von Weiderich im Acker stellt also keinen Zufallsbefund dar.

Im August 1956 konnten hier folgende Ackerpflanzen im Rübenfeld (Beta) festgestellt werden:

---

*) Aus pädagogischen Gründen schreiben wir „brauner Jura". Die Bezeichnung „Dogger" kann in Klammern folgen. Ebenso schreiben wir „schwarzer Jura" (Lias) und „weißer Jura" (Malm).

Feuchtigkeitszeiger, Abwertungspflanzen

Tiefenwasserbezieher

1. Weiderich, Lythrum salicaria, reichlich, blühend; F. 90
2. Ackerschachtelhalm, Equisetum, arvense, reichlich;
3. Sumpfschachtelhalm, Equisetum palustre, reichlich, ungleich verteilt; F. 102
4. Ackerminze, Mentha arvensis, reichlich

Oberflächenwasserbezieher, auch Fließwasserbezieher

5. Krötensimse, Juncus bufonius, stellenweise in der Ackerfurche;

Hinweis auf frische, feuchte, nährstoffreiche Stellen

6. Landknöterich, Polygonum amphibium, in Gruppen blühend; F. 95

Ackerpflanzen verschiedener Wertung
(Aufwertungspflanzen und Nährstoffzeiger)

7. Hühnerdarm, Stellaria media, nur vereinzelt;
8. Rote Taubnessel, Lamiumpurpureum, wenig; F. 108
9. Persischer Ehrenpreis, Veronica persica, wenig;
10. Sandmiere, Arenaria serpyllifolia, nicht in der Furche;
11. Vielsamiger Gänsefuß, Chenopodium polyspermum;
11. Vielsamiger Gänsefuß, Chenopodium polyspermum; F. 124, 125
(8.–12.): Alle nur in kleiner Zahl, da schon durch Behackung stärkere Vegetation verhindert wird. Vorzugsweise auf den wärmeren Oberkanten der Bifänge tritt eine mikroökologische Differenzierung ein.
13. Hohlzahn, Galeopsis Tetrahit, vereinzelt, weißblühend;
14. Klettenlabkraut, Galium Aparine, vereinzelt; F. 126

Reaktionszeiger

15. Mohn, Papaver Rhoeas, F. 133	R 4	Gesamtreaktion:
16. Hederich, Raphanus Raphanistrum	R 3	milde Säure bis neutral

Deshalb können Mohn und Hederich nebeneinander vorkommen. Die auch vorhandene Krötensimse ist ein Oberflächenwurzler in der Ackerrinne, dort können mosaikartig stärker sauere Stellen vorhanden sein. Die Bifangkultur schafft ja ökologisch sehr verschiedenartige Möglichkeiten.

Lehm- und Tonzeiger

17. Kohldistel, Sonchus oleraceus, vereinzelt, da Hackfruchtacker;

Sonstige Ackerpflanzen

18. Hirtentäschel, Capsella bursa pastoris, wenig
19. Ampferblättriger Knöterich, Polygonum lapathifolium, vereinzelt
20. Reiherschnabel, Erodium cicutarium, vereinzelt blühend, nicht in der Furche, F. 20
21. Vergißmeinnicht, Myosotis arvensis, wenig
22. Ackerstiefmütterchen, Viola tricolor, vereinzelt

Die sechs Pflanzen aus der Gruppe der Feuchtigkeitszeiger bedeuten schwer= bebaubaren, nässenden Boden. Durch die Bifangkultur wird lokal auf der Oberkante die Bodenstruktur etwas lockerer. Des= halb siedeln sich besonders dort „Aufwertungspflanzen" an.

Die vorhandene Feldfrucht Beta steht mittelmäßig, der Acker ist ja auch der Bonitätszahl 6 entsprechend schlecht zu bewerten. Bei einer solchen Ein= stufung sind Abwertungspflanzen zu erwarten.

Bei Breitbeetackerbau verstärken sich die Aussagen der Feuchtigkeitszeiger. Der Acker ist dann infolge Fehlens der trockneren Bifangkämme schlechter durchlüftet. Breitbeet und Bifang können somit verschiedene Standort= zustände (ökologische Modifikationen und unterschiedliche Pflanzen= bestände bedeuten. Im Falle einer Breitbeettechnik ist die Flur dann acker= baulich schlechter.

Bei den Feuchtigkeitszeigern fehlen folgende, sonst meist vorhandene Pflanzen:

Mastkraut, Sagina procumbens
Zweizahn, Bidens tripartitus, das fällt direkt auf
Waldschachtelhalm, Equisetum silvaticum, F. 101
Pfefferknöterich, Polygonum Hydropiper, F. 82 } im Bayerischen
Niederliegendes Johanniskraut, Hypericum humifusum } Wald sehr häufig
Ackerruhrkraut, Gnaphalium uliginosum
Ackerfuchsschwanz, Alopecurus
Grasmiere, Stellaria graminea, F. 32
Ackerschoterdotter, Erysimum cheiranthoides, muß fehlen, da der Boden zu schwer.

Diese Mangelliste zeigt, daß oberflächenfeuchte Äcker ökologisch recht große Struktur= und Besiedelungsunterschiede aufweisen können, denn das Fehlen der vorstehenden Pflanzen kann nicht allein auf Hacken, d. h. auf technische Eingriffe, zurückgeführt werden.

Das gleichzeitige Vorkommen von Acker= und Sumpfschachtelhalm im Acker ist eine Seltenheit. Ellenberg kennt übrigens Weiderich und Sumpfschachtelhalm im Acker nicht. Der dritte Schachtelhalm des Ackers, der Waldschachtelhalm, fehlt. Der Fall, daß im selben Acker alle drei Schachtelhalmarten vorkommen, findet sich z. B. in einem oberflächennassen Lehm bei Steinach (Straubing) verwirklicht. Der Waldschachtelhalm hat zarte, oft etwas hängende Äste und stark aufgetriebene, glockige Scheiden. Der Sumpfschachtelhalm hat an den anliegenden Scheiden schwarze Zähne mit weißhäutigen Rändern.

Die Acker= bzw. Landform des amphibischen Knöterichs (var. terrestre) weist in Äckern auf nährstoffreiche, meist feuchte und dichtere Stellen hin. Dieser Knöterich gilt als gesellschaftslos (gesellschaftsvag); er siedelt sich eben auf nährstoffreichen Stellen an, ist also eine Pflanze „eutropher" Stellen. In lockeren, gröberen und trockneren Sanden, wie die Diluvialsande etwa bei Mühlstetten=Pleinfeld (Mittelfranken) darstellen, wird man den Land=Wasserknöterich nicht antreffen.

In der Flur bei Seegendorf ist das gemeinsame Vorkommen von Mohn und Weiderich ökologisch=physiologisch recht beachtenswert. Dieses rotblühende Ackerpaar stellt auf den ersten Blick einen Standortsgegensatz dar insofern, als der Mohn eine Pflanze wärmerer Lehme und der Weiderich eine Pflanze sehr nasser Standorte ist.

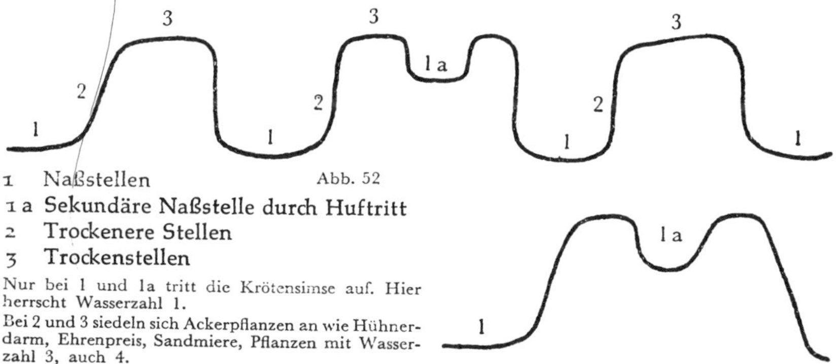

1 Naßstellen

1 a Sekundäre Naßstelle durch Huftritt

2 Trockenere Stellen

3 Trockenstellen

Abb. 52

Nur bei 1 und 1a tritt die Krötensimse auf. Hier herrscht Wasserzahl 1.
Bei 2 und 3 siedeln sich Ackerpflanzen an wie Hühnerdarm, Ehrenpreis, Sandmiere, Pflanzen mit Wasserzahl 3, auch 4.

Deshalb gehört bei den Soziologen der Weiderich auch zum Sumpfdotterblumenverband, Calthion. Dieser Verband nasser Wiesen ist zweifellos der Gegentypus zum Acker. Die Lösung dieses Widerspruchs erfolgt durch die Beachtung der Wurzeltiefe. Der Weiderich bezieht als Tiefwurzler (bis 1 m) sein Wasser aus der Tiefe. Der Mohn ist Mittelwurzler (etwa 30 cm). Er erhält sein Wasser aus der weniger feuchten Oberschicht des

Ackers. Somit können von der verschiedenen Wurzeltiefe her zwei völlig verschiedene gegensätzliche Typen im Acker nebeneinander stehen.

Die Flur Bruckacker hatte zur Zeit der Bestandsaufnahme Bifänge. Bifänge bringen durch Kamm und Furche scharfe kleinökologische Unterschiede in den Acker. Auf den Bifängen siedeln vorzugsweise Hühnerdarm, rote Taubnessel, Gänsefuß, persischer Ehrenpreis, Hirtentäschel, Mohn u. a., während Nässesucher in der Furche, d. h. in der Ackerrinne vorkommen. Vgl. auch Abb. 22.

28. Sieben Pflanzen eines Ackers mit saurer Braunerde.

An die Flora sauerer Sandsteine sei eine Flur mit schwachsauerer Braunerde mit der hohen Bodenzahl 72 angefügt.

Braunerde auf Löß bei Solling (Vilsbiburg, Niederbayern)

1. Reaktions- und Gesellschaftszeiger	Vorkommen	Aspektbildner	Soziologische Hinweise
Hederich, weißblühend, F. 8	reichlich	+	Kennarten der Hederich-Kamillen-Gesellschaft
Kamille	wenig	–	
Ackerfrauenmantel	reichlich	–	
2. Lockerheits- und Bodenstrukturzeiger			
Schmalwand, F. 12, 22	reichlich	–	
3. Humus- und Nährstoffzeiger			
Klettenlabkraut	reichlich	–	
Hühnerdarm	vereinzelt	–	
4. Sandlehmzeiger			Hier in deutlich sauerer Lage
Windhalm	reichlich	–	
5. Lokale Verdichtungszeiger			
Gänsefingerkraut F. 85	in kleinen Gruppen vom Ackerrain eindringend. Vielleicht sekundär und gar nicht sicher zum Acker gehörend. Trampelpflanze, Tritt- und Festigkeitszeiger.		
6. Bodenunstete Pflanzen (Ubiquisten)			
Vogelknöterich F. 161	besonders nach der Ernte*) (Wärme, Licht und Festigkeit liebend)		

Windenknöterich F. 172	weitverbreitet, ohne großen Aussagewert, aber selten auf ganz armen Sanden
Hirtentäschel	vereinzelt, ziemlich freizügig

7. Es fehlen Abwertungspflanzen wie Mastkraut, Zweizahn, Ackerruhrkraut, auch alle stärkeren Säurezeiger wie Knäuel, kleiner Ampfer fehlen.

Als besonderer Gütezeiger im Acker für Humus, Nährstoff und Krumentiefe tritt hier das Klettenlabkraut auf. Zusammen mit Hederich und Kamille erschließen diese Mittelwurzler eine Bodentiefe von etwa 30 cm (manchmal bis 50 cm). Es liegt also ein tiefgründiger Boden vor, der im Saatbereich hinreichende Lockerheit zeigt. Dies beweist auch das reichliche Vorkommen von Schmalwand (Wurzeltiefe allerdings nur bis etwa 10 cm). Aus dem Vorkommen von Frauenmantel, Hederich und Kamille lassen sich etwa folgende ökologische Ackerwerte schätzen:

	Nährstoffgehalt	Gare	Wasserführung	Reaktion
Hederich	3	3	2–3	3 (2)
Kamille	3	2 (3)	3	3
Frauenmantel	3	2	2 (3)	3 (2)
	3 (gute Mittellage)	2,5 (brauchbar)	3 (gut)	3 (2,7) (mäßig sauer)

Die Bodenzahl 72 entspricht annähernd dieser schwachsaueren Braunerde. Hierbei kann das Klettenlabkraut als besondere Aufwertungspflanze betrachtet werden.

Dem Ackerhederich kommen im vorliegenden Falle folgende vier Eigenschaften zu:

Aspektbildner: er beherrscht das Aussehen des Pflanzenbestandes
Reaktionszeiger
Soziologische Kennart (Charakterart)
Zeiger für meist brauchbare Bodenbeschaffenheit.

Falls der Hederich in schweren, schlecht bebaubaren Tonen vorkommt, z. B. im Jura (Hochlagen bei Ellingen, Windhof und Umgebung), dann zeigen

*) Nach der Ernte hat sich der Boden gesetzt, daher ist er für den Vogelknöterich vorbereitet.
Man beachte bei jeder Flur, ob der Boden sich gesetzt, d. h. dicht gelagert hat. Dann können Dichtezeiger auftreten. Zu diesem Fall handelt es sich aber um sekundäre Dichtezeiger.

weitere Begleitpflanzen wie Ackerruhrkraut und Mastkraut die ökologisch schlechten Ackereigenschaften an. Man muß also immer das Gesamtbild: Reaktionszeiger, Aufwertungs- und Abwertungspflanzen beachten.

29. Böden mit hinreichender Basensättigung. Hinweise auf die große Rittersporngesellschaft.

Diese Gesellschaft besiedelt kalkreiche Böden der verschiedensten Entstehung. Jura- und Muschelkalkgebiete, Lettenkeuper, Tertiär- und Kreidekalke, Löß- und Lehmlagen, Tone, Almböden (kohlensaurer Kalk), Humuskarbonatböden (schwarze Rendzina*) und kalkhaltige Braunerden sowie Marschböden kommen in Betracht.

Hier ist von der Gegendsignatur aus auch fast immer das Reich von Mohn und Senf, bei Lehm- und Tonlagen das des Flughafers.

In Gegenden mit größeren Niederschlägen, wie in Südbayern (Starnberg, Landsberg, Ebersberg, Schongau) verarmt die Rittersporngesellschaft stark, auch wenn die Bodenreaktion für die Rittersporngesellschaft noch geeignet wäre. In diesen Gebieten kommen als letzte Pioniere noch Röte, Ackersteinsame, Gleiße und zierliche Wolfsmilch vor. Rittersporn und Teufelsauge treten sporadisch nur noch bei Fürstenfeldbruck, Kaufering und Schongau auf. Sonst ist eben eine verarmte Rittersporngesellschaft ohne Rittersporn angedeutet (Rötegruppe). Ackerbaulich genügen diese Reste, um Weizenbau erwarten zu lassen.

Zur Rittersporngesellschaft gehören, wenn man von geographischen Ost- und Westeinflüssen absieht, auf kalkreichen Böden folgende Kennarten:

Rittersporn (Delphinium Consolida) tritt gelegentlich in Kalksande über.

Teufelsauge (Adonis aestivalis) ist im weißen Jura als „orangeroter" Klee oft lästig. Die strohgelbe Form (A. citrinus) findet sich besonders auf schweren Keuperlehmen, die größer blütige Art (A. flammeus) in Nordbayern im Keuper, Muschelkalk und Jura, auch im Tertiärkalk und im Ries, in Südbayern nur vereinzelt. Sonst im Ahrtal, im Maifeld bei Koblenz, im Saartal. Aussagewert aller drei Formen ist gleich: Kalk und Wärme.

F. 45

F. 46

F. 50

*) Kann gelegentlich entkalkt sein, dann tritt sofort Florenwechsel auf, z. B. Knäuel und Hasenklee.

Haftdolde (Caucalis daucoides)	mehr in Nordbayern, Wesergebiet (Höxter) usw.
Nadelkerbel (Scandix Pecten Veneris), F. 54 Eiblatt (Conringia orientalis)	stärker in Nordbayern als in Süd=bayern, Neckargebiet, Jura.
Ackerwachtelweizen (Melam=pyrum arvense), F. 182	Oberpfalz (Jura), Unterfranken, nicht immer häufig, Raubpflanze.
	Aussage
Ackergleiße (Aethusa agrestis) Abb. 55	nie in armen Sanden; eine ökologisch beachtliche Pflanze
Finkensame, Ackernüßchen (Neslia paniculata) F. 63	deutlicher Lehmzeiger; oft in Massen, namentlich in schweren Lehmen, dann fast Abwertungsart
Dreigehörntes Labkraut (Galium tricorne)	meist übersehen. Vom Klettenlab=kraut durch zurückgekrümmte Früchte unterschieden
Knollige Platterbse (Lathyrus tuberosus)	Tiefwurzler, schwere Böden
Flughafer (Avena fatua) F. 71	immer auf schweren Böden, auch in schwach sauren Ton= und Lehm=böden, nie in Sandlagen
Schmalblättriger Hohlzahn (Galeopsis angustifolia) Einjähriger Ziest (Stachys annuus)	häufig eine Untergesellschaft bildend; Muschelkalk, weißer Jura
Rundblättriges Hasenohr (Bupleurum rotundifolium)	meist auf schweren Böden, warmen Kalklehmen, unregelmäßig verbeitet

Röte (Sherardia, arvensis), kleine Wolfsmilch (Euphorbia exigua) und Acker=steinsame (Lithospermum arvense) schließen die Rittersporngesellschaft ab. Gelegentlich rechnet man noch den Ackerhahnenfuß (Lehmzeiger) (Ranun=culus arvensis) hierher. Geographisch nur in gewissen Gebieten sich an=schließende Arten wie Mönchskraut (Nonnea pulla) und Knollenkümmel (Bunium bulbocastanum) haben nur regionale Bedeutung.

Die formale Feststellung „Rittersporngesellschaft" ist für eine Ackerbeur=teilung ungenügend; man muß alle ökologischen Besonderheiten im Acker mit verwerten und immer an die Mosaiknatur einer Ackerkrume denken.

Die Rittersporngesellschaft ist häufig von der Sichelmöhre (Falcaria Rivini), besonders am Rain, begleitet, namentlich in Unter= und Mittelfranken, selten in Südbayern. Sie ist Lehmzeiger und Tiefwurzler.

Ähnlich verhält sich Feldmannstreu (Eryngium campestre) (Uruh = Unruh) auf Kalklehmböden, vorzugsweise in Unterfranken und im anschließenden Mittelfranken (Scheinfeld). Diese zwei Pflanzen des Halbtrockenrasens (Mesobrometum) deuten fast immer auf die kalkliebende Rittersporngesellschaft hin.

Die große Rittersporngesellschaft kann, wie auch andere Gesellschaften, bei weitgehender Bodengleichheit als „reine Gesellschaft" auftreten. Meist ist aber in jedem Boden eine größere oder kleinere Ungleichheit vorhanden. So treten mosaikartig, z. B. durch ungleiche Kalk= und Thomasmehldüngung, reaktionsverschiedene Bodennester auf. Es finden sich weiter sehr kleine Feucht=, Ton= und Verdichtungsstellen. Ferner kann auch durch eine Auswaschung (z. B. im Kalkjura, im Humuskarbonat) örtlich eine Säurestelle vorkommen. Dann wandern in diese Mosaikböden die entsprechenden Standortszeiger oft von völlig gegensätzlicher Aussage als „Differenzierungsarten" ein. So kann mitten im Kalkjura durch Auswaschen neben Rittersporn, Adonis usw., Knäuel mit Katzenklee (Trifolium arvense) oder am Ackerrain Sandbeifuß (Artemisia campestris) stehen. Diese Tatsachen gelten teilweise

für die sandige Juraüberdeckung (Monheim);

für Dolomitlagen; Dolomit bedeutet standörtlich schwerbeweglichen Kalk; so können „Säurezeiger" bevorzugt einwandern;

für entkalkte schwarze Böden (Rendzina). Auch hier treten oft ganz unvermittelt Säurezeiger auf, namentlich, wenn die betreffenden Arten Flachwurzler sind.

Auch im Muschelkalk finden sich entkalkte Böden, dann kann auf grauem Ton (kalkarm) Knäuel in großer Menge erscheinen, z. B. bei Wirbenz (Landwirtsch. A. Kemnath). Man muß Muschelkalk nicht ohne weiteres mit basenreich gleichsetzen. Die vorhandenen Zeigerpflanzen führen uns sicher bei der Deutung eines Standortes, so daß die geologische Aussage im gegebenen Fall korrigiert werden kann.

In der Rittersporngesellschaft stellen Adonis aestivalis und Delphinium Consolida zwei bekannte und häufig miteinander vorkommende Arten dar; Adonis ist medit. (kontinental), Delphinium ostmediterran (kontinental). Demnach dürfen also beide Arten standörtlich zusammen gebracht werden.

Trotz der soziologischen Zusammenfügung in der Rittersporngesellschaft gehen sie ökologisch=physiologisch oft stark auseinander. Das sieht man auch, wenn man größere Räume überblickt. In Ostpreußen ergeben sich z. B. folgende Verhältnisse:

Delphinium Consolida	*häufig*
Adonis aestivalis	nur eingeschleppt.

Weiter beachte man das Eindringen in kalkhaltige, lockere Erde. Delphinium Consolida dringt ziemlich häufig, Adonis aestivalis niemals in solche Sande ein. Vgl. Abb. 40.

Beide Arten können also standörtlich stark auseinander=gehen, obwohl sie soziologisch eng zusammengefaßt werden. In den Standortssteckbriefen (ökologischen Leitzahlen, wie sie *Ellenberg* gibt), fehlt eben ein wichtiger Faktor: die Lehm= und Tonzahl; man kann auch Dichtefaktor sagen.

Adonis hat ökologisch einen hohen Lehmfaktor, L, Delphinium einen geringen (L); deshalb kann Delphinium auch in *lockere Sande* gehen. Die Angabe (L) ist gleichzeitig ein stärkerer Lockerungsfaktor als L. Man könnte also unter Benutzung der *Ellenbergschen* Zahlen schreiben:

Adonis aestivalis T 4, R 5, L, N 2, G 3
Delphinium Consolida T 3, R 5, (L), N 2, G 3.

Diese Standortsdifferenzierung erlaubt dem Rittersporn sich weit von seinem Genossen Adonis zu entfernen und auch in (kalkhaltige) Sande zu gehen.

Sonderausbildung der Rittersporngesellschaft durch Standortsunterschiede

Rittersporngesellschaft

1. Böden ohne Naß= und Tonstellen	2. Schwere Tonböden	3. Böden mit Naß= und Verdichtungszeigern
Häufige Arten	hier *fehlen* meist weitgehend	Huflattich
Hühnerdarm	Hühnerdarm	Fuchsschwanz
Ehrenpreis (V. hederaefolia)	Ehrenpreis (V. hederaefolia)	Krauser Ampfer
Rote Taubnessel	Rote Taubnessel	Kriechender Hahnenfuß
		Viel Gänsedistel (Sonchus)

1. Böden ohne Naß= und Tonstellen	2. Schwere Tonböden	3. Böden mit Naß= und Verdichtungszeigern
gute Böden, besonders in Löß, ausgenommen Rohlöß, siehe Nr. 31	vielfach überschwere Böden, z. B. Lettenkeuper, Gipskeuper	schwere örtliche Ackerfehler
Die reine Rittersporngesellschaft meist selten	Differenzierungen nach der Standortsverschiedenheit sehr häufig und sehr verschiedenartig.	

Die ackerbauliche und ökologische Aussage der Rittersporngesellschaft kann je nach den Begleitpflanzen sehr verschieden sein. In allen drei Fällen lautet die Aussage formal auf Rittersporngesellschaft; aber erst die vorhandenen oder fehlenden Begleiter lassen eine ackerbaulich einwandfreie Deutung zu. Siehe hierzu auch Beispiel Bodenzahl 95/100.

In Sandlagen findet sich gelegentlich Rittersporn mit Windhalm. Oft ist dieser „Sand“ kalkreich. Der Rittersporn behält hier seine normale Standortsaussage: Kalkzeiger. Der Windhalm aber geht auch in „sauere“ Lagen, ist also ein schwankender Reaktionsanzeiger.

Die große Rittersporngesellschaft enthält teils kalkstete, teils kalkholde Arten. Kalkholde Arten, denen man die Reaktionszahl 4 geben kann, gehen oft, wie schon erwähnt, weit aus der Rittersporngesellschaft heraus; natürlich deuten sie immer noch auf hinreichenden Kalkgehalt neben Lehm hin. Zu diesen kalkholden Arten kann man rechnen: Röte, kleine Wolfsmilch, Ackersteinsame, Ackergleiße und Venuskamm.

Aus diesen Gründen hat z. B. Ellenberg eine Ackerrötengruppe geschaffen. (Ackerzeiger mit mäßigeren Ansprüchen an Kalk.) In diese Lehmkalkgruppe gehören außer Röte, Steinsame, Gleiße und Finkensame auch Flughafer und Hopfenschneckenklee (Medicago lupulina). Ackerbaulich betrachtet kann der Flughafer eine Abwertungspflanze sein, da er schwere Lehme, Tone und oft sogar schwer bebaubare Böden anzeigt. Dieser Auffassung scheint die Tatsache zu widersprechen, daß der Flughafer gerade in den besten Ackerbaugebieten mit hohen Ackerzahlen auftritt. Diese „besten“ Ackerbaugebiete stellen fast immer Lehm= und Lößlehmgebiete dar, die jedoch nicht immer leicht bebaubar sind. Von der Saatgutgewinnung aus gesehen, ist Flughafer eine gefürchtete Abwertungspflanze. Ökologisch ist Flughafer Lehm= und Tonzeiger; zusammen mit Sonchus arvensis ist er auf alle Fälle ein Zeiger schwerer Bebaubarkeit.

Ein bekanntes Paar noch einigermaßen kalkholder Ackerzeiger sind Acker=senf und Klatschmohn. Beide deuten brauchbaren Wasserhaushalt, also eine ackerbaulich sehr wichtige Eigenschaft an. Sie bevorzugen beide hinreichen=den Kalkgehalt im Acker, weisen also auf annähernd neutrale bis alkalische Böden hin. Daher finden sich fast in jeder Rittersporngesellschaft Mohn und Ackersenf. Dagegen neigt der Sandmohn (Papaver Argemone) mehr zur Ackerrettich= und zur Frauenmantel=Kamillen=Gesellschaft, als zur Senf=gruppe.

Um bei den Mohnarten Verwechselungen zu vermeiden, seien folgende Unterschiede der einzelnen Mohnarten des Ackers hervorgehoben:

1. Kapsel steifhaarig
   a) Kapsel länglich: Sandmohn (Papaver Argemone), R 3 (4), F. 10
   b) Kapsel rundlich: Bastardmohn (Papaver hybridum), R 4, verhältnis=mäßig selten
2. Kapsel nicht behaart
   a) Kapsel rundlich, Stengel abstehend haarig: Klatschmohn (Papaver Rhoeas) R 4 (5)
   b) Kapsel länglich, Stengel oben angedrückt behaart: Saatmohn (Papaver dubium) R 3 (4)

Der Klatschmohn tritt fast regelmäßig in der Rittersporngesellschaft auf, er hat ja auch Landblockcharakter (ostmed. kontinental), außerdem bildet er mit Senf eine zusammengehörige Lehm= und Reaktionszeigergruppe. Saat= und Bastardmohn (= Krummborstenmohn) gelten als Kennarten der Acker=frauenmantel=Kamillen=Gesellschaft; siehe diese Gesellschaft.

Der Bastardmohn, der übrigens gar kein Bastard ist, fehlt in Bayern fast gänzlich. Im Rhein=, Nahe= und Glantal, bei Darmstadt, Kreuznach und in der Vorderpfalz ist er zerstreut. Im Acker spielt er eine bescheidene Rolle.

Der Saatmohn (auch zweifelhafter genannt) ist häufiger. In Süd= und Nord=bayern, in der Pfalz, im Rheingebiet tritt er als Sandlehmzeiger auf kalk=ärmeren Böden nicht allzu selten auf. Im Fichtelgebirge, im Bayerischen Wald, im Frankenwald ist er selten. Demgemäß können diese letzteren Gebiete mit Recht als das mohnarme Land bezeichnet werden, da hier höch=stens der Sandmohn vorkommt.

30. Einige Hinweise zur Unkrautflora eines Gipsbodens.

Wir wollen einen Gipsboden bei Nordheim (Mittelfranken) mittlerer Gare und mittlerer Humusführung aufsuchen.

Wie üblich untersuchen wir den Anschluß des Ackers an die Landschaft und an die horizontgleiche Vegetation am Rain, gelegentlich auch im Grünland.

Arten am Ackerrain

Regionale und botanisch-pflanzengeographische Besonderheiten:

	Aussage	
Federgras (Stipa)	Wärme, Kalk	zwei Seltenheiten,
Frühlingsteufelsauge (Adonis vernalis)	Wärme, Kalk	geschützte Pflanzen*)

Normalflora am Rain

Salbei Warzenwolfsmilch Arzneischlüsselblume Bergklee (Trifolium montanum) Sichelmöhre Kleiner Wiesenknopf Wundklee Haarstrang (Peucedanum officinale) Sonnenröschen (Helianthemum)	Wärme, Kalk, auch Lehm (Sichelmöhre) anzeigende Pflanzen, z. T. ziemlich trocken — fest

Sonstige Arten ohne deutliche Kalkbeziehung

Hornschotenklee Wiesenschwingel	sehr trockenfest geht auch in den Halbtrockenrasen

Dem Rainbestand mit 11 Kalkzeigern von der Reaktionszahl zwischen 4 und 5 kann in dieser Klimalage nur eine Ackerflora mit Vertretern der Rittersporngesellschaft entsprechen. Der tatsächliche Befund lautet:

1. Gruppe Reaktionszeiger:

Eiblatt, Schöterich (Conringia) F. 48	häufig, oft typisch für nordbayerische Kalklehme, oft auf schweren Böden
Haftdolde (Caucalis daucoides) F. 47	vereinzelt; Pflanze oft schwerer Böden
Teufelsauge (Adonis aestivalis)	vereinzelt, aber theoretisch zu erwarten

*) Der Landwirt und jeder Teilnehmer an einer Feldbegehung und „Exkursion mit Gesprächen am Ackerrain" soll derartige Kostbarkeiten schonen. Der Landwirt muß hier als Wohltäter an der Natur auftreten. Siehe Boas „König und Ackersmann".

Sichelmöhre (Falcaria vulgaris = F. Rivini)	reichlich, Tiefwurzler, also nicht bloß die Ackerkrume erfassend, kalklehmig
Ackersteinsame, F. 49, 50 (Lithospermum arvense)	vereinzelt
Knollige Platterbse (Lathyrus tuberosus)	häufig, Kalklehme; Tiefwurzler, zeigt auch im Untergrund Kalklehm
2. Gruppe Aufwertungspflanzen In verschiedener Zahl treten auf:	
Vogelmiere	Näheres siehe Abschnitt 8
Efeublättriger Ehrenpreis Hellerkraut	entsprechend der mäßigen Humusführung nicht allzu zahlreich
3. Gruppe sonstige Pflanzen:	
Stengelumfassende Taubnessel (Lamium amplexicaule) F. 147	Diese Pflanze findet sich auf armen Sanden (Bodenzahl 19), auf Braunerde und auf Gipsboden, ist standortsvag und ohne sichere Aussage
4. Gruppe Abwertungspflanzen:	
fehlen	Der Boden ist noch nicht überschwer, Naßstellen fehlen

Es liegt auf Grund des Pflanzenbestandes ein warmer Acker mit guter Kalkführung, schwerem Lehm (Ton, Sichelmöhre) und mäßiger Humusführung vor mit Neigung zu schwerer Bebaubarkeit (Conringia, Caucalis) vor.

Am Ackerrain zeigen Feldkresse (Lepidium campestre) und Kelchschildkraut (Alyssum Alyssoides, Al. calycinum) auf warme, kalkiglehmige Böden hin. Diese Rainbegleiter passen zur Gesamtlage.

31. Und nun ein Gegenspiel: Rohlöß.

Aus Südbayern sei ein flachgründiger Rohlöß auf tertiärem Quarzkies bei Tutting angeführt. Die Prüfung ergab:

Kalkprobe	stark positiv
Humusprobe, Gareprobe	schwach
Lehmprobe	null (Fingerprobe).

Die Ackerflora ist schwach entwickelt. Der angebaute Winterweizen steht schlecht, da der Boden für Weizen zu locker ist; hier wintert Weizen auch gern aus, falls nicht für Bodenfestigkeit gesorgt werden kann.

Gruppe Reaktionszeiger:		
Frauenspiegel (Legousia = Specularia Speculum), F. 67	++	meist auf Kalk- und Wärmelagen
Ackersteinsame	(+)	nicht auf nennenswert saueren Böden, Grenzlage für diese Pflanze
Ackerröte, F. 57	*vereinzelt*	zu wenig Lehm, daher wenig Röte, Grenzlage
Gruppe Aufwertungspflanzen:		
Persischer Ehrenpreis Efeublättriger Ehrenpreis Klettenlabkraut		Grenzlagenpflanzen im Rohlöß, nur vereinzelt, da Boden humus-, lehm- und nährstoffarm und teilweise zu locker
Ackerwinde (Convolvulus)		vereinzelt, es fehlt Lehm und Tiefe
Hirtentäschel		vereinzelt, zu heiß, zu nährstoffarm
Vergißmeinnicht (Myosotis arvensis)		vereinzelt, keine Lage für das reaktionsunstete Vergißmeinnicht
Gruppe:		
Ackermohn	*vereinzelt, verzwergt*	zu wenig Lehm, der Boden ist ein *Kalkbrenner*
Ackersenf	fehlt	meidet Kalkbrennerlagen, außerdem lehmarme, humusarme Böden
Gruppe:		
Windhalm (Apera spica venti) F. 34		hier deutlich – gegen viele Buchangaben – auf Kalk und scheinbarer Trockenheit offensichtlich als Winterfruchtunkraut durch Winterfeuchtigkeit gefördert
Gruppe:		
Ackerstiefmütterchen	reichlich	vermutlich durch Winterfeuchtigkeit begünstigt

Das Stiefmütterchen *beherrscht das Aussehen des Ackers* (Stiefmütterchenaspekt); sagt aber nicht viel aus (vgl. hierzu Abschnitt 17 und 18).

Es erhebt sich die Frage, was fehlt hier?

Es fehlen in nennenswerter Menge alle guten Lehmzeiger, z. B. Röte, Senf, Mohn, auch Finkensame (Neslia paniculata) und die Saudistelarten (Sonchus). Die Saudistelarten gehen vereinzelt mit der Wurzel bis in 50 cm Tiefe. Das Fehlen dieser Mitteltiefwurzler zeigt an, daß auch unter der Ackerkrume, also unter 15—20 cm, Lehm fehlt. *Das gegrabene Profil stimmt haarscharf zu dieser Pflanzenaussage. Der Rohlöß liegt auf Quarzkies*, das ist kein Boden für Sonchus.

Es fehlen Nährstoffzeiger wie Vogelmiere und Ehrenpreis. Natürlich fehlt trotz der Sandstruktur Schmalwand. Diese Pflanze geht eben nicht in heiße Kalksande.

Im Rohlöß von Tutting fehlen weiter echte Tiefwurzler. Die flache Oberkrume liegt auf Quarzkies. Wegen der Tatsache des Fehlens von Tiefwurzlern muß die ziemlich flache Oberkrume besonders ungünstig beurteilt werden. Der Acker ist ein „Kalkbrenner".

Es fehlt der Ackersenf. Er fehlt trotz guter Reaktion, er verlangt aber zur Reaktion (R) noch Lehm (L) und irgendwie Humus (H), d. h. seine Standortsformel*) lautet: Senf = R + L + H. Nun fehlen L und H, folglich fehlt der Senf, weil bei ihm Reaktion, Lehm und Humus irgendwie *gekoppelte* Standortsfaktoren sind.

Vergleichung von Ackersenf und Ackerrettich.

Im Zusammenhang mit dem Ackersenf sei hier auch der *Ackerrettich* ökologisch besprochen. F. 9, F. 46

Der Gegenspieler zum Ackersenf ist der weißbläulich bis gelbblühende Ackerrettich. Beide Arten stellen *eindeutig gegensätzliche Gegendzeiger* dar (Antipodiale Landschaftsdeuter). Ihr landschaftsgebundenes Auftreten, Hederich viel im Bayerischen Wald, im Keuper und saueren tertiären Sanden der Holledau, im Buntsandstein, im Jura nur in kalkarmen Überdeckungslagen, aber auch auf hochwertigen mäßig saueren Lehmen, wird in der Hauptsache durch den Säuregrad bedingt, wie untenstehende Skizze zeigt.

Gesamtaussage: sauer	Reaktionsgrenze	Gesamtaussage *alkalisch*
a) *milde* Säure		Senf (Dill), Sinapis, geht nicht in sauere Lagen
Hederich Kamille		
Ackerfrauenmantel	überschreitet die Reaktionsgrenze	geht auch in neutrale alkalische Lagen

*) Siehe auch Rittersporn, Windhalm und Abschnitt Aspektbildner. Je nach Einzelfall kann man auch die Nährstoffe (Nä) hervorheben, so daß sich die Formel lokal variieren läßt.

Gesamtaussage: sauer Reaktionsgrenze Gesamtaussage alkalisch

b) stärkere Säure, basenärmer
mehr Knäuel, mehr kleiner Ampfer
Hederich und besonders Kamille zurücktretend

Senf stellt den Übergang zum basenreichen Rittersporngebiet dar

Die Reaktionsgrenze wird von Hederich und Senf nur höchst selten überschritten.

Am Tuttinger Rohlöß zeigt sich sehr deutlich, daß beim Senf die Reaktion allein ein Auftreten im Acker nicht ermöglicht, es muß zur Reaktion R noch irgendwie Nährstoffreichtum und Humus vorhanden sein. Die Vegetationsformel für Sinapis lautet etwa R + N + H. Setzen wir N + H = F (= sonstige ökologische Faktoren = F ö), so heißt die allgemeine Formel beim Senf R + F ö. Im Tuttinger Fall fehlen aber wichtige Faktoren, daher kommt Senf nicht vor.

32. Bester Lößboden. Bodenzahl 95/100.

Wie sieht hier die Unkrautflora aus? Was sagt sie aus?

Bei unserem Beispiel handelt es sich in der Flur „Steinbreite" bei Obertraubling (Regensburg) um humosen, nährstoffreichen Lößlehm mit der Reaktion um PH 7,0. Nach Kartoffel war Winterweizen mit hohem Ertrag (27 Zentner Weizen am Tagwerk = 81 Zentner am Hektar) angebaut. Auch diese hochbewertete Flur ist nicht völlig frei von kleinen, strukturmäßig abweichenden Mosaikstellen. An kleinen Schwankungen des Pflanzenbestandes (Differentialstellen) erkennt man die wenigen Mosaikstellen. Das hier infolge hoher Ackerkultur spärliche Unkrautvorkommen (Zeigerpflanzenbestand) zeigt folgende Zusammensetzung:

Reaktionszeiger (Kalkzeiger, Lehmzeiger):

Rittersporn Kleine Wolfsmilch Ackergleiße Ackerröte	Vertreter der Rittersporngesellschaft (Delphiniétum). Reaktion muß um PH 7,0 sein, jedenfalls mindestens 6,5

Der Rittersporngesellschaft nahestehende Arten:

Kleine Lichtnelke (Melandrium noctiflorum Ackerhahnenfuß (Ranunculus arvensis) Vielfarbiges Leinkraut (Linaria spuria)	Diese der Rittersporngesellschaft nahestehenden Arten unterstreichen die Reaktion PH 7,0

Das vielfarbige Leinkraut ist nicht immer häufig. Es ist wärmeliebend und durch seine kleinen, vielfarbigen Blüten sehr auffallend. Über das große, gelbblühende Leinkraut (Linaria vulgaris, Frauenflachs) siehe Beispiel Mühlstetten.

Spezielle Humus= und Lehmzeiger:

Ackersenf Feuermohn	deutlich erkennbar

Abb. 53

Tännelkraut
Linaria spuria
Wärme- und kalkliebend, besonders auf Lehmböden.

Aufwertungspflanzen:

Vogelmiere (Stellaria media), F. 107 Rote Taubnessel (Lamium purpureum), F. 108 Persischer Ehrenpreis (Veronica persica = Tournefortii), F. 108 Ackerfrauenmantel (Alchemilla arvensis) Neunerle (Anagallis arvensis) Klettenlabkraut (Galium Aparine)	Diese Aufwertungspflanzen treten alle nur in geringer Zahl (Deckungs= grad, Dominanz) auf. Der beson= ders dichte Stand des Getreides verhinderte stärkeres Wachstum dieser Zeigerpflanzen.

Bedingte Aufwertungspflanzen:

Hellerkraut (Thlaspi arvense) Gänsefuß (Chenopodium album) Ackerhohlzahn (Galeopsis Tetrahit)	durchaus Nährstoff liebende (eutrophe) Ackerpflanzen

Lehmzeiger:

Ackerwinde (Convolvulus arvensis): Tiefwurzler, oft über 1 m tiefgehend, Untergrundanzeiger.

Zwei Ähnlichkeitspflanzen
Links: Ackerwinde, Convolvulus arvensis. Formenreich, Lehmzeiger, Tiefwurzler, Profilerschließer.
Am Blütenstiel 2 Vorblätter deutlich.

Abb. 54 Rechts: Windenknöterich, Polygonum Convolvulus, Ubiquist; freizügige Pflanze.

Saudistel (Sonchus arvensis, oleraceus) Mitteltiefwurzler.
Kamille (Matricaria Chamomilla) vereinzelt. Das Hellerkraut aus Gruppe 4 kann auch bei den Lehmzeigern eingereiht werden.

Stickstoffzeiger:

Schwarzer Nachtschatten (Solanum nigrum). F. 127

Viele Blaualgen (Cyanophyceen), schmutziggrüne Bodenflecken und Striche zeigend. Anklang an 4, namentlich an Stellaria media.

Zeiger für kleine Feuchtmulden; Mosaikstellen größerer Feuchtigkeit:

Ruhrkraut, Ackeredelweiß (Gnaphalium uliginosum), eine gewisse Ober=flächenfeuchtigkeit erleichtert die Ansiedlung dieses Oberflächenwurzlers.
Schachtelhalm (Equisetum arvense) (Wasser, Feuchtigkeit im Untergrund).
Sumpfziest (Stachys palustris), vereinzelt, mit der Reaktionszahl R 4 paßt er gerade noch in die Gesamtlage.

Abwertungspflanzen:

— — — keine sicheren Funde, wenn man nicht die Arten der Gruppe 7 hier mit einbezieht.

Sonstige Ackerpflanzen:

Vogelknöterich (Polygonum aviculare) Windenknöterich (Polygonum Convolvulus)	zwei echte Ubiquisten von Boden=zahl 19 bis Bodenzahl 95/100; vom Diluvialsand bis hochwertigem Löß

Stiefmütterchen (Viola tricolor ssp. arvensis).
Ackerdistel (Cirsium arvense), Tiefwurzler auf Lehm, Lehmzeiger paßt hierher. F. 142

Vergleichsweise findet sich die Distel nicht im lehmarmen Grobsand von Mühlstetten, obwohl in Mühlstetten (Beispiel 22) die Tiefe des Bodens ideal für einen Tiefwurzler wie die Distel wäre, es fehlt aber Lehm und Nährstoff.

Sandmiere (Arenaria serpyllifolia), häufig. Wärmeliebend, vielleicht deshalb hier. Pflanze vieler Standorte.

Nur an einigen kleineren Mulden mit verstärkter Wasserführung finden sich Feuchtigkeitszeiger (Nr. 7) in kleiner Zahl.

Gesamtaussage: Reaktion (PH 7,0) ist gut. Es finden sich fast nur Auf=wertungspflanzen. Dieser Pflanzenbestand zusammen mit den Tiefwurz=lern rechtfertigt die Bodenzahl 95/100.

Die Rainflora um Obertraubling ist geradezu vorschriftsmäßig, sie besteht aus folgenden Zeigerpflanzen:

Wärme=, Kalk= und Lehmzeiger:

Karthäusernelke (Dianthus carthusianorum) Fliederzwenke (Brachypodium pinnatum) Salbei (Salvia pratensis) Rote Platterbse (Lathyrus tuberosus)	Tiefwurzler, gute Profilerschließer

Abgeschwächte Lehm= und Kalkzeiger:

Schlehe (Prunus spinosa), gerne auf anlehmiger Grundlage.
Dost, Feldmajoran (Origanum vulgare), humose, oft nährstoffreiche und vielfach kalklehmige Böden.

Diese Rainflora läßt einen Pflanzenbestand im Acker erwarten, wie ihn die Steinbreite bei den vorhandenen Reaktionszeigern tatsächlich aufweist. Natürlich kann die Rainflora, die ja vorzugsweise Reaktionszeiger enthält, bei den sonstigen Ackeraussagen im Stich lassen. Hier hilft Bestandsbeob=achtung und Bestandswertung weiter.

In der Steinbreite sind fast alle Ackerpflanzen wegen des dichten Weizen=standes nur in wenigen Exemplaren entwickelt. Daher fällt die sonst übliche Feststellung des Deckungsgrades nahezu ganz weg.

Sollte eine noch intensivere Ackertechnik die Ackerpflanzen praktisch verdrängen, so würde durch ein unkrautfreies Feld eine biologische Ackerbeurteilung unmöglich werden. Der dann notwendige Übergang zu chemisch=physikalischer Bewertung durch Profile, Bodenanalyse, Redoxpotentiale*) usw. ist langwierig und nicht so fein wie eine ökologisch=biologische Aussage. In diesem Falle müßte man die Rain=flora stärker heranziehen. In den Ackerwildpflanzen stehen auf jeden Fall ausgezeichnete Lebewesen zur biologischen Ackerbeurteilung zur Verfügung. Auch aus diesem Grunde sage ich vielfach für den willensmäßig belasteten Ausdruck „Unkraut" und vom allgemein Biologischen her Acker= und Zeigerpflanzen.

In großem ackerbaulichen, d. h. strukturmäßigen Gegensatz „zum Lößboden" bei Regensburg stehen im weißen Jura die Scherbenböden. Gesteins=trümmer bedecken hier die Ackeroberfläche derartig, daß man nur dünne Boden= und Krumenfäden zwischen den Gesteinsscherben sieht. Trotzdem

*) Oxydations=Reduktionsgefälle.

tragen auch diese Böden eine brauchbare Ernte. Innerlich stehen sie mit Löß= und Lettenkeuperböden insofern im Zusammenhang, als es Böden mit guter Basensättigung in trockener und warmer Lage sind. Demgemäß werden auch diese Böden von der Rittersporngesellschaft beherrscht, selbst wenn sie äußerlich noch so verschieden vom Lößboden zu sein scheinen; d. h. es gibt keine eigentlichen Lößpflanzen.

In diesen guten Böden tritt fast immer die Ackergleiße, die Hundspetersilie, Aethusa agrestis, auf. Aethusa (griechisch aithusa) heißt glänzend, gleißend, weil das Blatt lebhaft „gleißt". Sie gehört zur Rittersporn=Senfgruppe, ent= sprechend ihrer Reaktionszahl R (4—5) und besiedelt Kalklehme und Sand= lehme mit brauchbarer Kalkversorgung. Ihre Wertzahlen G 3 (2), N 3, R 4—5, W 3 (2) machen verständlich, daß eine Sonderform im Garten vor=

Abb. 55

Ackergleiße, Glanzpeterlein, Hundspetersilie

Aethusa cynapium; im Acker: var. agrestis. Bezeichnend die nach außen abstehenden langen Hüllchen. Die Ackerform ist niedrig u. kleinbuschig.

kommt. Die Gleiße ist eine gute Zeigerpflanze für Weizenböden. Natur= gemäß fehlt die Gleiße in allen saueren Sandlagen, z. B. in Mühlstetten (Beispiele 22, 23, 26). Man erkennt diese gute Zeigerpflanze außer am Glanz des Blattes an den auffallend langen, einseitig angeordneten Hüllchen. Die meist drei schmalen Hüllchenblätter hängen oft herab oder stehen schwach waagerecht nach außen ab. Vgl. Abb. 55.

33. Pflanzenbestände anderer Lößlagen.

Vom Ackersenf bis zur hochertragreichen Ackerrettichflur „sauerer Lehme". „Lößäcker" haben oft eine Flora, die auch bei guter Kalkreaktion stark von der zu erwartenden Rittersporngesellschaft abweicht.

Ein Lößbeispiel mit deutlicher Kalkreaktion und teilweise größerer Bodenfeuchtigkeit bei der Ortschaft Schweigen am Weintor (Beginn der Weinstraße dicht vor Weißenburg/Elsaß) möge den Anfang machen. Aufnahme 21. Mai 1954.

Rainflora: Kriechender Hahnenfuß und Türkenkresse (Lepidium Draba). Diese Kresse ist besonders für trockenwarme Kalklagen bezeichnend. Der kriechende Hahnenfuß geht nicht selten auch in Warmlagen, obwohl ihm die Temperaturzahl T 1 zugeschrieben wird.

Ackerflora: Zeiger für Krumenfeuchtigkeit und Nährstoffreichtum:

		Deckungsgrad
Ackerfuchsschwanz (Alopecurus agrestis)	2 (!)	Aspekt bildend

Lehm- und Nährstoffzeiger verschiedenen Grades:

Ackersenf	Senf-Mohn-Gruppe	+	sieben Zeiger für neutral-alkalische Reaktion; alle sieben haben etwa die Reaktionszahl 4
Ackermohn		r	
Hellerkraut (Thlaspi arvense)		+	
Ackerhahnenfuß (Ranunculus arvensis)		+	
Ackergänsedistel (Sonchus sp.)		r	
Erdrauch (Fumaria officinalis)		r	
Efeublättriger Ehrenpreis		+	

Sonstige Ackerpflanzen:

Ackerschachtelhalm (Equisetum arvense)	r	Allerweltspflanzen. Siehe Bodenzahl 95/100.
Vogelknöterich (Polygonum aviculare)	+	
Windenknöterich (Polygonum Convolvulus)	+	
Hirtentäschel (Capsella bursa pastoris)	r	

Garteneinfluß? Flüchtlinge?

Vogelmilch (Ornithogalum umbellatum)	r	nährstoffliebend, beide Arten oft miteinander vorkommend
Bingelkraut (Mercurialis annua)	+	

Im schweren Löß vertreten Senf, Mohn und Ackerhahnenfuß die Rittersporngesellschaft. Bingelkraut entspricht der warmen Lage vielleicht auch der Ortsnähe und dem hohen Nährstoffgehalt.

Der efeublättrige Ehrenpreis gehört ebenfalls zur gehobenen Nährstofflage. Wegen hohen Nährstoffgehaltes im Boden fehlt der Dreiblattehrenpreis*) (Veronica triphyllos), der ja immer einen gewissen Gegensatz zum efeublättrigen Ehrenpreis bildet. Vgl. hierzu Mühlstetten Nr. 22.

Bei der lokalen Klimalage und der gegebenen Reaktion wäre eine Rittersporngesellschaft durchaus möglich. Der besonders hohe Nährstoffgehalt des Ackers wirkt der Ausbildung der Rittersporngesellschaft freilich einigermaßen entgegen. Dies wird durch einen anderen Lößacker mit hoher Kalkreaktion (Schwegenheim, Rheinpfalz) bewiesen. Auch dort tritt Fuchsschwanz als Aspektbildner auf. Zu den beim Weintor genannten Arten treten noch folgende Pflanzen neu hinzu:

Ackerdeuter	Deckungsgrad	
Ackersteinsame	+	bei hoher Kalkreaktion
Türkenkresse (Lepidium Draba-Cardaria) (Wanderpflanze), F. 69		
Kamille (Matricaria Chamomilla)	+	
Kornblume (Centaurea Cyanus), F. 119		
als Wanderpflanze:		
Frühlingsgreiskraut (Senecio vernalis)	r !	

In dieser Flur finden sich gleich zwei Wanderpflanzen, nämlich Türkenkresse und Frühlingsgreiskraut. Wegen der Krumenfeuchtigkeit, angedeutet durch Ackerfuchsschwanz, tritt die Türkenkresse zahlenmäßig zurück. Dasselbe gilt vom Greiskraut. In einer trockeneren Nebenflur werden beide sofort häufiger.

Für die Kamille nimmt man die Reaktionszahl R 3 an, daher erwartet man hier die Kamille nicht in größerer Zahl. Auf dem etwas frischen Boden wird sie aber durch die starke Kalkreaktion nicht gestört. Vielleicht fördert die gute Düngung auch einigermaßen das Wachstum der Kamille.

Das starke Auftreten der Kornblume hängt wohl von zwei Faktoren ab:

a) Wintersaat b) gute Nährstoffversorgung.

Gute Nährstoffversorgung zeigen z. B. einzelne Geest- und Eschböden (hoher Stickstoffgehalt). Dort tritt die Kornblume auf stark saueren Böden (p_H 4,5) reichlich auf. Im vorliegenden Falle (Schweigen am Weintor, Pfalz) findet sie sich bei deutlich alkalischer Reaktion. Aus vielen ähnlichen Fällen ergibt sich

*) Jahreszeitlich könnte er noch, falls vorhanden, in Reststücken festgestellt werden.

für die Kornblume die Standortsformulierung Nährstoff= und Kolloidzustand überlagert die Reaktion (Nä + K > R). Ähnlich verhalten sich Apera spica venti und Matricaria inodora.

Alle vorhandenen Pflanzen passen für einen kalkhaltigen, lehmigen, gut ernährten und etwas oberflächlichfeuchten Acker von hoher Ertragsfähigkeit.

Die erkennbare Feuchtigkeit der Krume ergibt sich aus der Flurlage, die unmittelbar an eine Wiese mit Schilfrohr angrenzt. Hier stößt intensiver Ackerbau*) an Rohrbestände (Phragmites communis, Schilfrohr) mit Staunässe in der Wiese an. In der Ackerflora ist das Vorkommen von Ackerfuchsschwanz der Ausdruck dieser Feuchtlage. Es fällt auf, daß trotz Krumenfeuchtigkeit *Vernässungs= und Verschlämmungsanzeiger fehlen*. Die Bodenreaktion wirkt wohl dem Auftreten der meist säureliebenden Nässezeiger etwas entgegen, ebenso die starke Düngung. Der sehr hohe Nährstoffgehalt (an Ort und Stelle festgestellt) verdrängt zusammen mit der nennenswerten *Feuchtlage* die Ausbildung einer Rittersporngesellschaft, die nach Bodenreaktion und Klimalage möglich wäre. Als einziger Hinweis auf diese Gesellschaft ist der Ackersteinsame vorhanden, aber dieser auch nur in geringer Artenzahl.

Für den Ackerfuchsschwanz nimmt man eine Wasserhaushaltzahl von 2 (mäßig durchlüftet, krumenfeucht, nicht eigentlich nässend) an. Demgegenüber haben Vertreter der Rittersporngesellschaft wie Adonis, Delphinium, Caucalis, Sherardia und Falcaria eine Wasserzahl um 4 (niemals vernäßt, nie stark austrocknend). Manchmal nähern sie sich sogar der Wasserzahl 5 (oft stärker austrocknend). Infolgedessen werden diese Arten in einen Acker in dem der Fuchsschwanz Aspekt bildet, nicht nennenswert eindringen, auch wenn Klima (Weinlage) und Reaktion (deutliche Kalkreaktion) Ansiedlung der Rittersporngruppe ermöglichen würden.

34. Wie sieht die Frühjahrsflora auf Löß und Lehm verschiedenen Grades aus?

Als Beispiel diene eine Lößlage in Rotthalmünster (Südostbayern).

Die ökologische Beurteilung eines Ackers ist auch ohne die Entwicklung einer eindeutigen Pflanzengesellschaft möglich.

Namentlich im zeitigen Frühjahr sind wichtige Vertreter, z. B. der Gesellschaften, meist noch kaum entwickelt. Man kann sich aber trotzdem gut helfen, wie z. B. die Frühjahrsflora im Rotthal um Rotthalmünster zeigt.

*) Der Acker erhebt sich nur wenig über das Niveau der Wiese.

Dieses Gebiet ist durch folgende ökologische Faktoren gekennzeichnet: Höhenlage 308–350 m, Durchschnittstemperatur 8° in der Alluvialgegend, etwa 7,7° C im Hügelland; Niederschläge 750–800 mm, im Jahre 1953 jedoch kaum 600 mm.

Beispiel 1. Bei Inzing, Nähe Pocking im Rotthal, zeigt Winterroggen auf sandigem Lehm mit deutlicher Kalkreaktion folgende Frühjahrsflora:

	Deckungsgrad	Hinweise
Reaktionszeiger:		
Ackerglockenblume, F. 55 (Campanula rapunculoides)	+	junge Pflanzen; Kalklehm, neutrale-alkalische Böden
Nährstoffzeiger:		
Stiefmütterchen (Viola tricolor, arvensis)	2	überwinterte Pflanzen, nicht blühend, nährstoffreiche, oft kalkarme Lagen besiedelnd
Hühnerdarm (Stellaria media)	1	blühend, blüht fast das ganze Jahr
Krauser Ampfer (Rumex crispus)	+	Tiefwurzler auf Kalk und Lehm, Lehm- und Wärmezeiger
Feuchtigkeitszeiger verschiedenen Grades:		
Kriechender Hahnenfuß (Ranunculus repens)	r	Verdichtung, Nässe, Nährstoffreichtum
Beinwell (Symphytum officinale), F. 89	r	Grundwasser etwa 2,50 m
Zinnkraut (Equisetum arvense)	r	Grundwasser etwa 2,50 m
Geißfuß (Aegopodium Podagraria). Vgl. Beispiel Waldkirchen	+	feuchtere, auch luftfeuchtere, nährstoffreiche Lage; hier kaum verschleppt
Sonstige Ackerpflanzen:		
Steinbrech (Saxifraga tridactylides)	vereinzelt	blühend (Gegend mit 8° C Durchschnittstemperatur), wärmeliebend, auch auf Kalk- und Sandlehm
Kornblume (Centaurea Cyanus)	r	nährstoffliebend
Weiße Lichtnelke (Melandrium album), F. 141	hier r, sonst meist 2	sonst meist auf trockeneren Böden

Die weiße Lichtnelke ist nur mäßig entwickelt; sie liebt eben trockenere Lagen, die sich gleich in der Nähe befinden. Auf diesen stellt sie sich sofort in Massenentwicklung ein.

In Südostbayern, auch in der Holledau (Aichach) ist sie teilweise Aspekt=bildner und Landplage. In anderen Gebieten (Franken, Fichtelgebirge, hier wegen größerer Feuchtigkeit, im Jura und im Frankenwald) ist sie erkennbar seltener.

Im Gebiet von Rotthalmünster ist das Stiefmütterchen sehr häufig und über=wiegt alle anderen Pflanzen. Man stößt gelegentlich als erste Ackersignatur geradezu auf einen Stiefmütterchenaspekt. Die hohe Nährstoffführung mag diese Wachstumförderung bedingen.

Die verbreitete Meinung, das Stiefmütterchen (Viola tricolor ssp. arvensis) könne als Säurezeiger verwendet werden, ist nicht richtig. Das zeigt das oft sehr reiche Vorkommen auch auf entschieden kalkreichen Böden. Anders verhält sich die hier fehlende Unterart ssp. eutricolor, die durch ihre größeren und blauen Blüten auffällt.

Als zweite Ackersignatur tritt in anliegenden Fluren oft das Ackerhellerkraut (Thlaspi arvense) auf als Zeigerpflanze nährstoffreicher Böden, auf Sand=lehm und Lehm.

Als dritte Charakterpflanze leistungsfähiger, nicht zu schwerer Böden er=scheint in reicher Entwicklung die rote Taubnessel (Lamium purpureum).

Die Gesamtaussage dieser Pflanzen zusammen mit denen der Gruppe 1 und 2 lautet: Nährstoffreiche, annähernd neutrale, nicht zu schwere Böden von hoher Ertragsmöglichkeit.

Bemerkenswert ist, daß die stengelumfassende Taubnessel (Lamium amplexi=caule) deutlich zurücktritt, wenn man zusammengehörige Fluren vergleicht. Vermutlich befindet sie sich wegen ihres Wasserhaushalts (W 4) hier in der luft= und bodenfeuchteren Umgebung nicht mehr in standörtlicher Bestlage. Die drei Feuchtigkeits= und Nährstoffzeiger Beinwell (Symphytum officinale), krauser Ampfer (Rumex crispus) und Geißfuß (Aegopodium Podagraria) passen in die Flurlage. Hinsichtlich Aegopodium vergleiche man das Beispiel Waldkirchen.

Der Beinwell (Symphytum) drückt vom nahen Inn her auf die Äcker. Der Grundwasserzeiger Beinwell gilt als Relikt nährstoffreicher, feuchter Au=wälder (Salicetum albae, weiße Weide) und frischer, wechselfeuchter Glatt=hafer=Fettwiesen. In trockenen, wasserfernen Äckern fehlt er, falls er nicht gerade irgendwie sekundär verfrachtet wurde, so z. B. in einem Kalktrockenrasen bei Eichstätt neben Salbei. Das ist natürlich ein rein zufälliges Vorkommen.

Nicht weit entfernt von Inzing zeigt ein Ackerrain folgende Flora:

Beispiel 2: Ackerrain	Aussage
Wiesensalbei (Salvia pratensis)	medit. mont. Kalk, Humus, Wärme
Rauhaariges Veilchen (Viola hirta)	euras. medit., Kalk- u. Lehmzeiger
Knolliger Hahnenfuß (Ranunculus bulbosus)	medit. subatl., Trockenrasen, Kalk, Humus, Wärme
Aufgeblasener Taubenkropf (Silene inflata)	euras. (kont.) Trockenrasen, Wärme bevorzugend, Aussagewert gering.

Von diesen vier auch im zeitigen Frühjahr gut erkennbaren Pflanzen sind drei für Kalklagen typisch.

Der Acker ist nur durch einen drei Meter breiten Weg vom Rain getrennt. Nach der Rainaussage könnte man eine Rittersporngesellschaft erwarten.

Im zeitigen Frühjahr sind folgende Pflanzen vorhanden:

Arten	Deckungsgrad	Standortshinweise
Stiefmütterchen (Viola tricolor, ssp. arvensis)	1	junge Pflanzen
Hühnerdarm (Stellaria media)	+	blühend
Ackersteinsame (Lithospermum arvense)	+	Lehmzeiger, standortsgerecht
Efeublättriger Ehrenpreis (Veronica hederaefolia)	+	blühend

Auch hier bildet auf kalkreicher Grundlage das Stiefmütterchen den Frühjahrsaspekt.

Auf die Rainaussage paßt nur der Ackersteinsame, der auch mit seiner Reaktionszahl (R 4—5) hierher gehört. Der Rittersporngesellschaft steht er mindestens nahe.

Eine solche Frühjahrsflora wie bei Inzing (kalkreich), Beispiel 1, oder im Rotthal bei Pocking und bei Kleeberg (Ruhstorf, meist kalkarm) findet man niemals in Gegenden mit armen, porösen Sanden.

Man vergleiche nur das Beispiel Mühlstetten, um den scharfen Unterschied zu erkennen. Bei einer solchen Vergleichung sieht man, daß neben dem

Säuregrad des Bodens auch Porosität, Wasserführung, spezielle Nährstoff=wirkungen und andere Faktoren die Ackerflora wesentlich beeinflussen. Jede Ackerflora stellt eine Sonderaussage dar, die in realer Kasuistik gedeutet werden muß. Dabei spielt auch Jahreszeit, Frühjahr, Sommer, Herbst und die Vorfrucht, Sommer oder Winteranbau, eine sondernde Rolle.

In dieser Frühjahrsflora fehlen von häufigeren Frühjahrspflanzen des Ackers
Ackergoldstern (Gagea arvensis) und
Milchstern, Vogelmilch (Ornithogalum umbellatum).

Beide Arten passen nicht zum Beinwell, d. h. zu einem frischen bzw. feuchten Boden.

Der Ackergoldstern zeigt häufig eine wirre Ausbildung vielgestaltiger Blütenformen mit mehr als sechs Blütenhüllblättern. Diese Erscheinung beobachte ich seit 1903 auf Sandlehm bei Ansbach und seit 1906 auf weißem Jura an der Willibaldsburg bei Eichstätt. Auch im Rheinland zeigt der Gold=stern im Acker diesen Zerfall der Blütengestaltung. Da der Goldstern eine gesellige Pflanze ist, so treten die Blütenvariationen schon auf kleinem Raum sehr auffällig hervor. Stark sandige, lehmarme Lagen wie Mühlstetten meidet er, geht aber im Jura in humose, kalkreiche Lagen, wo er neben Ackersenf steht. Seine Ackeraussage ist gering, sein Standortssteckbrief lautet vermut=lich R 3 (R 4), N 2—3, G 3, W 3, T 4. Diese Charakteristik bedeutet acker=baulich mittlere Böden mit brauchbarer Kalkführung. Die Wasserzahl W 3 weist darauf hin, daß der Goldstern neben Beinwell (W 1) nicht vorkommen wird.

35. Hinweise zur Ackerflora schwerer Gipskeuperböden.

Beispiel: Steinleite bei Buchhof (Ullstadt, Mittelfranken).

Am Ackerrain weisen folgende Lehm= und Tonzeiger auf die zu erwartende Flora der Steinleite hin:

Sichelblättriges Hasenöhrl (Bupleurum falcatum) F. 51 Sichelmöhre (Falcaria Rivini)	vom Rain her zwei Zeiger schwerer Böden

Die übrigen Rainzeiger wie Fliederzwenke, Scabiosenflockenblume (Cen=taurea Scabiosa) und Karthäusernelke unterstreichen die Warm= und Kalk=lage der anschließenden Ackerflur.

Pflanzen wie Schafgarbe, Flockenblume (Centaurea Jacea) und Glatthafer sowie Schlehe deuten auf Wärme und Lehm. Irgendein Säure=, Sand=, Gare=zeiger (lockerer Boden) fehlt.

Ackerboden: blaugrau, tonig, ohne Gare, humusarm, kalkreich, Bodenzahl 36/42. Unsicher in der Bestellung, unsicher in der Ernte.

Der Reaktion entsprechend ist eine Rittersporngesellschaft entwickelt. Nicht immer zeigt eine Rittersporngesellschaft guten Boden an. Die Rittersporngesellschaft geht der Kalkreaktion nach, bevorzugt Wärme und meidet Naßlagen. Sie tritt aber auch in überschweren, schlecht bebaubaren Äckern auf: Ein solcher Fall liegt in der Steinleite bei Buchhof=Ullstadt (Mittelfranken) vor.

Arten	Vorkommen
1. Anzeiger für oft überschwere Böden Reaktionszeiger R 5	
Strohgelbes Teufelsauge (Adonis citrinus)	reichlich
Haftdolde (Caucalis daucoides)	reichlich
Eiblatt, Schöterich (Conringia orientalis)	reichlich
2a. Reaktionszeiger (meist um R 5):	
Rittersporn (Delphinium)	reichlich
Kleine Wolfsmilch, oft von Rost befallen	reichlich
Dreihörniges Labkraut (Galium tricorne), Abb. 56.	vereinzelt
Sichelmöhre, am Ackerrand	häufig
Ackersteinsame	vereinzelt, Boden bereits zu schwer und vermutlich zu heiß
2b. Anschlußpflanze zu 2a:	
Ackerhahnenfuß (Ranunculus arvensis), Lehmzeiger F. 77	nicht zu häufig, Boden zu hitzig
Gleiße (Aethusa agrestis) und Röte treten sehr zurück, der Boden ist zu schwer und oft zu heiß.	
3a. Lehm= und Tonzeiger:	
Saudistel (Sonchus oleraceus), reichlich (Sonchus asper) einzeln, F. 66	im allgemeinen auf schweren Böden
Löwenzahn, hier als Lehm= und Tonzeiger gegendgerecht, aber sehr lästig. Im Lettenkeuper oft in Massenvegetation: „Gelbes Meer". F. 117	

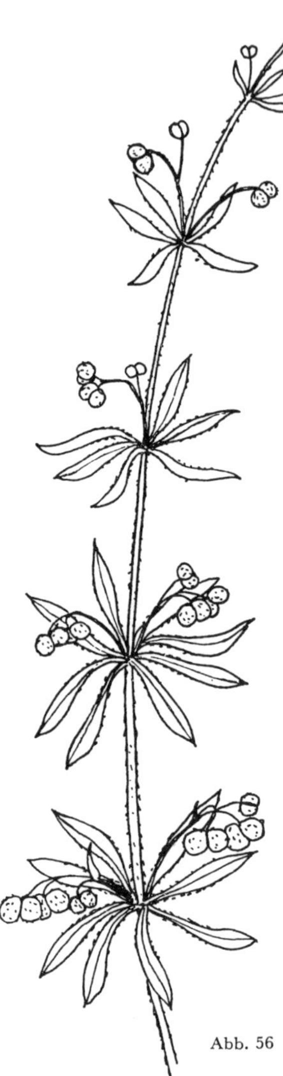

Abb. 56

Dreihörniges Labkraut

Galium tricorne.
Meist in Kalklehmen, Lehmzeiger.
Oft übersehen, auch mit Galium Aparine verwechselt. Fruchtstiele zurückgekrümmt.

3b. Mohn= und Senfgruppe:

Ackersenf Mohn	sie entsprechen der Lehm= und Reaktionslage, treten aber wegen Humusarmut erkennbar zurück	deutlich

4. Aufwertungspflanzen:	
Erdrauch (Fumaria officinalis)	verhältnismäßig häufig, da etwas lehm- und wärmeliebend
Hühnerdarm, rote Taubnessel Persischer Ehrenpreis, Klettenlabkraut	kaum vorhanden
Schmalwand, geht nie in diese heißen, schweren und kalkhaltigen Böden	fehlt
5. Sonstige Arten (Ubiquisten):	
Windenknöterich Vogelknöterich, Verfestigungs- und Wärmeanzeiger	Allerweltspflanze reichlich, siehe Bodenzahl 95/100
Stengelumfassende Taubnessel, Pflanze vieler Standorte vom Sand bis schwerem Keuper, Ubiquist	wenig
Sandmiere (Arenaria serpyllifolia), ähnlich wie vor, wärmeliebend	siehe Bodenzahl 95/100 und Mühlstetten
6. Nährstoffzeiger:	
Gänsefuß (Chenopodium album)	wenig, Boden zu schwer
Melde (Atriplex patula), F. 144	als Pflanze nicht saurer Böden, lehmliebend

Die drei Arten Adonis, Haftdolde und Eiblatt deuten auf überschwere Böden hin, sie treten hier eindeutig als Abwertungspflanzen auf. Die Steinleite ist ein Schulbeispiel für überschwere, oft nur mühsam bebaubare Böden, falls nicht ein Blachfrost einmal eine vorübergehende Frostgare auf diesen Äckern des Unheils schafft.

Das Fehlen bzw. Zurücktreten von Gare- und Humuszeigern wie Hühnerdarm, persischer Ehrenpreis, Greiskraut (Erdrauch, Schmalwand*) ist bezeichnend für diese überschweren Böden. Eine Rittersporngesellschaft kann also auch einen ackerbaulich sehr schlechten Boden besiedeln. Das Endurteil liefern die Begleiter aus der Gruppe Aufwertungs- und Abwertungspflanzen. Nur so kann eine Gesamtbewertung entstehen.

*) Schmalwand ist hier nicht vorhanden, ist aber in der Landschaft auf benachbarten Sandböden vorhanden.

Ellenberg gibt für seine Schöterichgruppe (Eiblatt, Haftdolde, schmalblättri=ger Hohlzahn) warme, lockere, kalkhaltige Böden an. Hier an der Steinleite ist der Boden fest, dicht. Die weiteren Arten der Schöterich=(Eiblatt=)gruppe wie Mönchskraut (Nonnea pulla), gelber Günsel (Ajuga chamaepytis), Zackenschote (Bunias orientalis) fehlen. Sie sind mit Ausnahme des gelben Günsel zu selten und damit für eine Ackerbewertung fast ohne Wert. Der gelbe Günsel ist auf den Höhen des weißen Jura gelegentlich häufiger. Nach seiner Standortaussage R 5, W 5 (oft sehr trockene Lagen), T 5 (Nähe der Weinberggebiete) könnte er auf der Steinleite vorkommen, aber jeder Acker prägt nach seiner Struktur und seiner geographischen Lage seinen Ackerbestand. Diese reale Kasuistik beherrscht das Pflanzenvorkommen. Demgegenüber treten formale Gesellschaften wie Rittersporngesellschaft, Haftdoldengesellschaft zurück, namentlich wenn sie so unsichere Arten wie Mönchskraut (Nonnea) und Zackenschote (Bunias) enthalten. Die vor=handenen häufigen Arten gestatten, den Acker folgendermaßen zu beurteilen:

Kalk= und tonreich, warm, fest, humus= und garearm, schwer bebaubar. Diese Werte sind in Ellenbergs Schöterichgruppe (W 5 = wasserarm, R 5 = alkalisch, N 2 = mäßig nährstoffreich) wohl teilweise enthalten, aber die Belastung dieser Gruppe mit oft seltenen Arten läßt es auch hier als zweck=mäßig erscheinen, die ökologische Bewertung höher zu stellen als die formal=soziologische.

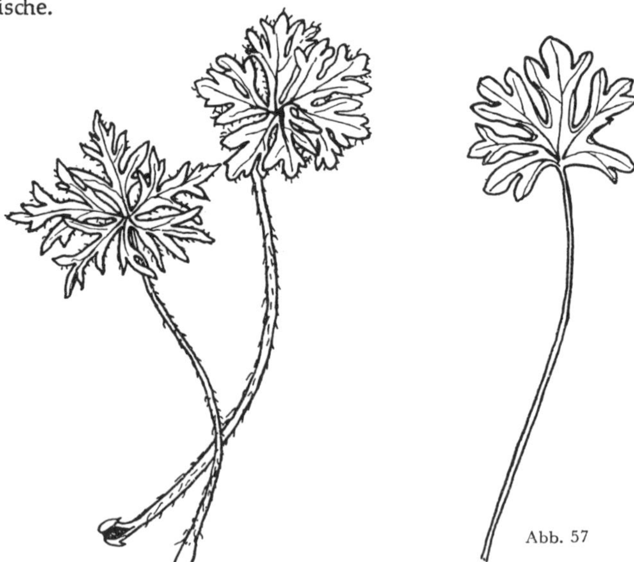

Abb. 57

Geranium columbinum — Geranium pusillum

In der nächsten Umgebung dieser überschweren Böden tritt in der Wiese reichlich der großblütige blaue Wiesenstorchschnabel auf (Geranium pra= tense). Seine Standortaussage lautet:

Neutrale bis alkalische Böden, R 4—5, meist frisch, W 3. Als Tiefwurzler bis 1 m ist er also ein ausgezeichneter Profilerschließer.

Abb. 58

Links und Mitte: Geranium dissectum — Geranium rotundifolium

Abb. 57 und 58: Blattformen von vier Arten der Gattung Storchschnabel
Nach Hegi, Flora von Mitteleuropa.

Im Bereich schwerer Böden geht dieser Storchschnabel auch in den Acker über, z. B. auf der Strecke Kitzingen—Scheinfeld. Hier zeigt er tonig=lehmige, schwer bebaubare Felder an.

Im Acker steht dem Wiesenstorchschnabel der Taubenstorchschnabel (G. columbinum) nahe. Er besiedelt Äcker mit schwerem Boden, also Kalk= und Mergellagen. Seine Blütenkrone ist kürzer als der Kelch. Außerdem treten im Acker folgende Arten Storchschnabel auf:

	Standortsaussage				
Art	Wasser= zahl	Wärme= zahl	Reaktions= zahl	Wurzeltiefe	
Schlitzblättriger Storchschnabel (G. dissectum)	3	3	?	Flachwurzler	zwei sekundäre Welt= bürger
Kleiner St. (G. pusillum)	3	3	?	Flachwurzler	
Rundblättriger St. (G. rotundifolium)	3—4	3 (?)	4 (?)	—	

Von diesen Arten ist nur der rundblättrige, aber nicht immer häufige Storch= schnabel einigermaßen beachtenswert.

Man hat für ihn z. B. am Kaiserstuhl und im Lahntal auf Porphyr eine Storchschnabel=Weinberglauchgesellschaft (Geranium rotundifolium=Allium vineale Ass.) aufgestellt. Diese wärmeliebende Gesellschaft mit Milchstern (Ornithogalum umbellatum) und weiteren zwei Laucharten (runder Lauch, Allium rotundum, und Gemüselauch, All. oleraceum) hat nur lokale Bedeutung.

Die drei hier erwähnten Storchschnabelarten lieben warme, vielfach auch lehmige Standorte. Der kleine Storchschnabel geht auch in stärker sandige Gebiete. Bei der Ackerbeurteilung spielen diese Storchschnabelarten meist eine geringe Rolle. Vgl. Abb. 57, 58. Nach diesem Exkurs auf die Gattung Geranium folgen nun einige Hinweise auf:

36. Seltene Ackerpflanzen im Feuerletten und im Jura.

a) Eine Wanzenkrautflur.

Eine botanisch, soziologisch und ackerbaulich bemerkenswerte Gesellschaft wurde auf Feuerletten (Lörsacker = Gemeinde Rothenberg bei Sesslach, Oberfranken) festgestellt.

Auf diesen Feuerletten findet sich reichlich das Wanzenkraut (Hohlsame, Bifora radians); es ist hier natürlich nicht angebaut.

Die wichtigere Ackerflora zeigt folgende Zeigerpflanzen:

Art	Wärme=bedürftigkeit	Reaktions=zahl	Kalkbedarf und Charakteristik
Hohlsame, Wanzenkraut (Bifora)	hohe Wärmezahl	4—5	kalkliebend, medit.
Teufelsauge (Adonis)	wärmeliebend	5	kalkliebend, medit.=kontinental
Dreihörniges Labkraut (Galium tricorne) Abb. 56	hohe Wärmezahl	5	fast immer auf Kalk u. Lehm, mediterran (kontinental)
Eiblatt, Schöterich (Conringia), vereinzelt	hohe Wärmezahl	5	Kalkgebiete, medit. (kontinental)

In dieser Gesellschaft ist Hohlsame (Bifora) am richtigen Standort. Die geographische Herkunft dieser vier Pflanzen zeigt weitgehende Übereinstimmung. Diese Leitpflanzen sind in ihrer Artenverbindung auch physiologisch widerspruchsfrei. Mit der Schöterichgruppe von Ellenberg, die z. B. im württembergischen Unterland vorkommt, hat die Ackerflora auf dem Feuer=letten mit dem Wanzenkraut — ganze Flur riecht weithin — nicht viel zu tun. Nicht überall, wo das Eiblatt (Schöterich) auftritt, ist auch eine Schöterich=flur vorhanden*). Bifora riecht intensiv nach Wanzen, ebenso der Koriander (Coriandrum), das eigentliche Wanzenkraut, das auch vereinzelt in Äckern angetroffen wird. Es gibt also zwei „Wanzenkräuter". Die Möglichkeit einer Verwechslung von Bifora und Coriandrum ist trotz des Geruches auf Grund folgender Merkmale ausgeschlossen:

Coriandrum	Stengel rund	Frucht ohne Sattel
Bifora (Hohlsame)	Stengel scharfkantig	Frucht mit Doppelkugel mit deutlicher Ein=senkung, deutl. Sattel (Sattelfrucht). Frucht zweiköpfig wie eine Hantel

Jedenfalls ist Bifora eine bemerkenswerte Pflanze des Staffelsteiner Gebie=tes. Übrigens ist der Hohlsame (Wanzenkraut) um Coburg, Schesslitz schon länger bekannt.

Hohlsame (Bifora) und Adonis kommen in guter Stückzahl (Deckung) und hoher Vitalität auch bei Gungolding (bei Beilngries) im Altmühltal vor. Der Hohlsame findet sich auch in der Rheinebene, im Tauber= und Neckargebiet. Die Pflanze ist oft verschleppt, ähnlich wie der Koriander und der schöne großblütige Breitsame (Orlaya grandiflora). Koriander und Breitsame ge=hören zur Haftdolden=Nadelkerbelgesellschaft (Caucalis=Scandix Associa=tion), d. h. in die Rittersspornflur; sie haben aber meist keine große Bedeu=tung, irgendwie sind sie ja von bekannteren Zeigerpflanzen der Rittersporn=gesellschaft begleitet, so daß die Ackeraussage schon durch diese häufigeren Arten feststeht.

b) Eine Venuskammgruppe.

Diese Ackerflora des Feuerlettens in Oberfranken stellt ein Sondervorkom=men dar. Eine richtige Feuerlettengesellschaft (Zanclodonletten, Knollen=mergel) bei Grafensteinberg (Gunzenhausen, Mittelfranken, etwa 120 km südlicher als das vorher besprochene Feuerlettengebiet) zeigt auf schwerem Lehm (480 m Höhe) folgende Flora nach Winterweizen.

*) Wiederkehr desgleichen in guter Vitalität in Juratallage im Altmühltal, z. B. bei Gungolding (Beilngries).

Hochsommeraufnahme.

Angehörige der Rittersporngesellschaft:

1.	Nadelkerbel (Scandix pecten Veneris)	reichlich, Aspektbildner
2.	Strohgelbes Teufelsauge (Adonis citrinus)	häufig

Verwandte der Rittersporngesellschaft:

3.	Senf (Sinapis arvensis)	Lehm= und Kalkzeiger	Weizenlage
4.	Ackerhahnenfuß (Ranunculus arvensis)		

Gute Bodenzeiger:

5.	Hellerkraut (Thlaspi arvense), F. 131	reichlich	wegen Lehm=vorkommen
6.	Rote Taubnessel (Lamium purpureum)	wenig	
7.	Efeublättriger Ehrenpreis (Veronica hederaefolia)	reichlich	Stickstoff=zeiger verschiedenen Grades
8.	Persischer Ehrenpreis (Veronica persica)		
9.	Klettenlabkraut (Galium Aparine)		
10.	Greiskraut (Senecio vulgaris)		
11.	Hirtentäschel (Capsella bursa pastoris)		
12.	Windenknöterich (Polygonum Convolvulus)	bodenvage Pflanze, nährstoffliebend	

Im anschließenden Nebenacker:

13.	Rote Platterbse (Lathyrus tuberosus)	Kalkzeiger, Weizenlagen
14.	Durchwachsenes Hellerkraut (Thlaspi perfoliatum), F. 52	Kalkzeiger
15.	Vergißmeinnicht (Myosotis spec.)	

Man findet hier zwei Hellerkrautarten nebeneinander. Ihre Kennzeichen sind:

Thlaspi arvense R 4 W 3 T 2 N 3 (4) G 3
Thlaspi perfoliatum R 5 W 4 T 3 N 2 G 2

Die stärkeren Reaktionsansprüche kommen dem durchwachsenen Heller=kraut zu; beide Arten deuten auf einen brauchbaren Acker mit hinreichender Gare und Nährstofführung. Beide Arten bevorzugen lehmige Lagen. Wenn man eine Lehmzahl (Lehmskala) hätte, so könnte man beim Ackerheller=kraut L 3 und beim durchwachsenen L 4 schreiben.

L 1 würde bedeuten lehmarm, Sand
L 2 würde bedeuten schwachlehm
L 3 milde Lehmführung
L 4 Lehmacker
L 5 schwere Lehme.

Ackerbaulich würden Pflanzen mit der Lehmzahl 2—4 eine gute Wertung erhalten.

Das durchwachsene Hellerkraut blüht im Frühjahr, das Ackerhellerkraut dagegen vom April bis zum Oktober. Das durchwachsene Hellerkraut ist von seinem Kalklehmbedürfnis her im Fichtelgebirge und im Bayerischen Wald selten, es ist ja Kalk= und Lehmzeiger.

In der im Vorstehenden aufgeführten Ackerflora haben von 15 Arten 6 Arten, nämlich 1—4 und 13—14, die Reaktionszahl 4—5.

Der Aspekt ist eindeutig durch den Venuskamm bedingt, der von zahlreichen Lehmzeigern begleitet ist. Der Weizenbau entspricht der Soziologie des Ackers. Irgendeine Pflanze mit gegensätzlicher Aussage fehlt.

In diesem Flurbeispiel fehlt die Haftdolde. Neben strohgelbem Adonis würde sie einen sehr schweren Boden andeuten. Der Feuerletten fällt noch nicht in die Gruppe „überschwerer" Böden. Feinheiten der Ackerflora, die unter dem Titel „gute Bodenzeiger" zusammengefaßt sind, bestätigen diese Bewertung.

Von den Soziologen wird der Nadelkerbel (Venuskamm) in die Haftdolden=Venuskamm=Gesellschaft gerechnet. Hierher zählt man folgende*) Arten:

Kletten=Haftdolde (Caucalis daucoides)
Breitblättrige Haftdolde (Turgenie, Caucalis latifolia = Turgenia latifolia)
Klettenkerbel (Torilis infesta = T. arvensis)
Venuskamm (Scandix pecten Veneris)
Kleine Wolfsmilch (Euphorbia exigua)
Adonisröschen (Adonis aestivalis)
Ackersteinsame (Lithospermum arvense)
Ackerhahnenfuß (Ranunculus arvensis)

Diese Gesellschaft ist praktisch nichts als ein Teil der großen Rittersporngesellschaft. Aus dieser Haftdolden=Venuskamm=Gesellschaft entfernen sich Venuskamm, Ackerhahnenfuß und Steinsame oft sehr weit. Oft bleiben nur der Venuskamm und seine Ackerbegleiter übrig wie im Feuerlettenbeispiel bei Grafensteinberg=Gunzenhausen. Die Venuskammaussage allein genügt für die Ackerbeurteilung: warme, lehmige, mäßig kalkhaltige Äcker einer Weizen=Luzerne=Zuckerrüben=Landschaft. Warum Venuskamm, Ackerhahnenfuß, Steinsame und kleine Wolfsmilch oft sehr weit aus der „Venuskamm=Haftdolden=Gesellschaft" herausgehen, zeigt eine Vergleichung

*) Eine Erweiterung der Artenzahl gibt Knapp. Näheres siehe Seite 47.

wichtiger Standortswerte. Auch wenn diese Werte einigermaßen Schwankungswerte darstellen, so geben sie doch wichtige Besiedelungshinweise.

Art	Reaktionszahl	Wärmezahl	Humus- bzw. Garezahl	Wasserhaushaltzahl
Gruppe 1				
Möhrenhaftdolde	5	5	2	4—5
Breitblättrige Haftdolde	5	5	2	4—5
Klettenkerbel	5	5	—	5
Gruppe 2				
Venuskamm	4	4	2—3	4
Ackerhahnenfuß	4	3	2—3	2—3
Kleine Wolfsmilch	4	4	2—3	2—3
Steinsame	4	2	3	3 ?

Offensichtlich steht die Gruppe 2 durch Humus- und Wasserhaushaltzahl einem guten Ackerbau näher als Gruppe 1. Sowie man eben soziologische Bestände standörtlich genauer durchprüft (analysiert) kann man die einzelnen Arten besser für die Ackerbeurteilung einschätzen.

Die eigentlichen Haftdoldenvertreter (Gruppe 1) gehören zum Weinklima. Der Venuskamm hat erkennbar geringeres Wärmebedürfnis ebenso wie die anderen Arten der Venuskamm-Haftdolden-Gesellschaft. Folglich kann der Venuskamm je nach der Lage (Höhe und Exposition) seine sonstigen Gesellschafter verlassen und auch als Alleingänger auftreten. Natürlich können Steinsame und Ackerhahnenfuß erst recht weit sich von „ihrer Gesellschaft" entfernen.

Auch hier gibt eine ökologische Betrachtung einen besseren Einblick in eine Pflanzengruppe als die mehr formale soziologische. Die oben angeführte Haftdoldengesellschaft steht bei Höxter im Weserbergland, unsere Aufnahme jedoch auf einer Meereshöhe von 480 m, die Artenunterschiede in der „Gesellschaftsausbildung" sind erheblich.

In dieser wärme- und kalkliebenden Haftdoldengesellschaft hat auch der meist seltene, übrigens vielfach verschleppte Schwarzkümmel (Nigella arvensis) seinen Verbreitungsschwerpunkt. Seine Standortswerte T 5, W 5, R 4—5, G 1 (?) passen zu dieser Acker- und Gesellschaftsgruppe, sie deuten allerdings keine besonders guten Ackeraussagen an. Im Jura, im Kalklehm des Keupers, auf Kreide (z. B. bei Amberg) in der warmen Vorderpfalz, im Nahe- und Glantal, zwischen Karlsruhe und Mainz findet sich dieser Besiedler meist schwerer Kalk- und Tonböden. In Südbayern geht er nur bis zur Höhe von 455 m, in der Alb bis 700 m, in Nordwestdeutschland fehlt der Schwarzkümmel.

Wenn die Haftdoldengesellschaft im engeren Sinn irgendwo möglichst vollzählig entwickelt ist, so liegt eine Ackergesellschaft mit Stachelborstenfrüchten in schöner Ausprägung vor. Von der genannten Gesellschaft haben nämlich folgende Arten Stachelfrüchte: Haftdolde, Turgenie, Klettenkerbel, Ackerhahnenfuß.

Von Ackerpflanzen anderer ökologischer Stellung haben ebenfalls Stachel- oder Borstenfrüchte: Klettenlabkraut und Möhre, die ja in Äckern nicht gerade selten sind.

Ökologisch deuten alle Borstenfruchtarten des Ackers auf fünf folgende Aussagen:

1. Wärme verschiedenen Grades
2. Kalkführung verschiedenen Grades (kein Säurezeiger)
3. Mittlere bis schwächere Wasserhaltung W 3— W 4 (5)
4. Keine Naßstellen im Acker, keine nassen Füße
5. Lehm und Ton.

Den schwersten Boden zeigt die Klettenhaftdolde (Möhrenhaftdolde (Caucalis daucoides), den leichtesten die Möhre, wenn man die Borstenfruchtpflanzen des Ackers ökologisch vergleicht.

37. Einiges zur Flora von Niederungsmooren mit noch ausreichender Kalkführung.

Beispiel Schleißheim.

Als Beispiel diene die Herbstflora eines humosen, etwas steinigen Ackers im Übergang zu Niederungsmoor bei Schleißheim (Oberbayern).

1. Gruppe: Soziologisch wichtige Zeigerpflanzen

Frauenspiegel (Legousia)	reichlich	Drei Vertreter der Rittersporngesellschaft, Kalkzeiger mittleren Grades. Reaktionszeiger R 4—5
Röte (Sherardia)	reichlich	
Gleiße (Aethusa)	reichlich	

2. Gruppe: Lehm-, Ton- und Humuszeiger

Ackersenf	reichlich	Mittelwurzler
Klatschmohn	wenig	
Ackerwinde (Convolvulus)	wenig	Tiefwurzler
Kohldistel (Sonchus oleraceus) (S. arvensis)	meist in kleinen Gruppen	Mittelwurzler

3. Gruppe: Örtliche Charakterpflanzen

Gartenbeifuß (Artemisia vulgaris)	ziemlich reichlich	Nährstoffzeiger, wärme-liebend, auch Lehmzeiger

4. Gruppe: Nährstoffzeiger, auch Aufwertungspflanzen

Vogelmiere Greiskraut Rote Taubnessel Persischer Ehrenpreis, F. 130 Glänzender Ehrenpreis (Veronica polita), F. 128	Ziemlich reichlich, nur die rote Taubnessel selten

5. Gruppe: Nährstoffzeiger verschiedenen Grades

Hellerkraut (Thlaspi arvense)	vereinzelt
Hohlzahn (Galeopsis Tetrahit)	vereinzelt
Rainkohl (Lampsana communis)	ziemlich reichlich, am Standort oft luftfeuchte Lage
Franzosenkraut (Galinsoga parviflora), F. 109	vereinzelt, in diesen Lagen oft Frühfröste, daher nur vereinzelt

6. Gruppe: Zwei Wickenarten

Rauhaarige Wicke (Vicia hirsuta), F. 152 Viersamige Wicke (Vicia tetrasperma), F. 153	Beide Arten reichlich und blühend Vgl. Abb. 15

7. Gruppe: Sonstige Ackerpflanzen

Stengelumfassende Taubnessel (Lamium amplexicaule)	Pflanze vieler Standorte
Vogelknöterich (Polygonum aviculare)	Im Herbst auf gesetztem Boden ziemlich weit verbreitet
Windenknöterich (Polygonum Convolvulus)	vereinzelt, Ubiquist vom Sand bis zum Moor! Siehe Beispiel Mühl-stetten
Stiefmütterchen (Viola tricolor)	reichlich
Weiße Lichtnelke (Melandrium album)	reichlich
Sumpfziest (Stachys palustris)	vereinzelt, deutet lokal auf Grund- bzw. hohen Wasserstand
Brombeere (Rubus spec.)	in kleinen, weit auseinander-liegenden Gruppen

Dieser Acker ist durch die Reaktionszeiger der Gruppe 1 reaktionsmäßig gekennzeichnet: die Kalkführung ist gut.

Gruppe 2 deutet auf Lehm (und Ton) in mäßiger Menge.

Der Gartenbeifuß ist eine Pflanze nährstoffreicher, humoser, auch lehmiger, aber nie staunasser Böden, also eine gute Zeigerpflanze für Weizen- und Rübenlagen. Er gilt in der Soziologie als Charakterart einer Beifußgesellschaft (Artemisietum). Diese Gesellschaft ist aber auf Hecken usw. eingestellt, kommt also hier im Acker nicht in Betracht. Regional ist der Beifuß eine gute Zeigerpflanze, er fehlt allen armen Sanden und zu schweren Böden. In der Nähe von Ortschaften ist er oft verschleppt und steht dann als Täuschungspflanze (sekundär) im Acker.

Ellenberg führt in seiner Ackerflora weder Garten- noch Sandbeifuß. Beide Arten sind regional im Acker häufig.

Eine bemerkenswert schöne Gruppe stellen die zwei Wickenarten dar, die bei Schleißheim in guter Deckung miteinander vorkommen. Beide Arten lassen sich im nichtblühenden Zustand durch die Endausbildung der Fiederblättchen erkennen. Vgl. Abb. 15.

Die im Acker auftretenden Vertreter der Gattung Rubus (Brombeere) sind für den Nichtspezialisten schwer zu bestimmen. Da andere Pflanzenarten einen Acker ökologisch und biologisch gut erkennen lassen, verzichten wir auf die spezielle Rubuskunde (Batologie). Sie ist die Domäne einiger weniger Spezialisten, aber für die Ackerbeurteilung unwichtig.

38. Beispiel Rosenheim — Kolbermoor, Niederungsmoor in Gebirgsnähe.

Mehr in Gebirgsnähe, z. B. um Kolbermoor—Rosenheim, bewirkt der Einfluß des Menschen und Gartennähe auf Niederungsmoor folgende Sonderausbildung der Ackerflora:

Auftreten von sehr viel Franzosenkraut. Das Franzosenkraut ist in vielen Gebieten teilweise Feldbestimmer (Aspektbildner), ähnlich an der Untersuchungsstelle vor Rosenheim.

Auftreten von Amaranth (Amaranthus). F. 134

Beide Arten sind sehr frostempfindlich. Sie sind um Rosenheim (Moorboden) im Herbst (etwa Anfang Oktober) bereits völlig erfroren, während sie in anderen Gebieten (Löß bei Straubing, Deggendorf und im Rheingebiet) noch ungeschädigt sind. Auch in dem benachbarten Hügelland bei Rosenheim, nördlich vom Simsee (Hemberg, Halfing, L. W. A. Traunstein) ist das Franzosenkraut zur selben Zeit noch wachstumsfähig, während Amaranth dort fehlt.

Im Gegensatz zum Main= und Rheingebiet und anderen Wärmelagen ist um München und in Südbayern das Franzosenkraut im allgemeinen auf Äckern noch erkennbar zurückgedrängt, es ist noch in Wanderung befindlich. In Fluren südlich von München, namentlich in Moorlagen, ergeben sich folgende Unterschiede:

Der Grünlandeinfluß ist dort stärker.
Der Ortseinfluß, d. h. der Einfluß auf den Acker durch den Menschen, ist stärker als nördlich von München.

Der Grünlandeinfluß macht sich dadurch bemerkbar, daß in den Acker zahlreiche Pflanzen eindringen, z. B.:

Gundelrebe (Glechoma hederaceum), F. 116
Möhre (Daucus Carota), F. 115
Braunelle (Prunella vulgaris), F. 100
Rote Lichtnelke (Melandrium rubrum)
Pippau (Crepis biennis). F. 114

Die rote Lichtnelke geht besonders in Südbayern, im Egartengebiet, im Gebirge (Salzburg) in Äcker, namentlich in Kleeäcker. Wegen ihrer tagsüber offenen Blüten heißt sie auch Taglichtnelke (Melandrium diurnum) im Gegensatz zu den zwei anderen Lichtnelken des Ackers, nämlich

Weiße Lichtnelke (Mel. album) und
Ackerlichtnelke (Mel. noctiflorum = Silene noctiflora),
die beide tagsüber ihre Blüten geschlossen halten.

Die Bodenansprüche dieser drei Lichtnelken sind sehr verschieden:

Art	Bodenansprüche
Rote Lichtnelke F. 140	feucht, oft sickernaß, humos, Auenwald= und Wiesenpflanze, daher oft in niederschlagsreichen Gebieten.
Ackerlichtnelke	Warm, trocken, kalkig, Lehmzeiger, oft in der Haftdoldengesellschaft, Wiesenzeiger, Landblock=pflanze.
Weiße Lichtnelke F. 141	Warm, trocken, reaktionsvag, auch viel im Klee.

Diese drei Lichtnelkenarten schließen sich praktisch im selben Acker nebeneinander aus, schon wegen der verschiedenen Reaktionsansprüche. Immerhin gehen weiße und rote Lichtnelken oft in den Klee, wo sie dann als „Futterunkraut" mit „unbekannter Wirkung" verfüttert werden, also „Erntepflanzen" darstellen.

39. Hinweise zum Verständnis der Flora von Hackfruchtäckern.

In Hackfruchtäckern überschneiden sich drei Standortsbedingungen:

1. Die Zeigerpflanzen des gegebenen Bodens sind zwar noch vorhanden, aber oft zurückgedrängt. Ein Acker mit Knäuel, Hederich oder Rittersporn und Adonis wird seine typischen Arten mindestens in Resten erkennen lassen.
2. Im Hackfruchtacker ist die Ernährung durch erhöhte Düngung verstärkt, dadurch werden alle nährstoffgierigen Pflanzen gefördert, andere, d. h. nährstoffbescheidene (oligotrophe) Pflanzen werden zurückgedrängt.
3. In Hackfruchtfluren herrscht im Gegensatz zum Getreide, zum Klee, zum Rübsen fast bis zur Ernte hoher Lichteinfluß. Lichtliebende Pflanzen werden dadurch gefördert.

Durch die Bedingungen 2 und 3 treten folgende Arten besonders hervor:

A. allgemein

Knöterich (Polygonum Persicaria)	Kosmopolit
Gänsefuß (Chenopodium album)	Kosmopolit
Hohlzahn (Galeopsis, ohne G. segetum, ohne angustifolia)	z. T. Kosmopolit
Melde (Atriplex patula)	

B. regional

Fuchsschwanz (Amaranthusarten)	kosmopolitische Arten
Hühnerhirse (Panicum Crus galli)	Kosmopolit
Grüne Hirse (Setaria viridis)	mediterran-euras.
Schwarzer Nachtschatten (Solanum nigrum)	Kosmopolit
Einjähriges Bingelkraut (Mercurialis annua), Abb. 59.	Kosmopolit

Diese Artenliste ist innerlich sehr ungleich; häufig tritt im Acker folgende Sonderung nach der Wärmelage ein:

Hackfrucht

Normale Lagen

Knöterich (Polygonum Persicaria) Abb. 60.
Gänsefuß (Chenopodium), F. 110
Hohlzahn (Galeopsis ohne segetum und angustifolia)
Melde (Atriplex patula)

Warme Lagen

Fuchsschwanzarten (Amaranthus spec.)
Hühnerhirse (Panicum Crus galli)
Grüne Hirse (Setaria viridis)
Bingelkraut (Mercurialis annua)

Abb. 59 Einjähriges Bingelkraut
Mercurialis annua

Natürlich kann eine gegenseitige Überschneidung nach regionalen Einflüssen erfolgen.

Dieses Hervortreten der genannten Arten in der Hackfrucht ist z. T. dadurch bedingt, daß Gänsefuß und Knöterich sehr lichtliebend sind. Daher sind diese Arten im lichtärmeren Getreideacker oft zurückgedrängt.

Trotz des oft häufigen Gänsefuß= und Knöterich=Aspektes kann man in einer Hackfrucht die typischen Ackerzeiger bei eingehendem Suchen finden.

Im saueren, sandigen Gebiet:
Knäuel, Spörgel, Hederich, Schmalwand, Ackerkrummhals.

Im feuchten (verdichteten) Gebiet:
Ackerruhrkraut.

Im Lehmgebiet:
Gänsedistel (Sonchus); F. 65, 66
Finkensame, dieser sehr gerne in Hackfrucht. F. 63

Im neutral-alkalischen Gebiet:

Vertreter der Rittersporngruppe, soweit sie nicht nährstoffscheu sind.

Nach Verschwinden der Hackfrucht tritt meist schnell wieder die bodenspezifische Ackerflora auf. Der Gänsefuß-, Knöterich- (auch Hohlzahn-) Aspekt geht also mehr auf Licht- und Nährstoffwirkung denn auf die innere Festigkeit der Hackfruchtgesellschaft zurück. Dieser Aspekt ist also ein labiles Großexperiment im Acker im Gegensatz zur bodenmäßig gegebenen, vom Menschen her nicht so stark bedingten Gesellschaft. In der Hackfrucht ist die Dynamik der Ackerbesiedlung einschließlich des Schwankens (zeitweiligen Untertauchens) der spezifischen, ursprünglichen Ackerflora sehr deutlich sichtbar. Die Bedingungen des Schwankens der Ackerflora lassen sich kurz folgendermaßen darstellen:

Schwanken der Ackerflora

↓	↓
Normale Ackerflora (Autochthon, primär)	Experimentell erzwungene (sekundäre, anthropogene) Ackerflora, Hackfruchtflora, nitrophil.
Düngung	
mäßig (Mesotrophie im Acker)	stark, Eutrophie, auch Nitrophilie (Stickstoffeinfluß)
Lichteinfluß	
Im Getreide, im Klee, im Luzerne, abgeschwächt	Lichteinfluß stark in Hackfrucht.

Von den Soziologen aufgestellte Hackfruchtgesellschaften stellen also eine labile Lebensform, eine vom Menschen durch starke Düngung bedingte (anthropogene) Gesellschaft dar. Die Gesellschaften des Getreideackers sind fester. Die Hackfruchtgesellschaften geben somit ein auffälliges Beispiel einer experimentellen Soziologie bzw. einer dynamischen*) Soziologie. Bemerkenswert ist, daß in den Hackfruchtbeständen sehr viele sekundäre Weltbürger (Kosmopoliten) vorkommen, viel mehr als in Getreideäckern.

In einem Hackfruchtacker treten vorübergehend charakteristische Arten mit meist guten bis besten Gare-, Nährstoff-, Humus- und Wasserführungsaussagen auf. Nur die Reaktionshinweise sind meist schwankend (vag), wie die nachstehende Übersicht zeigt.

*) Dynamis ist Bewirkung, Beeinflussung.

Pflanzenaussagen eines Hackfruchtackers

Arten	Wasser=zahl	Nährstoff=zahl	Gare	Reaktions=zahl
Normallagen				
Gänsefuß	3—4	4—5	4	—
Knöterich				
(ampferblättr.)	? (2)	4—5	4	—
(pfirsichblättr.)	3	4	4	—
Hohlzahn	?	4	?	—
Hühnerdarm	3—4	4	4—5	—
Greiskraut	3 (?)	4—5	4—5	—
Wärmere Lagen (Löß)				
Hirse (Panicum Crus galli)	3	4	3—4	—
Amaranth	4—5	4—5	4	—

Es ergeben sich folgende Mittelzahlen:

Wasser 3
Nährstoff 4
Gare } ein solcher Acker ist bei brauchbarer Reaktion in gutem Zustande

Ein schlechter Acker hätte vergleichsweise folgende Werte:

W 1—2 (zu naß)
Nährstoff 1—2, zu gering
Gare 1—2, meist schlecht } Vergleiche Beispiel Galleck

Es sind also im obigen Hackfrucht=Beispiel die wichtigen Besiedlungs= und Ackerwerte annähernd Bestwerte (Optimalwerte). Nur die Reaktionszahlen der genannten Pflanzen sind unscharf festgelegt. Fast allgemein überlagern die Werte für N + G die Reaktion. Man kann also als Formel für viele Hack=fruchtbesiedler schreiben N + G >*) R.

Beim Gänsefuß und teilweise bei den erwähnten Knötericharten kommt noch Lichtförderung hinzu.

Bei den nährstoffliebenden Arten der Hackfruchtäcker kann man soziologisch folgende Gesellschaften hervorheben:

Hirse=Gänsefuß=Gesellschaft (Panico=Chenopodietum) mit Gänsefuß und Hühnerhirse (Panicum Crus galli).

Bingelkrautgesellschaft (Mercurialetum annuae). Dazu gibt es als Zu=sammenfassung den Hackfruchtverband, den Knöterich=Gänsefuß=Ver=band (Polygono=Chenopodion).

*) > stärker als.

Abb. 60

Drei nährstoffliebende Arten

Einfache Unterscheidung häufiger Knöteriarten des Ackers

Links: Polygonum amphibium, Landform. Blattstiel über der Mitte der Tute abgehend.

Mitte: Ampferblättriger Knöterich, Polygonum lapathifolium. Tute (Ochrea) feinwimperig.

Rechts: Pfirsichknöterich, Polygonum Persicaria. Tute länger bewimpert.

Standörtlich weisen die hierher gehörigen Arten auf hohen Nährstoffgehalt, auf nicht zu schwere und nicht zu nasse Böden hin. Die im Südwesten, besonders im Rhein-Main-Gebiet, weit verbreitete Bingelkrautgesellschaft (Mercurialetum) enthält folgende Arten:

Arten	Wärmezahl
Bingelkraut (Mercurialis annua) Kosmopolit	T 4
Portulak (Portulaca oleracea) Kosmopolit, Abb. 61.	T 5
Grüner Fuchsschwanz (Amaranthus lividus) Kosmopolit	T 4
Weißer Fuchsschwanz (Amaranthus albus)	— —
Wilder Fuchsschwanz (Amaranthus angustifolius)	— —
Bluthirse (Panicum sanguinale) Kosmopolit	T 4
Gartenwolfsmilch (Euphorbia Peplus) Kosmopolit	T 3 Temperatursprung

Abb. 61

Portulaca oleracea

Pflanze nährstoffreicher, lockerer warmer Sande, oft mit Mercurialis. Sandzeiger, nicht in Feuchtlagen.

In der Bingelkrautgesellschaft haben Fuchsschwanzarten, Portulak und Bingelkraut die größten Wärmeansprüche. Sie treten demgemäß auch in Warmlagen, z. B. am Rhein, am unteren Main und um Bamberg stärker hervor. In anderen Gebieten, wie in Südbayern, in der Oberpfalz und im Bayerischen Wald, sind die betreffenden Arten selten. Am weitesten geht aus der Bingelkrautgesellschaft die Gartenwolfs= milch mit der Temperaturzahl T 3 heraus. Sie ist eine subatlantisch= mediterrane Pflanze mit eurasiatischem Einschlag, dieser Arealcharakter drückt sich auch in der Wärmezahl aus.

Der Bingelkrautgesellschaft (Hackfrucht, Weinberge) stehen außer den genannten Arten noch folgende Pflanzen nahe:

Traubenhyazinthe (Muscari racemosum)

Weinbergslauch (Allium vineale)	Siehe auch Storchschnabel=
Gemüselauch (Allium oleraceum)	Lauch=Gesellschaft

Die Hauptreigenschaften dieser Arten lauten:

Art	R	N	G	W	T	
Muscari racemosum	5	1?	?	5	5	Weinbergsklima, warme Ackerlagen, selten
Allium vineale	4?	?	—	2	3?	wärmeliebend, im Acker un= gleich verteilt
Allium oleraceum	—	3?	2	4?	—	
Allium rotundum*)	4	1?	?	4	5	

Die Schopfhyazinthe (Muscari comosum) ist im Acker selten, abgesehen von regionalen Vorkommen in Kalklagen. In Kalklehmäckern tritt gelegentlich auch die schopfige Moschushyazinthe (Muscari comosum) als auffällige Pflanze hervor (Jura, Muschelkalk, Kalkhügelland rechts und links des Rheins bis Bingen und Wiesbaden, Tauber, Pfalz).

Ellenberg erwähnt diese mittelmeerische, d. h. Wärme und Kalk liebende, im Acker oft sehr auffallende Pflanze (z. B. um Eichstätt, um Parsberg/Ober= pfalz) in seiner Ackerflora überhaupt nicht.

Die morphologischen und geographischen Erkennungsmerkmale der Lauch= arten des Ackers lauten:

Art	Blatt	Verbreitung	Acker= bedeutung
Allium vineale	fast stielrund	selten im Bayer. Wald, Frankenwald und Fichtelgebirge	im Jura oft sehr lästig (medit.= subatl.)
Allium rotundum	breit=lineal	fehlt in Südbayern und im Bayer. Wald	warme, kalkhaltige Lehme, Landblock= pflanze (medit.= kont.)
Allium oleraceum	halbstielrund	in Südbayern, Bayer. Wald, Frankenwald, Buntsandstein selten, sonst verstreut	mediterran, daher wärme= liebend

*) Als Ackerpflanze hier mit angeführt, obwohl sie nicht in die Bingelkraut= gesellschaft gehört, sondern zur Storchschnabel=Weinberglauch=Gesellschaft gestellt wird.

In die Bingelkrautgesellschaft rechnet man noch folgende Arten:

Gruppe des Weinbergklimas

Feinblättriger Erdrauch (Fumaria Vaillantii)	T 5 	
Kleinblütiger Erdrauch (Fumaria parviflora)	T 5	Rhein, Tauber, Pfalz
Gezähnter Feldsalat (Valerianella carinata)	T 5	Pfalz, Rhein, selten
Dünnstengelige Stinkrauke (Diplotaxis viminea)	T 5	Nahe, Maintal
Mauerstinkrauke (Diplotaxis muralis)	—	Rhein=, Main=, Moseltal, Donautal, Keupergebiete

Vgl. Abb. 62, 63, 64.

Abb. 62

Diplotaxis muralis

Kronblatt mit kurzem aber deutlichem Nagel.

Gruppe des Ackerbauklimas

Glänzender Ehrenpreis (Veronica polita)	T 3	ziemlich weitverbreitet
Ackerehrenpreis (Veronica agrestis)	T 3	

Es ist klar, daß in klimatisch weniger günstigen Gebieten, z. B. in Südbayern, in Oberfranken, im Urgebirge (Bayer. Wald, Odenwald), die Ehrenpreisarten wegen des geringeren Wärmeanspruches für sich allein, also weithin auch ohne das Bingelkraut, auftreten. Die Temperatur bedingt Gesell=schaftsspaltung*), falls man in diesem Fall an der Gesellschaft festhält. Die ökologische Feststellung genügt ja an sich schon zur genauen Feld=beurteilung.

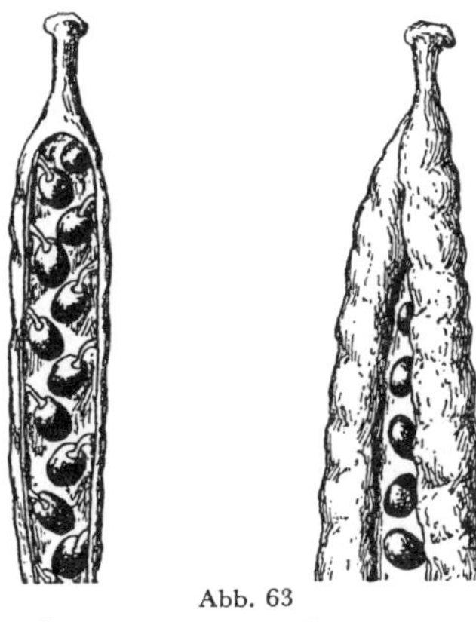

Abb. 63

Diplotaxis Erucastrum

Samen bei Diplotaxis in der Schote zweireihig angeordnet.

Die hier erwähnten Raukenarten stellen zwei gelbblühende Kreuzblüt=ler dar, die im Acker nicht immer häufig sind. Die Rauke Diplotaxis ist daran erkennbar, daß in der Schote in einem Fach zwei Reihen (diplo = doppelt, Taxis = Reihe) vorhanden sind. Dadurch kann man Diplotaxis leicht von anderen Kreuzblütlern unterscheiden, auch von der Hunds=rauke, Erucastrum, die der Stinkrauke ähnlich ist und auch an Warmstellen (etwa T 5, T 4) vorkommt. Man vgl. hierzu Abb. 60.

Vielfach wird die Hackfruchtgemeinschaft vom schwarzen Nachtschatten (Solanum nigrum) begleitet. Diese Pflanze ist Weltbürger (Kosmopolit), hat aber geringere Wärmeansprüche als Portulak, Fuchsschwanz, Bingelkraut und Bluthirse. Sie kann also weit entfernt von ihren „Gesellschaftsverwand=ten" auftreten. So ist die Hackfruchtgruppe eine regional sehr labile Pflan=zenvereinigung, die gegendweise artenmäßig sehr unterschiedlich ausgebildet ist. Bei Gesellschafts= und Verbandszerfall bleiben Gartenwolfsmilch, Floh=knöterich (Polygonum Persicaria, T 2!), Hohlzahn und Gänsefuß (T 1!) übrig, denn der weiße Gänsefuß gehört als Verbandsart (Polygono=Chenopodion,

*) Ähnlich in der Rittersporngesellschaft, in der wärmeliebende Arten wie Haft=dolde (T 5) und Pflanzen des kühleren Klimas (T 3, T 2) wie Röte und Acker=steinsame sich weitgehend vom Gesellschaftszentrum entfernen können. Siehe auch Seite 53.

Knöterich=Gänsefuß=Verband) hierher. Der Name des Knöterich=Gänsefuß=Verbandes: Polygono=Chenopodion stützt sich also auf die härtesten und damit am weitesten verbreiteten Arten.

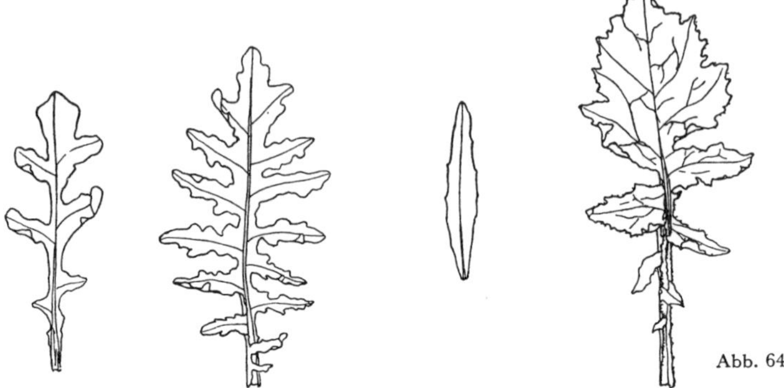

Blätter von vier Kreuzblütlern
Stinkrauke Hundsrauke Schotendotter Hederich

40. Hinweise auf ungleich verbreitete, seltene oder standörtlich unbedeutende Ackerpflanzen.

Gräser, Streifenblättler.

Einkeimblättrige Monocotyledonen.

Außer den in den vorstehenden Seiten behandelten Ackerpflanzen treten gebietsweise oft noch viele andere Arten auf. Auch sei auf folgenden wichtigen Grundsatz verwiesen:

Bei der Ackerbeurteilung sollen mindestens Anfänger nicht jede beliebige Pflanze auf ihren Aussagewert deuten wollen, sondern sich an sichere Zeiger=pflanzen halten, weil man eben nicht von allen Pflanzen eine zuverlässige ökologische Aussage geben kann. Dieser Satz gilt auch für die folgenden Ergänzungen zur Ackerflora.

Gräser. Familie Gramineen.

Straußgras, Agrostis.

Am Ackerrain sauerer Böden tritt das rote Straußgras, Agrostis tenuis (= A. vulgaris = A. capillaris) mit seiner flackerig roten Rispe als Zeiger=pflanze oft stark hervor. Diese nordisch=subozeanische Pflanze zeigt sauere, mäßig nährstoffreiche Böden an. Oft tritt sie mit Besenginster, Stechginster, Borstgras auf, d. h. das Straußgras bewegt sich soziologisch um den Stech=ginsterverband (Ulicion) und um den Borstgrasverband (Nardion), also um sauere Bereiche. In Äckern mit schweren Lehm= und Tonböden tritt das weiße Straußgras, Agrostis alba, auf. Durch sein langes Blatthäutchen und die nach dem Verblühen zusammengezogenen Rispe unterscheidet es sich von dem immer lockerrispigen roten Straußgras. Die ökologischen Aussagen für beide Gräser lauten:

	Reaktionszahl	Sandzeiger	Lehmwert	Kalkwert
Agrostis tenuis	R 2	oft	–	–
A. vulgaris	(stärker sauer)			
Agrostis alba	?	–	+	(+)

Beide Arten stellen also deutliche Besiedlungsgegensätze dar.

Sensenteufel, begranntes Ruchgras, Anthoxanthum aristatum.

Das begrannte Ruchgras ist im Rheingebiet, in Oldenburg, Lüneburg, Holstein und Westfalen häufiger, besonders in Naßjahren im Roggen. Es ist sehr kieselsäurereich, nützt beim Mähen die Sensen sehr ab, daher der Name Sensenteufel (Sensendüwel). Als mediterran=atlantisches Gras ist es wärmeliebend und tritt gerne auf Sand (in Silbergrasfluren) und mit Lammkraut, Arnoseris minima, auf; hier gilt es als Charakterart der sauere Böden anzeigenden Lammkrautgesellschaft (Arnosereto=Scleranthetum). In Bayern fehlt aber der Sensenteufel, auch wenn in verschiedenen Gebieten, z. B. im Sand von Mühlstetten (Mittelfranken) oder um Ansbach, ferner in Oberfranken und in der Oberpfalz, Knäuel und Lammkraut miteinander vorkommen.

Der Sensenteufel ist vermutlich um 1805—1813 eingewandert; als mediterran=atlantische Pflanze gehört er zum Westen, kann daher z. B. in Oberpfälzer Sanden, auch wenn dort Knäuel und Lammkraut stehen, nicht erwartet werden.

Lolch, Weidelgras, Lolium. F. 112

Der Name Lolch, in Tirol Löll, Lolli, Lüch, ist aus Lolium entstanden.
Angebaut werden Weidelgras, Lolium perenne, und italienisches Raygras, L. multiflorum. Das Weidelgras ist, seinem Arealcharakter entsprechend (subatlantisch=mediterran), etwas frostempfindlich.

An Feuchtstellen, besonders in regenreichen Jahren tritt sporadisch auf Kalklehm und Löß der Taumellolch, Lolium temulentum, auf. Relativ häufig ist er im schwarzen Jura, besonders im Sommergetreide. Ein wichtiges Erkennungsmerkmal sind die begrannten Deckspelzen. Die Körner sind durch Lebensgemeinschaft (Symbiose) mit einem Pilz giftig.

Kaum noch vorhanden ist der Lolch der Leinäcker, Lein= oder Ackerlolch, Lolium remotum. Er ist vorzugsweise Leinbegleiter. Infolge Rückgang des Lein=(Flachs=)anbaues ist er, wie alle Leinbegleiter, im Rückgang.

L e i n b e g l e i t e r :

Art	Heutiges Vorkommen
Lolium remotum = L. linicolum	im Rückgang
Camelina sativa	im Rückgang
Cuscuta Epilinum Flachsseide	stark im Rückgang, hier auch durch Saatgutreinigung

Die spezifische Leinflora reicht von Spörgel und Knäuel (R 2—R 1) bis zum Ackersteinsamen (R 4), weil der Lein ökologisch eine ziemliche Anpassungs=fähigkeit besitzt.

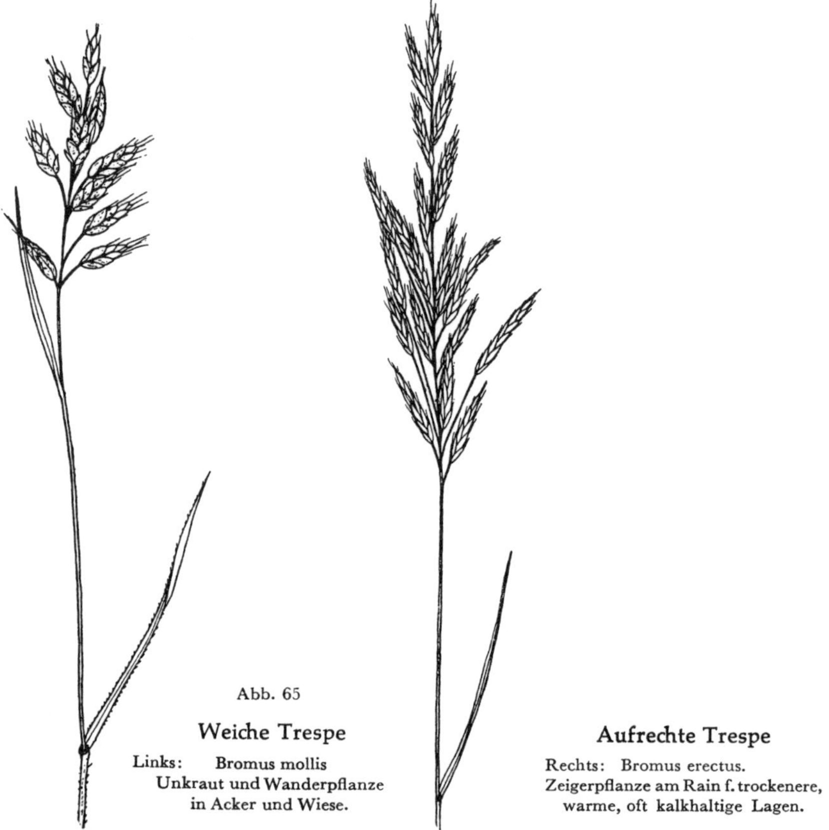

Abb. 65

Weiche Trespe

Links: Bromus mollis
Unkraut und Wanderpflanze in Acker und Wiese.

Aufrechte Trespe

Rechts: Bromus erectus.
Zeigerpflanze am Rain f. trockenere, warme, oft kalkhaltige Lagen.

T r e s p e, Bromus. Abb. 65, 66.

Die weiche Trespe, Bromus mollis, tritt als Wanderpflanze in schwere Lehme, Tone (Riesgebiet), in Sandlehme und in lehmarme Sande (Diluvialsande, Bodenzahl 19 und sauer) ein.

Bei dieser großen Standortsbreite kann die sehr gesellige weiche Trespe, die sowohl im Acker wie in der Wiese vorkommt, nicht als Zeigerpflanze ver=wertet werden. Immerhin kann sie als Nährstoffzeiger betrachtet werden. Ein seltener Typus ist die Roggentrespe, Bromus secalinus; sie gilt als Lehmzeiger.

Die Ackertrespe, Bromus arvensis, mit der Temperaturzahl 1 und der Reaktionszahl 4 geht vorzugsweise in kalkhaltige (R 4) Lehme. Sie ist in Südbayern selten, in Nordbayern und in der Pfalz etwas häufiger.

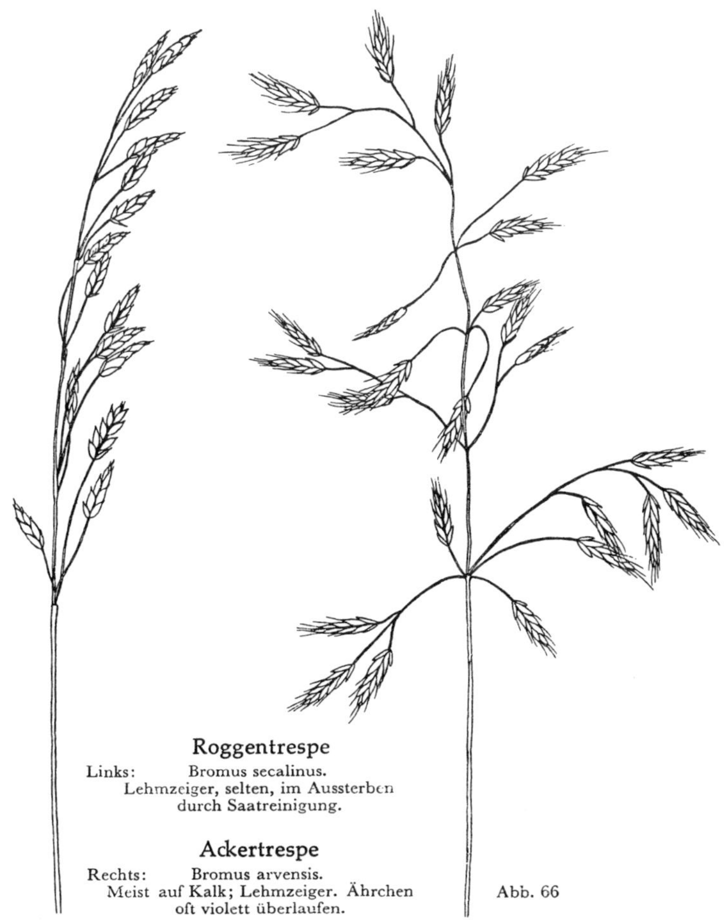

Roggentrespe

Links: Bromus secalinus.
Lehmzeiger, selten, im Aussterben durch Saatreinigung.

Ackertrespe

Rechts: Bromus arvensis.
Meist auf Kalk; Lehmzeiger. Ährchen oft violett überlaufen.

Abb. 66

Die am Wuchs und den gewimperten Blättern erkenntliche aufrechte Trespe, Bromus erectus, eine Pflanze warmer, trockener Raine, fehlt im Frankenwald, im Fichtelgebirge und auch im Bayerischen Wald. Die aufrechte Trespe ist am Rain eine Zeigerpflanze für geringfügigen bis reichlichen Kalk, Trockenheit und Wärme. Sie gilt als Wanderpflanze; durch Düngung und Feuchtigkeit wird sie vertrieben. In der Pflanzensoziologie ist die aufrechte Trespe

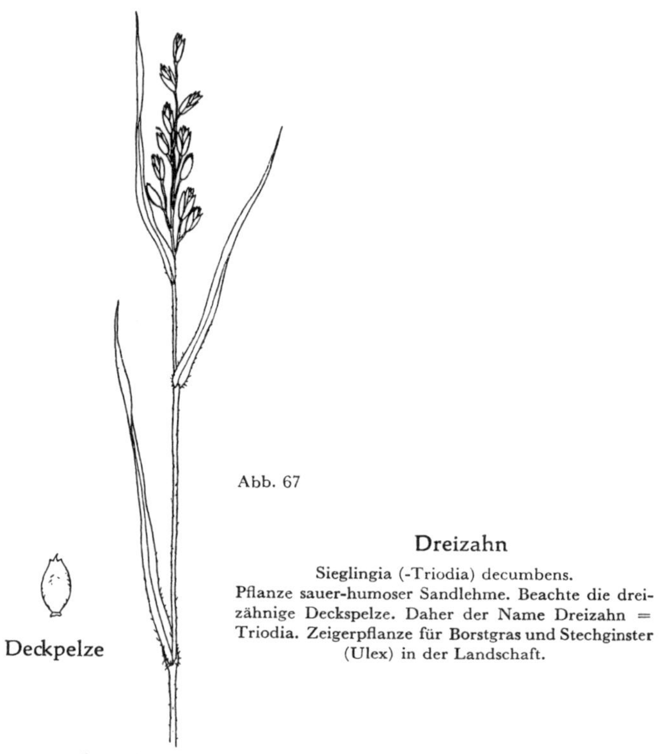

Abb. 67

Dreizahn

Sieglingia (-Triodia) decumbens.
Pflanze sauer-humoser Sandlehme. Beachte die dreizähnige Deckspelze. Daher der Name Dreizahn = Triodia. Zeigerpflanze für Borstgras und Stechginster (Ulex) in der Landschaft.

Charakterart der Trespenordnung (Brometalia) und der Halbtrockenrasen (Brometeen). Am Rain ist sie eine brauchbare Zeigerpflanze für nicht nennenswert sauere Lagen.

Silbergras, Weingaertnerie, Weingaertneria = Corynephorus canescens.

In trockenen, warmen, sandigen Böden gilt in der Nähe der Äcker das Silbergras als Zeigerpflanze sauerer, trockener Ackerlagen. Fränkische Sande, Sande, Rhein= und Maingebiete weisen oft große Silbergrasfluren (Corynephorion) auf. Die anschließenden Äcker sind zwar leicht bebaubar, aber meist nur von mäßigem Ertrag.

Diese subatlantisch=mediterrane Pflanze läßt im Acker gelbe Lupine, Serradella, Schmalwand und Hederich erwarten.

Sieglingie, Dreizahn, Sieglingia = Triodia decumbens.

Der Dreizahn ist gewissermaßen bei Lehmgegenwart und Bodenverdichtung der Lehmantipode zum Silbergras. Der ebenfalls subatlantisch=mediterrane Dreizahn zeigt, seinem Arealcharakter entsprechend, sauere, dichtere, trockene Lagen an.

Beide Arten, Silbergras und Dreizahn, lassen in der Landschaft zwangsläufig Besenginster, Borstgras, Stechginster (Ulex) erwarten. Man vergleiche hier=zu das Ginsterspektrum. Auf jeden Fall stellen Silbergras und Dreizahn in der Ackerlandschaft den Gegensatz zu Salbei, Fiederzwenke und Schneeball (Viburnum Lantana) dar.

Schilfrohr, Phragmites.

Schilfrohr tritt von Feuchtlagen aus (= Nichtackerlagen) gelegentlich in Äcker ein, zeigt wasserzügigen Boden an und gehört daher nicht zur Flora echter Ackerbaugebiete.

Abb. 68

Osterluzei
Aristolochia Clematitis
Selten; auf Kalklehmboden.

Netzblättriger Zweikeim=blättler, Dicotyledonen.

Osterluzei, Aristolochia Clematitis.

Eingebürgerte Weingärten= und Arz=neipflanze auf warmen (T 5, T 4), lockeren Kalklehmen (R 5). Gerne in Hackfrucht, nie in Naßlagen, da Wasserzahl etwa W 5. Oft weithin fehlend. Tiefwurzler.

Mannsschild*), Androsace. Abb. 69.

Die kleinen, wärmeliebenden Arten gehören zur Schlüsselblumenfamilie. Sie sind regional sehr ungleich verteilt, weil diese Landblockarten (kontinental) in Deutschland ihre Westgrenze erreichen. Praktisch sind sie auf das Maingebiet von Bamberg bis Mainz und auf den Mittelrhein (Nord=pfalz) beschränkt. Dem Wärmebedürfnis entsprechend findet sich eine Art (A. elongata) bei Regensburg.

Im Acker kommen folgende Arten vor:

	Vorkommen					
Arten	Süd=bayern	Nord=bayern	Pfalz	Hessen	Württem=berg	Mittel=rhein
Großer Mannsschild, Androsace maxima	—	—	+	+	—	+
Verlängerter M., A. elongata	—	+**)	+	+	—	+
Nordischer M., A. septentrionalis	—	+***)	+	+	(+)	+

Als Sandzeiger und Trockenrasenart gilt septentrionalis; die anderen Arten bevorzugen meist kalkhaltige Lehme und Sandlehme. Alle Arten sind Trockenzeiger. Im Rahmen des Ackerbaues kommt ihnen eine sehr geringe Bedeutung zu.

Getreidemiere Delia, Hirschsprung, Corrigiola, Knorpelblume, Illecebrum.

Eine standörtlich zusammengehörige Gruppe stellen folgende drei Acker=arten dar:

Getreidemiere, Delia segetalis = Spergularia = Alsine segetalis,
Hirschsprung, Corrigiola litoralis, und
Knorpelblume, Illecebrum verticillatum.

Hiervon ist die Getreidemiere mediterran (— atl.), die beiden anderen Arten sind (sub=)atlantisch mediterranen Charakters, demgemäß (atlantisch!)

*) Mannsschild ist die wörtliche Übersetzung von Androsace.

**) Kitzingen, Regensburg.

***) Strullendorf und Bamberg (Sand!). Erlach bei Ochsenfurt, Kitzingen, Eibel=stadt, Würzburg, Randersacker, Sommerhausen, Volkach (Main= und Taubergebiet).

ziehen sie kalkarme Lagen vor. Sie gehören zu feuchten, tonig=sandigen, auch verschlämmten Böden und zur Gesellschaft der Ackerrinnen. Die Getreidemiere wird von den Soziologen zur Kleinlings=Hornmoos=Gesellschaft (Centunculeto=Anthoceretum, siehe auch Abschnitt 7) gestellt.

Der Hirschsprung findet sich auf tonig=feuchten Stellen in Bayern, z. B. im Buntsandstein (Kahl, Alzenau, Schöllkrippen).

Abb. 69

Mannsschild, Androsace septentrionalis

Wärmeliebende seltene Pflanze auf Sand und Sandlehm, vorzugsweise im Osten. Kontinental, Trockenrasenart.

Getreidemiere und Knorpelblume sind in Bayern nicht oder nur sporadisch auffindbar. Alle drei Pflanzen spielen als Zeigerpflanzen eine sehr untergeordnete Rolle.

Nagelkraut, Polycarpon, Bruchkraut, Herniaria glabra.
Eine Parallelgruppe zur vorstehenden, aber auf trockenen bis warmen kalkarmen Stellen, bilden:

Nagelkraut, Polycarpon tetraphyllum, und Bruchkraut, Hernaria glabra.
Beide Arten finden sich auch in der Silbergrasgruppe (Corynephorion). Sie haben nur geringe Bedeutung, da sie nicht immer häufig sind.
Portulak, Portulaca oleracea, Bingelkraut, Mercurialis annua.

Beide Arten kommen oft miteinander vor. Eine Sandzeigerart auf warmen, nährstoffreichen Böden, auch in Gärtnereien, ist der Portulak (gerne in Hackfrucht. Er ist gelegentlich eine Charakterart der nährstoffliebenden Bingelkrautgesellschaft.

Das Bingelkraut (Mercurialis) fehlt z. B. am Bodensee; im oberpfälzischen und im Bayerischen Wald ist es selten. Häufig ist es dagegen im Main= und Rheingebiet, besonders um Ortschaften, folgt also dem Menschen ähnlich wie der Portulak, der auch im Main= und Rheingebiet häufiger ist als südlich der Donau.

Wolfsmilch (Euphorbia)
Breitblättrige Wolfsmilch (Euphorbia platyphyllos)

Sie ist als Kalk=, Lehm=, Ton= und Wärmepflanze im Jura, im Muschelkalk und im Keuper auf Zanclodonletten viel häufiger als in Südbayern, fehlt im Buntsandstein. Diese mittelmeerische Pflanze geht nördlich bis Westfalen.

Scharfe Wolfsmilch (Euphorbia Esula)

Wärmeliebend auf Lehm= und Tonboden, auch auf Sandlehm. Diese Landblockpflanze ist kalkhold, fehlt in Württemberg, selten in Nordwestdeutschland.

Nur vereinzelt treten im Acker auf:
Sichelförmige Wolfsmilch (Euphorbia falcata)

Augsburg, Vorderpfalz, Speyer — Mainz=Kreuznach.

Weidenblättrige Wolfsmilch (Euphorbia salicifolia).

Diese 1894 in Bayern entdeckte Pflanze (Ostpflanze) erreicht bei Regensburg ihren westlichsten Standort. Ökologisch und ackerbaulich bedeutungslos.

Die Unterschiede der häufigen Wolfsmilcharten des Ackers sind folgende:

Art	Blätter	Sonstige Hinweise
Gartenwolfsmilch (Euphorbia Peplus)	verkehrteiförmig, ganzrandig	subatl. medit. (euras.), oft in der Bingelkraut=gesellschaft
Sonnenwendwolfsmilch (Euphorbia Helioscopia)	verkehrteiförmig, vorne gesägt	medit. (subozean., oft in Hackfrucht mit Knöterich und Gänsefuß, daher Polygono=Chenopodion=Art
Zierliche Wolfsmilch (Euphorbia exigua) F. 56, F. 167	linealisch schmal	medit. Kalk= und Lehm=zeiger, meist in der Ritter=sporngesellschaft

Am Rain, soweit er trocken und warm ist, findet sich als Trocken= und Halb=trockenpflanze die

Zypressenwolfsmilch (Euphorbia Cyparissias). F. 136

Ihre Wärmeliebe überlagert den Reaktionseinfluß (T > R), sie ist somit keine zuverlässige Kalkzeigerpflanze.

Fetthenne (Fettkraut, Sedum tele=phium ssp. maximum) (Sammelart). In Äckern, Rainen, Hecken. Gelegent=lich als Hinweis auf frühere Hecken. Etwas humusliebend.

Mauerpfeffer (scharfe Fetthenne, Sedum acre).

Diese gelbblühende, rasige, wärme=liebende Art trockener Steinböden dringt im Jura gelegentlich in Äcker, namentlich in lückige Luzerne ein. Rohbodenbesiedler, besonders auf Kalkböden. Ackerbedeutung gering.

Abb. 70

Fetthenne
Sedum maximum
Blütenstand und rübenförmige Wurzeln.

Hornkraut (Cerastium).

Feldhornkraut (Cerastium arvense), eine Halbtrockenrasenpflanze, also oft vom Rain aus trockene Ackerlagen anzeigend. Leicht erkennbar an der großen weißen Blüte, findet sich vereinzelt auch im Acker, nicht immer auf Kalk. Im Volksmund Donnerblume genannt. Im Bodenseegebiet erkennbar seltener, sonst im Ackerbaugebiet weit verbreitet. Fast Kosmopolit. F. 137

Gewöhnliches Hornkraut (Cerastium vulgatum = triviale = caespito= sum). In Wiese und im Acker. Erkennbar durch nichtblühende Triebe, Blütenstiele nicht abstehend. Acker=, Wiesen= und Egartenpflanze. F. 138

Geknäueltes Hornkraut (Cerastium glomeratum).

Kurze Blütenstiele, Blütenstand somit geknäuelt. Meist auf etwas frischen, kalkarmen Sand= und Sandlehmböden. Ungleich verbreitet, z. B. im baye= rischen Ostgebirge (Fichtelgebirge, Oberpfälzer Wald und Frankenwald) seltener als im Keuper, im Ries und im Rheingebiet (Sandzeiger). Weltweit verbreitet, Kosmopolit. Abb. 71.

Schotendotter (Erysimum).

Der Lackschotendotter, Goldlackschöterich (E. cheiranthoides) ist verhältnis= mäßig häufig. Er hat ganzrandige, schmale Blätter und vierkantige Schoten. Als Pflanze nährstoffreicher, humoser Sandlehme mit der Reaktionszahl R 4 geht er nicht in arme, sauere Sande.

Der graue Schotendotter (E. canescens) ist Einwanderungspflanze, er ist selten. Er findet sich z. B. im Osten Münchens auf anmoorigen Böden. R 4. Schoten auch hier streng vierkantig.

Zackenschötchen (Bunias, Bunias orientalis). Orientalische Zacken= schötchen.

Schötchen warzig, nicht aufspringend, schief, eiförmig, aufrecht abstehend. Selten. Wärmeliebend. R 5, W 4—5, also meist an Trockenstellen. Vereinzelt z. B. im Jura, in der Pfalz, im Neckargebiet, in der Rheinebene Bunias Eru= cago. Senfblättrige Zackenschötchen. Schötchen vierkantig geflügelt. Kanten gezähnt, fast rechtwinklig abstehend. Diese mittelmeerische (mediterrane) Pflanze ist in Südostbayern (Waging, Laufen), ferner in Kärnten, Steiermark regional entwickelt. Beide Arten ohne Ackerbedeutung.

Hohldotter (Myagrum perfoliatum).

Blätter blaubereift, kahl, mit herzpfeilförmigem Grund sitzend. Selten, auf Sandlehm und Kalksanden. Frucht im unteren Teil einen Hohlraum bildend daher der Name. In Ausbreitung begriffen.

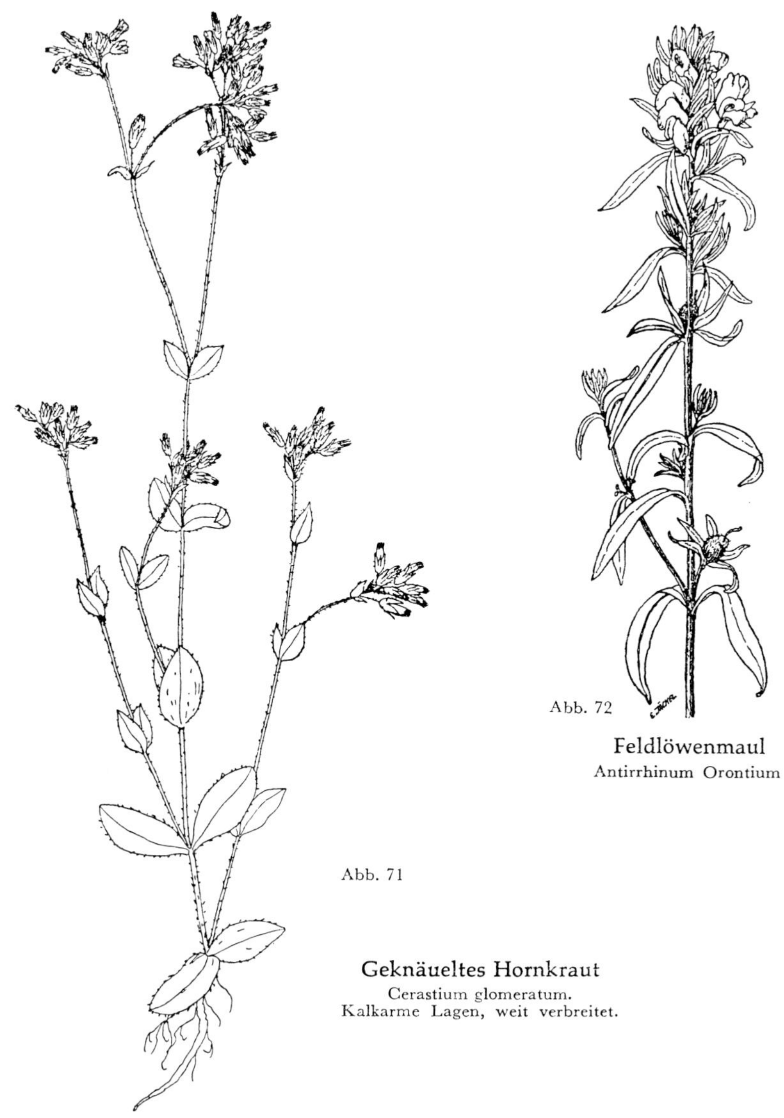

Abb. 72

Feldlöwenmaul
Antirrhinum Orontium

Abb. 71

Geknäueltes Hornkraut
Cerastium glomeratum.
Kalkarme Lagen, weit verbreitet.

In diese Gattung rechnete man früher auch den Finkensamen (Neslia = Vogelia paniculata = Myagrum paniculatum). Wichtige Lehmzeigerpflanze.

Wicken=Vicia.

Vicia=Cracca Vogelwicke als Sammelart und Vicia angustifolia seien hier nur kurz erwähnt. F. 154, 155

Leinkraut (Linaria).

Außer den Arten Linaria vulgaris (siehe Abschnitt Mühlstetten) und L. spuria (siehe Abschnitt Löß, 95/100) kommen in Äckern noch vor: das kleine Leinkraut (L. minor = Chaenorrhinum*) minus) und das Ackerleinkraut (L. arvensis). L. minor hat gelblichen, L. arvensis blauen Gaumen. Das kleine Leinkraut ist auf warmen, lehmig-kalkigen Böden nicht zu selten, geht aber nicht in arme, sauere Sande oder in Feuchtstellen. Es ist ein bescheidener Kalk- und Lehmzeiger.

Das Ackerleinkraut ist meist seltener und findet sich vorzugsweise in Keupersanden, auch in diluvialen Sanden, fehlt meist in Nordwestdeutschland. Leichtes Erkennungsmerkmal: Die unteren Blätter stehen zu vieren quirlig. Seine Ackerbedeutung ist gering.

Löwenmaul (Antirrhinum).

In saueren Sandlehmen, im Buntsandstein, im Keuper, im südlichen Schwarzwald, im Pfälzer Wald (ohne die Kalkzone) tritt das durch seine rote Löwenmaulblüte leicht kenntliche Feldlöwenmaul (Ant. Orontium) als Zeigerpflanze auf. Im kalkreicheren Oberbayern, im Jura und im Muschelkalk, soweit dieser nicht entkalkt ist, ist es selten, in Ostfriesland fehlt es. Begleitpflanzen: Hederich, auch Spörgel und Knäuel, ferner der Ackerziest (Stachys arvensis). Letzterer ist Kalkflüchter; er hat wie das Löwenmaul die Reaktionszahl R 2. Löwenmaul und Ackerziest finden sich in der Ackerziestgesellschaft, einer wärmeliebenden Gesellschaft sauerer Sandlehme, die auch in Weinberglagen bezeichnend sein kann. Abb. 72.

Ackermeier (Asperula arvensis).

Diese Kalk, Lehm und Ton besiedelnde Pflanze warmer, trockener Lagen (T 5, W 4) ist vorzugsweise auf weißen Jura und das untere Taubergebiet beschränkt. In Südbayern, im Bayerischen Wald und in Nordwestdeutschland fehlt sie. Wegen der Reaktionszahl R 5 kann sie auch zur großen Rittersporngesellschaft gerechnet werden.

Binsenzichorie, Rutenzichorie (Chondrilla juncea). F. 148

Diese wie ein dichtes grünes Rutenbündel aussehende Pflanze des Halbtrockenrasens steht gelegentlich auch in sandig-warmen Äckern. In Süddeutschland zerstreut, in Nordwestdeutschland, im Schwarzwald und in der Alb fehlend; vereinzelt bei Wolnzach in der Holledau. Als Ackerpflanze ist

*) Klaffmund: der Kronschlund ist offen; bei Linaria im engeren Sinne ist er geschlossen.

sie ohne nennenswerten Zeigerwert, zudem kommt diese auffallende Pflanze zu unregelmäßig vor.

Hundskamille (Anthemis). F. 173

In dieser Gattung ist A. arvensis häufig, während die wärmeliebende gelbe Hundskamille (Anthemis tinctoria, Färberhundskamille) im Getreide selten ist. Die Färberkamille findet sich vorzugsweise auf Kalklehm und Kalksand. Auch die stinkende Hundskamille (mehr Schutt= als Ackerpflanze) ist viel seltener. Die österreichische Hundskamille (A. austriaca) ist regional be=sonders im Raum Regensburg—Kehlheim—Parsberg—Velburg (Ostjura) häufiger, sonst noch am Rhein und Main (Würzburg), hier jedoch nicht allzu häufig. Die Zeigerwerte dieser Arten lauten:

Ackerhundskamille R 2 Österreich. Hundskamille R 5	} Besiedelungsgegensätze von der Reaktion (Kalkansprüche) her
Stinkende Hundskamille R 3 (4)	stärker wärmeliebend als arvensis

Um Verwechselungen mit der Kamille zu vermeiden, sei auf folgende Unter=schiede hingewiesen:

Art	Blütenkegel	Spreublätter am Blütenkegel
Kamille	hohl	keine
Ackerhundskamille	fest	ganzer Blütenkegel mit Spreublättern
Stinkende Hundskamille Anthemis cotula	fest	unterer Teil des Blüten=kegels frei von Spreublättern

Pippau, Grundfeste (Crepis). F. 114, F. 162

Der zweijährige Pippau (Crepis biennis) findet sich meist nur im Egarten=gebiet im Acker. Als Wiesenpflanze wird er zur Glatthafergesellschaft (Arrhenatheretum) gezählt. Am Ackerrain zeigt er durch R 4 (3), W 3 brauchbare Ackerlagen an. Als verbreitete, wenn auch nur mäßige Zeiger=pflanze steht Pippau zwischen zwei anderen „häufigen" gelben Zeiger=pflanzen aus der Familie der Körbchenblütler, nämlich Bocksbart und Ferkel=kraut. Daher seien hier diese drei Landschaftszeiger am Rain oder im Grün=land regional und standörtlich kurz miteinander verglichen.
Alle drei Pflanzen haben Wasserzahl 3 und T 4—3, passen also einigermaßen zusammen.

Bocksbart und Ferkelkraut stellen einen deutlichen Standortsgegensatz dar; die Grundfeste steht hinsichtlich der Kalkführung des Bodens ziemlich genau in der Mitte der drei genannten Arten. Für diese drei Arten läßt sich folgendes Standorts-, Kalklehm- und Reaktionsschema aufstellen:

Wiesenbocksbart	Grundfeste	Ferkelkraut	
——————————————————→	←—— Überschneidung ——→		
←———————————————————————		Abnahme der Kalkführung	
Kalk, Lehm	Kalk, Lehm	kalkarm	
R 4, T 4	R 4—3, T 3	R 3—2, T 3	F. 5

Es können also miteinander vorkommen Bocksbart und Grundfeste, Grundfeste und Ferkelkraut überschneiden sich nur in beschränktem Maße. Nicht miteinander kommen vor Bocksbart und Ferkelkraut. Diese Tatsachen erkennt man sehr gut beim Überblicken großer Räume. So ist im Bayerischen Wald der Wiesenbocksbart nur auf einzelne Kalklagen beschränkt. In der Geest (Oldenburg) fehlt er, die Grundfeste tritt sehr zurück, aber das Ferkelkraut (R 3—2) ist oft bestandbildend. Nur auf Basalt (Rhön) habe ich die Aufhebung dieser Besiedlungsregeln gesehen. Dort kamen sogar Arnika (R 2) und Bocksbart (R 4) in gegenseitiger Wurzelnähe vor.

Dünnstengeliger Pippau (Crepis virens = Crepis capillaris). F. 162

In sandigen Äckern häufig, auch auf Kalksand; Trockenrasenpflanze. Blütenblätter rotspitzig, Blütenköpfe klein, Blütenboden grubig mit gewimperten Grubenrändern. In Norddeutschland seltener als in Süddeutschland. Zeigerwert gering.

Stinkender Pippau (Crepis foetida = Barkhausia foetida).

Blüten vor dem Aufblühen nickend. Gerne auf Kalk. Ober- und Mittelrhein, Fränkischer Jura, Fränkisches Hügelland; zurücktretend in Buntsandstein, selten in Südbayern, nicht im bayerischen Ostgebirge. Oft unbeständig.

Mauerpippau (Crepis tectorum).

Blätter am Rande eingerollt, Blattgrund spießförmig. Stengel graugrün. Besonders auf schwerem Lehm und Ton. Im Alpenvorland und Schwarzwald kaum vorhanden; im Rheingebiet seltener; Nordbayern, Frankenwald mäßig häufig; in der norddeutschen Ebene verbreitet.

Borstenpippau (Crepis setosa).

Äußere Hüllblätter und Köpfchenstiele mit gelben oder rötlichen Borsten. Im Rheingebiet der Pfalz einigermaßen verbreitet, sonst selten bzw. verschleppt (adventiv).

Abb. 73

Crepis tectorum

Blasiger Pippau (Crepis vesicaria). Pflanze mit gelbem Milchsaft und Bittermandelgeruch, oft an Warmstellen mit der Lattichkompaßpflanze Lactuca scariola; auf Kalk und Kalklehmen. Vorzugsweise Pfalz, Oberrhein, auch Mosel, badischer Jura, Neckar= und Taubergebiet; Südbayern selten.

41. Der Vollständigkeit halber folgen noch einige Hinweise auf Raubpflanzen, Halb= und Ganzschmarotzer.

Klappertopf, Rhinanthus = Alectorólophus F. 183

Im Acker kommen zwei Hauptarten mit mehreren jahreszeitlich verschieden gestalteten (saison=dimorphen) Unterarten vor:

Rhinanthus hirsutus = Rh. Alectorólophus (Scop) Poll = Alectorólophus hirsutus All. (weil Kelch behaart) und

Rhinanthus major = Rh. glaber (kahl, weil Kelch unbehaart).

Beide Arten sind grüne Halbschmarotzer (Wasser= und Nährsalzparasiten), ebenso der Zahntrost Odontites rubra = Euphrasia Odontites. F. 181
Der behaarte Klappertopf sendet in Getreideäcker folgende Unter=arten:

ssp. arvensis, Stengel oft braunrot, reich verzweigt, Samen geflügelt;
ssp. buccalis, Samen ungeflügelt, recht selten.

Auch der große Klappertopf zerfällt in eine Reihe von Unterarten. Beide Arten scheiden bei der biologischen Ackerbeurteilung aus. Das Gleiche gilt von der Vollschmarotzergattung:

Würger, Sommerwurz, Orobanche.

Im Acker kommen folgende blattgrünlose Ganzschmarotzer in Betracht: Der ästige Hanfwürger (Orobanche ramosa=Phelipaea ramosa) be=sonders in der Vorderpfalz auf Hanf, Tabak, Mais.

Die nicht ästigen Würgerarten, Kleeteufel (Orobanche minor = O. barbata) besonders auf Rotklee. Besonders in Süd= und Südostbayern, auch Bonn, Westfalen und Südhannover. Bei Tuching — Freising habe ich vor Jahren im tertiären Hügelland 125 Pflanzen je Quadratmeter im Klee gezählt. Heute ist die Artenmenge stark zurückgegangen. F. 184

Rötlichgelber Kleeteufel (Or. lutea = rubens). Auf Klee und Luzerne. Jura, Baden, Hessen, Württemberg, Rheinland. F. 185

Seide (Cuscuta).

Kleeseide (Cuscuta epithymum ssp. trifolii) mit der Stammart Quendelseide (C. epithymum). Diese findet sich auf Flügelginster, Quendel, Heide (Calluna), Besenginster und Reben (Barttrauben).

Flachsseide (Cuscuta epilinum).

Durch Saatreinigung selten geworden, ebenso wie die „Leinunkräuter". Eine „Leinfeld eigene Unkrautgesellschaft" ist damit praktisch erloschen.

Brennesselseide (Cuscuta europaea).

Auf Brennessel, Beifuß, Zaunwinde (Convolvulus sepium), auch auf Kar=toffel.

Eingeschleppt sind noch manch andere Seidenarten. Sie sind alle unbeständig und ohne nennenswertes ökologisches Interesse, da sie ja alle als Pflanzen „sekundärer Standorte" von ihrer Wirtspflanze abhängen.

Hinweise auf das Schrifttum

Als geeignete Hilfsbücher zur Bestimmung der Ackerpflanzen und zur Erkennung besonders morphologischer Merkmale seien folgende Floren genannt:

1. SCHMEIL=FITSCHEN, Flora von Deutschland;

2. BERTSCH, Flora von Württemberg;

3. VOLLMANN, Flora von Bayern. Eugen Ulmer Verlag, Stuttgart.

Für weitergehende Wünsche sei hingewiesen auf
HEGI, Flora von Mitteleuropa. Neue Auflage im Erscheinen (1957 ff.), Hanser Verlag, München.

Für systematische Spezialstudien, besonders im südwestdeutschen Raum, kommt auch die Flora der Schweiz von BINZ, BINZ=THOMMEN, Flore de Suisse (1953, Lausanne) mit dem Taschenatlas von THOMMEN in Betracht. Die Schul= und Excursionsflora der Schweiz von BINZ umfaßt auch Teile von Baden.

Die große Flora von Nord= und Mitteleuropa von Fr. HERMANN (1956) ist wegen ihres hohen Preises nur für Institute und Spezialisten von Bedeutung.

Zur weiteren Unterrichtung über formale und dynamische Standortslehre und über Gesellschaftslehre sei auf folgende Werke hingewiesen:

BOAS Fr., Pflanze, Düngung und Ernährung, Hippokrates Verlag, Stuttgart;

BOAS Fr., Dynamische Botanik, 3. Aufl., Hanser Verlag, München;

BOAS Fr., Versuche zur Ackerflora, Landwirtsch. Jahrbuch für Bayern, 1952, Heft 7/8.

ELLENBERG H., Landwirtschaftliche Pflanzensoziologie
1. Unkrautgemeinschaften als Zeiger für Klima und Boden
2. Wiesen und Weiden.
Verlag Eugen Ulmer, Stuttgart, 1950, 1952.

KNAPP R., Einführung in die Pflanzensoziologie
1. Arbeitsmethoden
2. Pflanzengesellschaften
3. Angewandte Pflanzensoziologie.
Verlag Eugen Ulmer, Stuttgart.

OBERDORFER E., Pflanzensoziologische Excursionsflora für Südwestdeutschland. Verlag Eugen Ulmer, Stuttgart.

OBERDORFER E., Die Pflanzengesellschaften Süddeutschlands. Verlag G. Fischer, Jena, 1957.

TÜXEN R., Grundriß einer Systematik der nitrophilen Unkrautgesellschaften in der Eurosibirischen Region Europas. Mitteilungen der floristisch=soziologischen Arbeitsgemeinschaft N. F. Heft 2, 1950, Seite 94—178. Stolzenau an der Weser.

Herkunft der Bilder:

Die Farbaufnahmen führte nach den Angaben des Verfassers Herr R. HOFMANN, München, Landwirtschaftliche Bildstelle, aus. — Von den Farbbildern des Buches können Kleinbildreihen (Farbdias) von der Landwirtschaftlichen Bildstelle, München 15, Haydnstr. 11, bezogen werden.

Die Farbaufnahmen: Ackerwinde, Melde, Weiches Honiggras und das Landschafts=bild Gänsedistel, Sonchus, mit Wegwarte stammen von Herrn Reg.=Rat Dr. Oskar SCHWEIGHART.

Die Schwarzweißbilder zeichneten nach meinen Angaben G. ZENSKE, Dasing (Schwaben), und G. JÄCKEL, München.

Die Standortsskizzen bei den Ackerbeispielen wurden von mir an Ort und Stelle entworfen.

Fremdbilder, z. B. solche aus HEGI, Flora von Mitteleuropa, sind entsprechend gekennzeichnet.

Im Text ist an geeigneter Stelle auf die Farbbilder hingewiesen. F 3 bedeutet z. B. Farbtafel 3.

Hinweis auf ökologisch wichtige Abkürzungen

Hierzu Seite 76—79 des Textes

R = Reaktionszahl

R 1	Pflanzen auf meist stark saueren Böden: Sandhohlzahn, Knäuel, auch R 2.	Reich des Ackerrettichs
R 2	Pflanzen vorwiegend sauerer Böden, oft auch in neutrale Böden gehend: Ackerhundskamille, Krötenbinse.	
R 3	Pflanzen meist schwach sauerer Böden: Frauenmantel, Hederich, Kamille, Sandmohn.	
R 4	Übergangsgebiet. Pflanzen schwachsauerer bis neutraler Böden: Ackersenf, Mohn, Ackerhahnenfuß, Ackersteinsame.	Reich des Ackersenfs
R 5	Pflanzen neutraler bis deutlich alkalischer Böden: Rittersporn, Adonis, Strahldolde.	
R 0	Unsichere Angabe für reaktionsunstete, „indifferente" Arten.	

W = Wasserhaushaltszahl

W 1 Pflanzen oft sehr nasser, grundfeuchter Böden: Krötensimse (Krötenbinse), Zweizahn, Pfefferknöterich.

W 2 Pflanzen des Übergangs von nassen auf frische und bessere Böden: Ackerminze, Pfefferknöterich.

W 3 Pflanzen gut durchlüfteter, meist gut mit Wasser versorgter Böden. W 3 ist die Wasserzahl guter Ackerböden: Rote Taubnessel, Vogelmiere, persischer Ehrenpreis.

W 4 Ähnlich wie W 3, Böden nicht zu stark austrocknend: Rittersporn, Sichelmöhre, Adonis.

W 5 Pflanzen oft stark austrocknender Böden: Sichelmöhre, Eiblatt, Reiherschnabel.

N = Stickstoffzahl

N 1 Pflanzen sehr stickstoffarmer Böden: Zwergserradella, Doldenspurre.

N 2 Pflanzen meist stickstoffarmer Böden: Lammkraut, Doldenspurre.

N 3 Pflanzen auf Böden mit meist guter Stickstoffversorgung: Hederich, Senf, Kamille, Frauenmantel.

N 4 Pflanzen stickstoffreicher Böden: Klettenlabkraut, schwarzer Nachtschatten.

N 5 Pflanzen sehr stickstoffreicher Böden: Vogelmiere, Greiskraut, Bingelkraut.

(N 4 und N 5:) Pflanzen vielfach in Gärten vorkommend.

T = Wärmeanspruch, Temperaturzahl

T 1 Die Getreidegrenze im Norden noch überschreitende Pflanzen: Stechender Hohlzahn, Krötenbinse, Gänsefingerkraut, liegendes Mastkraut, Quecke.

T 2 Diese Getreidegrenze kaum noch überschreitende, aber über die Eichenzone hinausgehende Pflanzen: Kohl= und rauhe Gänsedistel, gelbes Stiefmütterchen, Hederich.

T 3 Nordwärts an der Eichengrenze haltmachende Pflanzen: Sandsstiefmütterchen, Rittersporn, Klatschmohn, Sandmohn.

T 4 Im Bereich der Feldahorngrenze verbleibende Pflanzen, Pflanzen der Vorweinzone: Venuskamm, Ackergoldstern, Bingelkraut, zierliche Wolfsmilch, Adonis.

T 5 Pflanzen annähernd innerhalb der Weingrenze: Eiblatt, grauer Erdrauch, dreihörniges Labkraut, Sonnenwende, rundblättriges Hasenohr.

Lebensdauer der Ackerpflanzen

♃ bedeutet ausdauernd, perennierend.

Alle anderen Pflanzen sind ein= bis zweijährig.

Das mohnarme Land

Zeigerpflanzen vorzugsweise der Besenginster- und Hederichlandschaft sauerer, kalkarmer Gebiete

Sarothamnus scoparius
Besenginster, Pfriem, Ramse. Genêt. Broom

Großzeigerpflanze sauerer, kalkarmer Gebiete der Roggen-, Serradella- und Kartoffellandschaft. Oft mit Viscaria, Artemisia campestris, auch mit Chondrilla juncea. Subatlantisch, daher bei mangelndem Schneeschutz im Winter erfrierend. Gegen Osten abnehmend. Ausdauernde Holzpflanze.

Pteridium aquilinum. Pteris aquilina
Adlerfarn. Fougère impériale

Tiefwurzelnde Waldrainpflanze. Im Acker Zeigerpflanze früherer Bewaldung und Zeiger sauerer, kalkarmer Sande und geringer Böden. Sandzeiger, am Rain oft mit Besenginster. Kalispeicherpflanze. Echter Kosmopolit. ♃

Hypochoeris radicata
Ferkelkraut. Salade de porc. Long=rooted cat's ear

Rainzeigerpflanze für mäßige Säure, R 3, und brauchbare Wasserführung. Auch im Grünland. Tiefwurzler. Profilerschließer. Im Acker die Raphanusgruppe andeutend, daher nicht in der Salbeigegend (R 5 [4]). Ausgezeichnet durch tiefgrüne Rosette. ♃

Viscaria vulgaris
Pechnelke. Attrapemouche. Clammy Lychnis

Pflanze sauerer, oft grobsandiger, kalkarmer, warmer, südseitiger und trockener Stellen. Zeigerpflanze der Roggen-, Raphanus-, Spergula- und Lycopsislandschaft, auch mit Rumex Acetosella. Reaktionswert: R 2–3, daher strenger Zeigerpflanzengegensatz zu Wiesensalbei = R 4–5. ♃

Armeria elongata = vulgaris
Grasnelke. Gazon d'Espagne. Thrift, sea pink

Pflanze mäßig sauerer, besserer Sandböden. Rainzeiger für Sandlehme, für Äcker mit Hederich. Regional ungleich verbreitet, häufiger im Keuper- und Diluvialsand; nicht im Kalkjura und Muschelkalk. Rosettenpflanze. ♃

Raphanus Raphanistrum
Ackerrettich, Hederich. Ravenelle

Pflanze meist sauerer Silikat-Gebiete; auch in guten schwachsaueren (R 3) Lehmlagen. Geringe Temperaturansprüche, T 2, bedingen Massenvegetation auch noch im Herbst. Zwei Hauptformen im Acker, eine bläulichweiße und eine gelbliche, von gleichem Zeigerwert. Häufig mit Knäuel und Spörgel, auf besseren Böden auch mit Hohlzahn. Normal nie mit Senf und Klatschmohn. Nie mit den Kalkzeigern der Rittersporngruppe. Mittelwurzler, daher mäßiger Profilerschließer.

Sinapis arvensis und Raphanus Raphanistrum

Senf und Hederich auf Rohboden am selben Standort. Aufhebung der Konkurrenz ermöglicht Nebeneinandervorkommen von zwei sonst sich ausschließenden Arten. Reaktionszahl für Raphanus R 2–3, für Sinapis R 4 bedingen diesen Gegensatz.

Papaver Argemone

Sandmohn. Pavot Argémone. Long Prickly=headed Poppy

Gerne in kalkärmeren, meist mäßigsaueren, nährstoffreichen, oft auch auf rauhen Sandlehmböden. Oftmals Einzelgänger, also nur mit sehr geringem Deckungsgrad. Nie in Massen wie Papaver Rhoas. Oft mit Lycopsis, Raphanus, Alchemilla und Spergula arvensis. Im Bild links eine gelbliche Form von Raphanus; auch Capsella ist sichtbar.

Trifolium arvense — Bidens tripartitus
Hasenklee, Katzenklee neben Zweizahn, Hosenbeißer

Beide Arten stellen am selben Platz einen Standortsgegensatz dar. Der Hasenklee, eine Pflanze trockener (W 5–4), warmer Böden, steht im Bild neben dem Nässezeiger (W 1). Am Standort ermöglicht eine kleine Feuchtigkeitsstelle die Ansiedlung von Bidens mitten in trockener Sandlage. Bidens selber ist im Acker bei größerer Anzahl Abwertungspflanze, ein Zeiger schlechter Bebaubarkeit. Der Hasenklee ist eine Pflanze guter Bebaubarkeit. Dieses Zeigerpflanzenpaar weist auf einen doppelten Gegensatz hin: trocken — naß, leicht bebaubar — schlecht bebaubar. Im Bild rechts eine Ähre der Borstenhirse.

Spergula arvensis

Ackerspörgel. Spergula des champs. Corn Spurrey

Auf saueren (R 1), oft nährstoffreichen, sandig grusigen Böden mit meist guter Wasserführung (W 2–3), auch in kalkarmen Lehmen. Im Bild (Mitte) Arnoseris minima, Lammkraut; rechts Stenophragma, Schmalwand; ganz vorne Scleranthus Knäuel; vier typische Säurezeiger sauerer, oft lockerer Sande.

Arnoseris minima
Lammkraut

Geht als Säurezeiger auch an Waldränder. Seltener Standort einer Ackerpflanze, ganz außerhalb ihrer normalen Begleiter. Auch an diesem Standort ist die Verdickung der Blütenstiele unter dem Körbchen gut erkennbar.

Scleranthus annuus
Einjähriger Knäuel. Annual Knawel

Pflanze sauerer, meist sandiger, auch kalkarmer Lehme. Mit Rumex Acetosella, sehr arme Sande anzeigend. Mit Raphanus, Alchemilla arvensis, Arnoseris und Spergula auf meist besseren Sanden. Hoher Stickstoffgehalt kann den Knäuel auf saueren Böden zurückdrängen. Im Bild auf sauerem, diluvialem Grobsand.

Lycopsis arvensis = Anchusa arvensis
Krummhals, Ochsenzunge. Grisette. Little bugloss

Pflanze nährstoffreicher, lockerer, mildhumoser, kalkarmer Sandböden und Sandlehme, auch in Hackfrucht. Oft Einzelgänger, also mit geringem Deckungsgrad. Manchmal mit Stachys arvensis (Säurezeiger); häufiger mit Hederich (Bildhintergrund); Kamille und Sandmohn. Zeigerpflanze für Böden meist brauchbarer Bebaubarkeit.

Hypericum humifusum
Niederliegendes Johanniskraut
Pflanze frischer, oft feuchter, schwach sauerer (R 2–3) Sandlehme; auch Ackerrinnenpflanze, besonders in Silikatgebieten. Etwas vergrößert. Meist ♃

Rumex Acetosella

Kleiner Sauerampfer. Petite oseille. Field oder sheps sorrel

Auf kalk- und nährstoffarmen, saueren Böden, auf verdichteten Stellen geringer Gare, auf Hochmoor und im Magerrasen des Ackerrains. Die Ackerwerte R 1, G 1, N 2 bedeuten eine Abwertungspflanze. Wurzeltiefe bis 30 cm, genügender Profilzeiger. Aspektbildner im lückigen Klee. Vielgestaltig; rote Magerformen ökologische Sonderformen bildend. Oft mit Knäuel, Stenophragma, Holosteum, Erophila, Spergula, Raphanus. Kosmopolit. Durch T 1 Weltverbreitung erleichtert. Auf Urgestein bis 2280 m steigend. ♃

Rumex Acetosella, kleiner Ampfer neben
Trifolium campestre (procumbens)
Feldklee

In dieser Gruppe hat nur der kleine Ampfer zuverlässigen Zeiger- und Reaktionswert. R 1. Der Feldklee geht auch in Kalkböden; er ist reaktionsunstet. ♃

Rumex thyrsiflorus
Straußblütiger Ampfer

Auf Flußsanden (Rednitz, Main, Rhein). Thyrsiflorus tritt vereinzelt auch im Acker auf. Die dichten, hohen, roten Fruchtstände wirken wie eine rote Fahne. Als Lockerheitszeiger nur selten in Kalklehm und Ton. Vom Rain her Zeiger für leichte Bebaubarkeit, daher vereinzelt mit Schmalwand vorkommend. Reaktionsaussage unsicher, etwa R 4 (R 3?). ♃

Viola tricolor

Ackerstiefmütterchen, Freisamkraut. Pensée. Pansy, cat's face

Freizügige Pflanze weiter Standorte. Im Bild auf stark sauerem Sand (pH 4, 8) mit dem wärmeliebenden Reiherschnabel, Erodium cicutarium, Sandzeiger. In der Mitte der Säurezeiger Knäuel.

Anthemis arvensis

Ackerhundskamille. Fausse camomille. Corn camomile, field camomile

Auf mineralkräftigen, nährstoffreichen Lehmen, warmen Sanden, Sandlehmen, meist mäßiger Reaktion (R 2–3) und noch guter Wasserführung (W 3–4). Oft mit Alchemilla arvensis, Raphanus u. a.

Stenophragma Thalianum. Arabidopsis Thaliana
Schmalwand. Arabette des dames, Arabette rameuse. Common Wall Cress

Frühjahrs- und Herbstblüher auf lockeren, trockenen Sanden und Sandlehmen; vereinzelt auch im degradierten Löß (Lehm). Nicht in kalkreichen Fluren oder auf nassen Stellen. Bei guter Entwicklung Zeigerpflanze für gut bebaubare Böden. Oft mit Raphanus, Spergula, Alchemilla arvensis, Papaver Argemone, Valerianella olitoria und Rumex Acetosella.

Stenophragma Thalianum und Anagallis arvensis
Schmalwand und Gauchheil

Diese zwei Arten mit ähnlichen Standortsaussagen für mittlere, leicht bebaubare Böden kommen häufig miteinander vor. In schwere oder überschwere Böden und Bunttone (Pelosole) wandern sie als Paar nicht ein. Höchstens der Gauchheil, der eine stärkere Lehmbeziehung hat als Schmalwand, dringt geringfügig in schwere Böden ein. Der Gauchheil ist Kosmopolit.

Holosteum umbellatum
Doldige Spurre. Jagged Chickweed

Frühjahrspflanze sandiger, sandig-lehmiger, warmer, trockener Böden. Auch in Rasengesellschaften, an offenen Stellen, selten in schweren Tonlagen. Oft mit Stenophragma, Alchemilla arvensis in gut bebaubaren Böden. Nicht in Kalklagen. Blütenstiele (Fruchtstiele) mit dreimaligen Bewegungen: 1. aufrecht, 2. abwärts und 3. wieder aufrecht gerichtet. Siehe auch Spergula. Befruchtungsbewegungen der Blütenstiele sehr auffallend, wie beim Spörgel.

Valerianella olitoria, Valerianella locusta
Feldsalat, Rapunzel. Valérianelle. Corn Salad

Pflanze meist garer, nährstoffreicher, sandig-lehmiger, annäherd schwach sauerer Böden (R 3) mit guter Wasserführung (W 3). In allen schweren Böden zurücktretend. Verschleppt (Kosmopolit). Oft mit Schmalwand, Stenophragma, auf gut bebaubaren Böden. Auf vorzugsweise kalkhaltigen Lehmen: V. carinata und V. dentata, schwer bestimmbare Arten.

Panicum lineare. Digitaria linearis
Fadenhirse, Fadenfingerhirse

Wärmeliebende (T 3) Hochsommerpflanze kalkarmer, sauerer Sande (R 1–2), stärker Trockenheit (W 5) ertragend als P. sanguinale (W 4). Häufig ohne P. sanguinale (R 1, R 3–4); wegen des Reaktionsunterschiedes, P. lineare R 1, P. sanguinale R 3–4, einander ausweichend. Größerer Armutsanzeiger als P. sanguinale.

Panicum sanguinale. Digitaria sanguinalis
Blutfingergras. Crab=grass

Pflanze warmer, häufig sonnig-trockener, meist nährstoffreicher Sande und Sandlehme. Oft mit der ebenfalls wärmeliebenden Mercurialis. Wegen T 4 fehlt es allen humiden und kalten Lagen. Kein sicherer Reaktionszeiger. Standort: roter, mittelgrober Sand.

Panicum Crus=galli. Echinochloa Crus=galli

Hühnerhirse. Pied de coq, pattes de poule. Cocks foot, Prickly grass

Nährstoffreiche, auch feuchtere, meist humusreiche Böden. Wärmeliebend, T 3, daher sehr ungleich verbreitet. Auffallende Pflanze in Hackfrucht. Keine zuverlässige Reaktionsaussage.

Erigeron canadensis

Kanadisches Berufskraut. Vergerette du Canada. Horse weed

Eingewandert. Pflanze sommerheißer, trockener, sandig-lehmiger, auch steiniger Böden. Hochsommerpflanze ohne wesentliche Ackeraussagen. Neben Galinsoga der verbreitetste amerikanische Einwanderer (Neophyt). Rechts der Sandbeifuß, Artemisia campestris. Wärme-, Sand- und meist Säurezeiger. Eine natürliche Trockenheitsgruppe. Artemisia ♃

Veronica serpyllifolia
Quendelblättriger Ehrenpreis. Véronique a feuilles de Serpolet.
Thyme=leaved Speedwell

Pflanze frischer, dichter, auch niederschlagsreicher Lehm- und Tongebiete. Auf meist deutlich bis mildsaueren (R 3) Böden, auch im Grünland. Selten in wärmeren lockeren Böden. Vielgestaltig. Blüten weißlich mit bläulichen Adern. ♃

Holcus mollis

Weiches Honiggras. Hochmoorquecke. Houque molle. Creeping Soft=grass

Auf frischen (W 3), festeren, mineralkräftigen, saueren Sandlehmen und Lehmen im humiden Klima auch im Hochmoor, seltener im lockeren Sand. Reaktionszeiger R 1–2. Die sogenannte zweite Quecke des Bayerischen Waldes, oft mit Raphanus, Scleranthus und Spergula. Stengelknoten deutlich bewimpert. ♃

Stellaria graminea
Grasmiere. Stellaire graminée. Lesser Stitchwort

Pflanze mäßig sauerer Sandlehme, degradierter Lößböden und frischer, oft etwas dichter Lagen. Im Klee aufrecht, sonst oft niederliegend. Begleiter: Sagina procumbens, Veronica serpyllifolia, Raphanus, vereinzelt auch Rumex Acetosella. Bis 2000 m steigend. Vorzugsweise auf quarzitischer Grundlage, meist R 3. ♃
Im Bild links unten Ackerfrauenmantel erkennbar. ♃

Oxalis stricta
Aufrechter Sauerklee. Upright Yellow Sorrel

Pflanze frischer, nährstoffreicher, meist kalkarmer Lehme und Sandlehme von annähernd neutraler Reaktion (R 3, 4). Flachwurzler. Besonders in Hackfrucht. Ackerbedeutung gering. Gartenunkraut. Rechts unten der Feuchtigkeitszeiger Plantago intermedia, dieser oft ♃.

Apera spica venti. Agrostis spica venti
Windhalm. Epi du vent, jouet du vent
Pflanze vieler Standorte, besonders auf lockeren, nährstoffreichen Sandlehmen, auch auf deutlich kalkhaltigen Böden.

Linaria vulgaris

Frauenflachs, Leinkraut. Lin sauvage. Common Toad=flax

Licht und Wärme liebende Acker-, Rain- und Bahndammpflanze. Gesellig, nicht an Naßstellen. Im Untergrund Schichten mit starker Säure (pH 4,8) durchwachsend. Reaktionswerte R 3–(R 4). Tiefwurzler. Rohboden- und Schuttbesiedler. ♃

Das mohnreiche Land

Zeigerpflanzen
vorzugsweise der Salbei- und Senflandschaft
für Kalk, Lehm
und meist alkalische Bodenreaktion.

Salvia pratensis
Wiesensalbei. Toute bonne, Sauge de près

Zeigerpflanze trockenwarmer, humoser, meist gut kalkhaltiger Böden der Weizen-, Gerste- und Luzernegebiete. Zeigerwerte: R 4–5, T 3, W 3–5. Der Salbeilandschaft entsprechen im Acker Sinapis, Papaver Rhoeas, Adonis und andere Kalkzeiger. Deutlicher Gegensatz zu Sarothamnus und Viscaria. ♃

Sanguisorba minor

Kleiner Wiesenknopf, Bibernelle. Pimprenelle. Salad burnet

Wärmeliebende Rainzeigerpflanze der Salbeilandschaft. Meist auf Kalklehm, Kalkstein, daher R 5 (4). Hinweis vom Rain auf die Rittersporngesellschaft; auch in Luzerne- und Kleefeldern. Vielgestaltig. Im Garten wird var. virescens als Gewürzpflanze kultiviert. ♃

Onobrychis viciaefolia
Esparsette. Esparcette sain foin. Esparcet

Wärmeliebende Zeigerpflanze am Rain auf Kalkböden; oft durch Anbau verwildert. Tiefwurzler, Profilerschließer. Sicherer Reaktionszeiger, R 5, daher mit der Rittersporngesellschaft in Weizen- und Luzernelagen gehend.

Alyssum calycinum. Alyssum Alyssoides
Steinkraut. Allysson. Alison, madwort

Pflanze trockener, sonniger, warmer, kalkhaltiger, auch schwerer Böden. Auch im Trockenrasen. Wegen W 4–5 oft von ungünstiger Aussage auf den Wasserhaushalt des Ackers. Ungleich verbreitet. In Nordwestdeutschland selten oder eingeschleppt. Auch Rohbodenbesiedler.

Cirsium oleraceum
Kohldistel

Besonders im Egartengebiet im Acker. Hauptverbreitung auf frischen Wiesen und helleren Auewäldern, besonders in Kalklagen. Reagiert sehr fein auf die Abnahme des Kalkes, daher z. B. im Silikatgebirge (Bayer. Wald) seltener. Pflanze mit einem sehr hohen Nettokalkgehalt in der Asche. Meist in Herden, d. h. gesellig vorkommend. ♃

Delphinium Consolida
Rittersporn. Dauphinelle. Forking larkspur

Pflanze kalkiger Lehme und Tone alkalischer Reaktion. Auch in warmen, etwas kalkigen, nährstoffreichen Sanden. Ackerwerte R 5 (Sandlagen nachprüfen), W 3–4, T 3, also auch reichlich außerhalb der Warmlagen (T 5 = Weinbau). Durch W 4 Übergangslagen zum Weinbau. Nicht häufig in feuchten (humiden) Gebieten. Profilerschließer, 30 cm. Oft mit Scandix Euphorbia exigua, Ranunculus arvensis, Sinapis arvensis, manchmal auch Alleingänger.

Adonis aestivalis
Teufelsauge, Sommer=Adonis, Blutströpfchen

Pflanze kalkhaltiger Lehme, Tone und Löße, kaum in Kalksanden, nicht in humiden Lagen. Ackerwerte R 5 (ohne Einschränkung), W 3–4, T 4, N und G um 2–3, also Mittellagen andeutend. Nebenform: strohgelb blühend A. aest. var. citrinus besonders in schweren Böden. Blutrotes, A. flammeus, seltener. Alle drei zur Rittersporngesellschaft gehörend. Häufig mit Haftdolde, Venuskamm, besonders in Wärme- und Weingebieten. Schließt Hederich- und Serradellalagen aus.

Sinapis arvensis

Ackersenf, Dill. Moutarde des Champs. Charlock, wild Mustard

Pflanze nährstoffreicher, humusreicher, lehmiger bis kalkreicher, neutraler bis alkalischer Böden. Ackerbauwerte: R 4, N, G 3–4, T 2. Pflanze der Weizengebiete. Aufwertungspflanze, oft mit Papaver Rhoeas, außerdem mit vielen Arten der Rittersporngesellschaft. Fast immer im strengen Standortsgegensatz zum Hederich, mit Ausnahme von Mosaikböden und Rohbodenstellen. Im Bild mit Adonis.

Caucalis daucoides. Caucalis lappula
Möhren=Haftdolde. Fausse carotte. Small Bur=parsley

Pflanze schwerer, warmer, kalkhaltiger (R 5), nicht immer nährstoffreicher, aber oft sehr schwerer Böden. Zeigerpflanze für oft ungünstige Bebaubarkeit (Tonmergel). Uralter Kulturbegleiter (Archaeophyt) in Wärmelagen (T 5, R 5). In Nordwestdeutschland selten. Oft mit Adonis, Delphinum, Falcaria, Conringia, Sinapis.

Conringia orientalis — Erysimum orientale
Eiblatt, Schöterich. Roquette d'Orient. Hare's car

Pflanze warmer, trockener, oft schwerer Kalklehmböden, daher noch brauchbare Zeigerpflanze. R 5, oft W 5 (ackerbaulich nicht immer gut), T 5, daher nicht in humiden Lagen. Tiefwurzler, Profilerschließer. Ungleich verbreitet. Oft mit Caucalis, Scandix, Falcaria, auch Sinapis. Samen mit russischem Saatgut (Getreide, Rotklee) weithin verschleppt.

Lithospermum arvense

Ackersteinsame. Chérie. Stoneseed, gromwell

Vorzugsweise auf kalkreicheren, besseren Lehm- und Sandlehmböden. R 4–5. Daher nicht selten mit Delphinium, Adonis und anderen Weizenzeigern. Kaum oder nur verzwergt in armen, saueren Sanden, nicht an Naßstellen. Steigt in Europa mit dem Acker bis 1500, ja, bis 2120 m. Blüten klein, weißlich. Früchte steinhart, daher der Name.

Lithospermum arvense
Ackersteinsame. Chérie. Stoneseed, gromwell

Vorzugsweise auf kalkreicheren, besseren Lehm- und Sandlehmböden. R 4–5. Daher nicht selten mit Delphinium, Adonis und anderen Weizenzeigern. Kaum oder nur verzwergt in armen, saueren Sanden, nicht an Naßstellen. Steigt in Europa mit dem Acker bis 1500, ja, bis 2120 m. Im Bild mit Adonis aestivalis, Teufelsauge.

Bupleurum falcatum
Sichelblättriges Hasenohr

Wärme, Kalk, Lehm, auch Ton anzeigende Pflanze am Rain, am Waldrand, von da auch im Acker. Hier mit Sinapis und Arten der Rittersporngesellschaft. Reaktionswert um R 5, daher vorzugsweise Kalkjura-, Muschelkalk- und Gipskeuperpflanze oft schwerer Böden. ♃

Thlaspi perfoliatum
Herzschötchen. Tabouret perfolié, Mousselet

Wärmeliebende Pflanze humoser Kalke, Kalklehme. Kalkzeiger, R 5; stärker reaktionsabhängig als Thlaspi arvense (R 4). Frühlingspflanze (Therophyt), oft mit Senf und vielen Arten der Rittersporngesellschaft, auch im Halbtrockenrasen.

Galeopsis angustifolia
Schmalblättriger Hohlzahn

Hochsommer- und Herbstpflanze sandiger, lehmig-toniger, kalkreicher Böden (auch auf Porphyr), Bahnbegleiter, wärmeliebend, nässescheu (W 4–5). Reaktionszeiger (R 4, R 5), daher oft mit Sinapis, Euphorbia exigua, Delphinium und anderen Arten der Rittersporngruppe. Nicht in saueren Sanden.

Scandix pecten Veneris
Venuskamm, Nadelkerbel. Peigne, aiguille de berger.
Venus=comb, shepherd's needle

Gebietsweise auf sandig-kalkigen Lehmen (Universalböden), meist auf kalkigen Lehmen und schweren Tonen. R 4–5, W 3–5. Mittelwurzler. Oft nur mit Sinapis und Ranunculus arvensis; gebietsweise mit Falcaria, Adonis, Caucalis, dann in schweren, oft ungünstigen Böden. Formenreich.

Campanula rapunculoides

Rapunzelartige Glockenblume. Raiponcette. Creeping Campanula

Die einzige wirkliche Ackerglockenblume auf nährstoffreichen (N 4–5), meist kalkhaltigen (R 4–5) Lehmen, Schottererden und Tonen. Etwas wärmeliebend. Auch in Hackfrucht. Begleiter: Sinapis, Papaver Rhoeas, Artemisia vulgaris, Delphinium u. a. ♃

Euphorbia exigua
Zierliche Wolfsmilch. Dwarf Spurge

Pflanze lehmiger und lehmig-kalkiger Äcker; auch in schweren, tonig-kalkigen Böden. R 4–5. Etwas wärmeliebend. Lehmzeiger. Flachwurzler. Pflanze der Weizengebiete, oft mit Delphinium, Adonis, Sinapis und Aethusa. Nicht in armen, saueren Sanden. Spätherbstpflanzen oft stark von Rostpilzen befallen. Kann als Aufwertungspflanze betrachtet werden.

Sherardia arvensis

Ackerröte. Rubéole des champs. Field madder

Pflanze warmer, nährstoffreicher, fast immer gut kalkhaltiger, humoser Lehme, Tone; auch auf Sandlehmen und anmoorigen Böden. Meist im Delphinietum. Wegen R 4 verläßt sie diese Gesellschaft oft als Einzelgänger und geht auf schwach sauere Lehme. Nicht in lehmarmen Sanden. Zeigerpflanze guter Böden, besonders in Weizenlagen. Blüten klein, lila, rötlich, auch weiß.

Falcaria Rivini = F. vulgaris
Sichelmöhre
Nichtblühende Pflanze. Beachte die feine Blattrandzähnung. Im Bild standortsgemäß mit Ackersenf. Meist ♃.

Falcaria Rivini, Falcaria vulgaris
Sichelmöhre. Faucillère (des champs)

Wärme- und Trockenheitspflanze (T 4, W 4) auf kalkhaltigen Lehmen. Meist am Ackerrain mit aufrechter Trespe (Bromus erectus). Im Halbtrockenrasen. Lehm- und Kalkzeiger, R 4–5, der Weizen- und Luzernegebiete. Tiefwurzler. Profilerschließer. Trägt 19 systematische Namen. Meist ♃.

Lathyrus tuberosus

Knollige Platterbse. Gland de terre. Dutch mice

Wärmeliebende (T 4), tiefwurzelnde Pflanze auf Kalk- und Kalklehmen (R 5) der Weizengebiete. Oft mit Adonis, Delphinium, Euphorbia exigua, Lithospermum, Falcaria. Auch auf schwereren Böden. ♃

Conium maculatum
Gefleckter Schierling. Cicutaire. Hemlock

Pflanze warmer, trockener, humos-nährstoffreicher, lehmiger und lehmig-kalkiger Lagen. Heckenpflanze. Im Acker auf Abholzung hinweisend. Mittelwurzler. Brauchbarer Profilerschließer. Gelegentlich mit Artemisia vulgaris in der Conium maculatum-Artemisia vulgaris-Gesellschaft. Öfter in Neuansaaten. Sehr giftig. Im Bild im freien Stand in Hackfrucht.

Cichorium Intybus

Wegwarte. Chicorée sauvage, Chicory. Wild succory

Pflanze vorzugsweise am Ackerrain meist verdichteter, trockener, lehmiger, sandig-lehmiger, nährstoffreicher Böden. Gebietsweise in Luzerne. Oft mit Pastinak. Blüten nur von 6–11 Uhr geöffnet; nur einen Tag lebend. Im Bild links die Ackerglockenblume, Lehmzeiger. ♃

Neslia paniculata. Vogelia paniculata
Ackernüßchen, Finkensame. Neslie

Pflanze lehmiger, kalkhaltiger, nährstoffreicher Böden. Lehm- und Reaktionszeiger (R 5, R 4). Oft mit Adonis, Sonchus, Sinapis, Papaver Rhoeas und Sherardia. Pflanze der Weizen-, Luzerne- und Rübengebiete. Völliger Gegensatz zu dem Sandzeiger Serradella; in Nordwestdeutschland selten. Morphologischer Doppelgänger zu Camelina sativa. Geht im Gebirge bis zur oberen Getreidegrenze. Im Bild mit Adonis und Klatschmohn. Dieser links unten.

Ackergänsedistel

Die Sau= oder Gänsedistel, Sonchus arvensis, ist eine auffallende Ackerpflanze. Sie erreicht oftmals die stattliche Größe von 100 bis 130 cm. Die Blütenkörbchen tragen mehr als 100 goldgelbe Blüten. Die Griffeläste rollen sich weit zurück und bilden bis zu drei Umgänge, so daß Selbstbestäubung eintreten kann. Die Pflanze zeigt immer eine für Wasser schwer durchlässige, kalkige Lehm= oder Lettenschicht im Untergrund an. Gutes Gedeihen dieser Zeigerpflanze weist auf Dränage=bedürftigkeit oder auf Untergrundlockerung hin. Die Wurzeln erzeugen Laub=sprosse. Dadurch wird die vegetative Vermehrung sehr gefördert. Die Acker=gänsedistel ist also eine Pflanze mit gleichzeitig großer geschlecht=licher und ungeschlechtlicher Vermehrung. So kann sie auf geeigneten lehmkalkigen Böden sehr häufig und lästig werden.

Sonchus, Gänsedistel

Getreidefeld mit ungleichen Lehmstellen. Mosaikstellen. Hier tritt die Gänsedistel in Reihen und, je nach der Bodenlage, herdartig auf. Typisch für Sonchus. Der Lehmlage entsprechend auch Wegwarte, Cichorium Intybus. ♃

Sonchus arvensis

Ackergänsedistel. Laitron des champs. Field Milke=Thistle

Kältefeste (T 1) Pflanze tonig-lehmiger, schwerer, oft sehr schwerer Böden, nährstoffliebend, wegen R 4 nicht in stärker sauerer Lage. Oft mit Sonchus asper, S. oleraceus. Lehm- und Tonzeiger. Mittelwurzler 30–50 cm, oft auch mit Adonis, Delphinium, Sherardia. Besonders in Weizenlagen, nicht in leichten Sanden. Vormittagsblüher, Blätter manchmal kompaßartig gestellt. ♃

Sonchus asper

Dornige Gänsedistel. Laitron rude. Spiny sow=thistle

Durch derbere, dunkelgrüne, dornig gezahnte Blätter von der sehr ähnlichen Kohlgänsedistel, S. oleraceus, verschieden. Die dornige ist oft etwas spinnwebig. Beide Arten oft durcheinander vorkommend, besonders auf nährstoffreichen lehmigen Böden. S. oleraceus, einst Küchengewächs, daher der Name oleraceus. Mittelwurzler, Zeigerwerte R 4, N 3–4, W 3, meist truppweise.

Legousia Speculum Veneris. Specularia Speculum Veneris
Frauenspiegel. Spéculaire miroire de Venus. Lady's looking=glass

Unbeständige Pflanze warmer, nährstoffreicher, nicht zu schwerer, meist kalkig-humoser Sandlehme, Lehm- und Tonböden. Oft in Weizengebieten mit Delphinium, Adonis, Lithospermum arvense. Flachwurzler. Der wesentlich seltenere kleine Frauenspiegel, Legousia hybrida, fällt durch besonders lange Kelchzipfel an der kleinen Krone auf. Kein besonderer Reaktionszeiger.

Linaria minor. Chaenorrhinum minus
Kleiner Orant. Kleines Leinkraut

Pflanze sommerwarmer, trockener, nährstoffhaltiger Schotterböden, lockerer Lehme. Meist auf kalkreicheren Böden. R 4–5; W 3–4. Oft mit Sinapis. Flachwurzler. Auch Eisenbahnpflanze.

Cardaria Draba, Lepidium Draba
Pfeil-Türkenkresse. Pain blanc. Whitlow pepperwort

Pflanze warmer, trockener, meist kalkhaltiger Lehm-, Stein- und Kiesböden, auch an Bahndämmen. Vermutlich R 4, W 3 (4). Tiefwurzler; in Norddeutschland selten. Pflanze mit 10 systematisch botanischen Namen. Eingewandert 1789 München, 1728 Ulm, 1833 Rheinebene. Fast Kosmopolit. ♃

Lepidium campestre
Feldkresse. Passerage. Pepperwort

Pflanze warmer, trockener, nicht zu armer, vielfach kalkhaltiger, auch schwerer Lehm- und Tonböden. Nicht immer häufig, im Nordwesten oft weithin fehlend. Auch an Rainen und Schuttlagen. Lehmzeiger, oft mit Arten der Rittersporngesellschaft. Beachte den kandelaberähnlichen, ebensträuchigen Wuchs.

Avena fatua
Flughafer. Avoine folle. Wild Oat

Massenunkraut schwerer, lehmig-toniger, meist kalkhaltiger Böden, R 5, doch auch in schwach saueren Lehmböden. R 4, nicht in lehmarmen Sanden. Besonders im Wintergetreide, auch in Hackfrucht. Wegen geringen Wärmeanspruchs, T 2, weitverbreitet. Begleiter: Delphinium, Adonis, Sinapis, auch Raphanus.

Fumaria Vaillantii
Graugrüner Erdrauch, Vaillants Erdrauch

Wärmeliebende Pflanze kalkhaltiger, trockener Lehm- und Steinböden. Blüte heller als bei F. officinalis. R 5. Meist mit Sinapis und Vertretern der Rittersporngesellschaft. Benannt nach dem Botaniker Vaillant, 1669–1722.

Fumaria officinalis
Erdrauch. Fleure de terre, Fumeterre officinale. Fumatory

Lehmzeiger auf warmen, nährstoffreichen Böden. Viel in Hackfrucht. Ackerwerte: R 4, W 3 (—4), N, G 3—4. Oft mit Stellaria media, Lamium purpureum auf guten Lagen. Wegen T 1 weit aus allen Gesellschaften herausgehend. Paßt gut zu Sinapis arvensis. Mäßiger Profilerschließer, 30 cm. Blätter grünlich, nie graugrün wie bei F. Vaillantii.

Convolvulus arvensis

Ackerwinde. Petit Lizet, campanelle. Small bindweed

Pflanze tiefgründiger, nährstoffreicher Lehme und Sandlehme, auch in kalkhaltigen, schweren Böden. Nicht in leichten Sanden. Tiefwurzler, Profilerschließer, Lehmzeiger. Pflanze der Weizengebiete, daher oft mit Sinapis, Adonis, Aethusa, Scandix und Lathyrus tuberosus. Formenreich. In Mitteleuropa altansässig (Archaeophyt), nun längst verschleppt (Kosmopolit). ♃

Tussilago Farfara
Huflattich. Pas d'âne, taconnet. Coltsfoot

Lehm-, Wasser-, Ton-, auch Kalkzeiger, Rohboden- und Rutschflächenpflanze. Tiefwurzler, Abwertungspflanze. Blüten entwickeln sich vor den Blättern. Deutet gelegentlich Dränagebedürftigkeit des Standortes an. ♃

Pastinaca sativa
Pastinak. Panais, pastenaque. Parsnip
Auf nährstoffreichen, mildhumosen Lehmböden, vorzugsweise im Grünland. Im Acker vereinzelt im Getreide, häufiger in Luzerne. R 4, daher vorzugsweise auf kalkhaltigen Lehmen und Tonen.

Ranunculus arvensis
Ackerhahnenfuß. Renoncule des Champs. Corn Crowfoot

Lehmzeiger auf kalkhaltigen bis mäßig saueren Böden. Meist mit Ackersenf, Klatschmohn, Röte, Steinsame und Rittersporn, seltener mit Ackerrettich; nicht in armen Sanden. Ackerbauwerte R 4, W 2–3, T 3. Mäßiger Profilerschließer, da 20–30 cm tiefwurzelnd. Früchte meist deutlich stachelig. Im Bild persischer Ehrenpreis (blaue Blüte, lange Blütenstiele) und Sternmiere (links) deutlich erkennbar, die Güte des Bodens betonend.

Pflanzen frischer, feuchter, dichter, oft sehr nasser Stellen

Wasserzeiger im Untergrund

Juncus bufonius
Krötenbinse. Jonc des crapauds. Toad Rush

Pflanze feuchter, auch fließend nasser (W 1), verdichteter bis verschlämmter Böden. Säurezeiger, R 2; garearme Böden ,G 1. Oft mit Gnaphalium, Mentha, Bidens. Abwertungspflanze im Acker. Ackerrinnenpflanze. Kosmopolit.

Polygonum Hydropiper
Pfefferknöterich, Wasserpfeffer. Poivre d'eau. Waterpepper

Pflanze feuchter bis nasser, lehmig-toniger, auch sandig-lehmiger, fast immer kalkarmer, doch oft nährstoffreicher Böden. Reaktionsaussage etwa R 3. Nicht in armen Sanden. Oft mit Bidens, Sagina, Gnaphalium, Symphytum. Meist Abwertungspflanze. Zeiger oft schwerer Bebaubarkeit. Flachwurzler. Zerkaut scharf pfefferig schmeckend.

Polygonum mite
Schlaffer, milder Knöterich. Renouée douce

An Feuchtstellen, an nährstoffreichen Lehmstellen, oft mit Zweizahn, Bidens, daher Abwertungspflanze. Dem Pfefferknöterich sehr ähnlich, aber von mildem Geschmack; im Acker selten.

Sagina procumbens

Niederliegendes Mastkraut, Knebel. Sagina couchée. Pearl wort

Flachwurzelnde Zeigerpflanze sauerer (R 1), wasserreicher (W 1), in der Krume mehr oder weniger verdichteter und kalter (T 1) Stellen, besonders lehmig-toniger Art. Oft mit Mentha arvensis und Gnaphalium uliginosum Polygonum Hydropiper, eine Gruppe von Abwertungspflanzen bildend. Im Bild unten der Frische- und Lehmzeiger Veronica serpyllifolia, Quendelehrenpreis.

Potentilla anserina
Gänsefingerkraut. Argentine. Silverweed

Trittpflanze. Oft in frischen bis nassen, nährstoffreichen Lehm- und Tonböden. Bei nennenswertem Vorkommen Abwertungspflanze; nicht in saueren Sanden. R 4, N 4. Flachwurzler. Blüte lebhaft gelb, mit Außenkelch (Doppelkelch) versehen. Berühmte Heilpflanze. ♃

Stachys palustris

Auf feuchten, dichten, nährstoffreichen, lehmigen oder tonigen Ackerstellen, auch auf staunassen Lehmböden. Zeigerwerte: oft W 1, für den Acker ungünstig, R 4, demnach nicht in saueren Sanden. Mittelwurzler. ♃

Mentha arvensis
Ackerminze. Baume des champs. Cornmint

Pflanze feuchter, oft nasser, meist nährstoffreicher (N 3–4), mäßig sauerer, lehmig-toniger bis sandiglehmiger Böden. Verschlämmungs- und Vernässungsanzeiger. Bei größerer Vitalität Abwertungspflanze. Oft mit Plantago intermedia und Gnaphalium (Bild rechts unten). Im Bild auch Knäuel. Gesamtlage: schwach sauer. ♃

Gnaphalium uliginosum
Sumpfruhrkraut. Marsh Cudweed

Pflanze feuchter, auch nasser Stellen (W 1) sowie meist deutlich sauerer (R 3) Sandlehme und toniger Stellen. Als Ackerrinnenpflanze oft mit Juncus bufonius, Sagina procumbens, Mentha arvensis, auch mit Bidens tripartitus und Stachys palustris. Bei stärkerem Vorkommen Abwertungspflanze. Verschleppt. Im Bild rechts unten Keimpflanzen von Plantago intermedia, Feuchtigkeitszeiger.

Symphytum officinale
Wallwurz, Beinwell. Grande consoude. Common comfrey

Im Acker auf grundwassernahen oder sickernassen, nährstoffreichen Böden im Gebiet von Auwald- und Marschböden. Besonders auf kalkhaltigen Lehm-, Ton- und Niederungsmoorböden. Ackerwerte (W 1), R 4, N 4–5. Tiefwurzler, oft mit Rumex obtusifolius und crispus, Polygonum amphibium, seltener P. hydropiper, ferner mit Tussilago, Ranunculus repens und Stachys palustris. Abwertung anzeigend. ♃

Lythrum salicaria
Blutweiderich. Salicaire. Purple Loos=strife

Häufige Ufer-, Wasser- und Sumpfpflanze (Helophyt). Nur vereinzelt in Äckern auf feuchten Sandlehmen, z. B. mit Equisetum palustre und Gnaphalium uliginosum. Nässezeiger, daher auch mit Schilfrohr, Tiefwurzler, Abwertungspflanze, meist an ackerfeindlichen Standorten. Durch Verschiedengriffeligkeit (Tristylie) bemerkenswert. Formenreich, nahezu Kosmopolit. ♃ Im Bild auch Distel und Gänsefuß erkennbar.

Roripa silvestris. Nasturtium silvestre

Sumpfkresse, wilde Kresse. Roripe, faux Cresson. Creeping yellow=cress

Pflanze schwerer, dichter, meist nährstoffreicher, kalkarmer, feuchter, auch nasser (W 1, W 2) Sandlehme und Tone. Tiefwurzler. Auch auf Mooräckern. Meist Abwertungspflanze. Im Bild oben echte Kamille, unten Lamium purpureum, diese ein Flachwurzler. Bildet reichlich Wurzelknospen. Luftbedürftig, daher empfindlich gegen Untergrundlockerung. ♃

Mäuseschwanz

Bei dieser interessanten, ursprünglichen Pflanze stehen zahlreiche freie Fruchtknoten einzeln, d. h. frei in Schrauben=Spiralstellung an einem sehr verlängerten Fruchtboden. Die Freifrüchtigkeit, die man gelehrt Apokarpie nennt, und die Spiralstellung der Fruchtblätter gelten entwicklungsgeschichtlich als altertümliches Merkmal. Somit ist der Mäuseschwanz eine besonders auffallende Ackerpflanze. Die fünf kleinen Kronblätter sondern in einer kleinen Grube Honig ab. Die fünf Kelchblätter sind im Gegensatz zu zahlreichen anderen Blüten viel länger als die Kronblätter. Die sehr kleinen Früchte können durch den Wind verweht werden. Der von Linné gegebene Name: minimus = zwerghaft, stellt eine kleine Übertreibung dar.

Myosurus minimus
Mäuseschwanz. Myosure minime. Mousetail

Ackerrinnenpflanze feuchter, sandiger, sandig-lehmiger Gebiete, auch auf Ton. Seltener in Kalklehm mit Adonis und Delphinium. Auch in saueren Auelehmen. Bodenverschlämmungszeiger in der Krume. Ausnützer der Frühjahrsfeuchtigkeit. Oberflächenwurzler, daher von geringem Zeigerwert. Gelegentlich mit rauhem Hahnenfuß auf frischeren Böden.

Plantago intermedia
Wenigblütiger Wegerich

Pflanze nährstoffreicher, feuchter, oft fester, meist kalkarmer Sandlehme, auch auf Ton. Bodenverschlämmungs- und Abwertungspflanze. Blatt nur 3–5nervig, deutlich gegen die Blattstiele verschmälert. Oft ♃.

Alopecurus myosuroides. Alop. agrestis
Ackerfuchsschwanz. Vulpin des champs. Black twitch

Lehmzeiger, auf frischen, auch feuchten, teilweise verschlämmten, nährstoffreichen Böden. Reaktionswerte gering. Bei starkem Auftreten Abwertungspflanze, namentlich im Hinblick auf W 2. Sein Auftreten ist durch T 3–4, W 2, R 3–4, N 3, G 2–3 gut umrissen, doch lassen diese Werte die Bodenstruktur nicht genügend hervortreten.

Polygonum amphibium, var. terrestre
Amphibischer Knöterich. Amphibious Bistort

Die Landform des Wasserknöterichs steht auf nährstoffreichen, frischen bis feuchten, oft auch nässeren dichten Lehm- und Tonböden. Keine sichere Reaktionsaussage. Dem gut bebaubaren Acker fremd. Verschleppt. Auch auf Rohboden. Im Bild in Hackfrucht. ♃

Ranunculus repens

Kriechender Hahnenfuß. Renoncule rampante. Greeping Crowfoot

Pflanze oft feuchter, staunasser, dicht gelagerter schwerer, lehmiger, nährstoffreicher Stellen, auch auf anmoorigen Böden. Verschlammungs-, Lehm-, auch Tonzeiger. Häufig im Acker, lästig im Grünland. Reaktionswert gering. Oft mit Potentilla anserina, Mentha arvensis, Stachys palustris, daher Abwertungspflanze. ♃

Aegopodium Podagraria
Ackerholler, Geißfuß, Zipperleinskraut. Aegopode, petite angélique.
Gout weed, wild masterwort

Ursprünglich Pflanze frischer, nährstoffreicher Auwälder. In niederschlagsreicheren Gebieten auch im Acker z. B. mit Lampsana communis. Lehm, Ton, auch Beschattung liebend. Verbreitungsschwerpunkt im Bayerischen Wald und im Egartengebiet. ♃

Lampsana communis. Lapsana communis
Rainkohl. Lampsana Commune. Poule grasse. Nipplewort, dock cress

Auf frischen, oft sickerfeuchten, nährstoffreichen (N 3, G 3), lehmig-tonigen Böden, auch in saueren Gebieten (R 3–4). Sowohl mit Raphanus, als auch mit Sinapis vorkommend. Etwas Schatten liebend.

Matricaria discoidea, Matricaria matricarioides
Strahllose Kamille

Links und rechts im Bild die echte Kamille Matricaria Chamomilla. Die strahllose Kamille findet sich in Trittgesellschaften, also auf festeren Böden. Dorfstraßenpflanze. Eingewandert 1852, in München 1879 in Nürnberg und Mannheim um 1887/1888. Heute überall auf geeigneten Böden.

Prunella vulgaris
Kleine Wiesenbrunelle

Pflanze nährstoffreicher, humoser Grünlandflächen. Im Grünland- und Egartengebiet, namentlich auch Niederungsmoor, auch im Acker. Keine zuverlässige Reaktionsaussage. Unten im Bild Veronica persica. ♃

Equisetum silvaticum
Waldschachtelhalm. Prêle des bois. Wood Horsetail
Auf wasserzügigen, sandigen, lehmigen, tonigen, auch humossaueren Böden. Oft mit Raphanus Scleranthus, Spergula, auch Pteridium. Zeiger ehemaliger Bewaldung. Tiefwurzler. ♃

Equisetum palustre

Sumpfschachtelhalm, Duwock. Prêle des marais. Marsh Horsetail

In feuchten, oft schweren Böden. In der Wiese viel häufiger als im Acker. Abwertungspflanze, deutet auf schwere Bebaubarkeit. ♃

Equisetum arvense
Ackerschachtelhalm, Zinnkraut. Prêle des champs. Common Horsetail

Auf Böden jeder Reaktion. Voraussetzung der Ansiedlung ist im Wurzelbereich irgendein Feucht- (oder Wasser-)horizont notwendig, mindestens unter der Krume. Kältefest T 1, Tiefwurzler bis 2 m. Kein Reaktionszeiger. Verschleppt. Sporentragende Stengel. ♃

Pflanzen verschiedenartiger,

meist nährstoffreicher,

nie nasser Standorte am Rain

und im Acker

Stellaria media
Hühnerdarm, Vogelmiere. Morsgeline, mouron des oiseaux, Stellaria intermédiaire.
Chickweed, starwort

Pflanze nährstoffreicher, humoser, oft gartenähnlicher Böden, auch in Moorlagen. Oberflächenwurzler. Meidet arme Sande, schwere Lehme, Tone und nasse Stellen. Aufwertungspflanze. Ganzjahrblüher. Kein Reaktionszeiger. Sekundärer Kosmopolit. Häufig mit Senecio vulgaris, Sinapis, Raphanus. Galeopsis u. a. Standort: Humusreiche, stark stäubende Krume.

Lamium purpureum. Stellaria media. Veronica persica
Rote Taubnessel, Hühnerdarm, persischer Ehrenpreis

Drei Nährstoff-, Humus- und Lehmzeiger als Aufwertungspflanzen. Zeiger für fehlende Nässe, fehlende Verdichtung. Diese Dreiergruppe oft in guten Sandlehm- und Lehmböden, kaum in saueren, armen Sanden.

Galinsoga parviflora
Franzosenkraut, Knopfkraut. Gallant Soldier

Pflanze nährstoff- und stickstoffreicher (N 4–5), mildhumoser, sandig-lehmiger, auch leichter Kalklehme mit guter Wasserführung (W 3). Auch auf Moorböden häufig. Oft mit Chenopodium album, Polygonum convolvulus concolvulus und Galeopsis; besonders in Hackfrucht und in Ortsnähe. Sehr frostempfindlicher sekundärer Kosmopolit. Eine stärker behaarte Art, G. quadiradiata, befindet sich in Ausbreitung.

Chenopodium album

Weißer Gänsefuß. Anserine blanche, farineuse. Lamb's Quaters

Formenreiche Allerweltspflanze auf meist nährstoff- und stickstoffreichen Böden (N 4, G 4) mit guter Wasserführung (W 3, auch W 4). Lichtliebend, daher besonders in Hackfrucht auffallend; bei Lichtmangel oft verzwergt. Gern mit Pflanzen ähnlicher Ansprüche wie Galeopsis und Polygonum Convolvulus. Im Gebirge bis 1500 m und höher.

Matricaria Chamomilla

Echte Kamille. Camomille. Wild, Germain, true chamomile

Pflanze nährstoffreicher, sandiglehmiger, auch schwerer, toniger Böden. Die Ackerwerte N 3, G 2, W 2–3 bedeuten meist bessere Böden. Als Mittelwurzler bis 30 cm gehend. Guter Profilerschließer. Mit Ackerfrauenmantel, Greiskraut, (Senecio vulgaris), Hühnerdarm u. a. gute Lagen andeutend.

Lolium perenne
Weidelgras, Englisches Raygras, ausdauernder Lolch
Im Acker, im Rasen, in Trittgesellschaften; besonders auf lehmigen, nährstoffreichen Böden. Kein zuverlässiger Reaktionszeiger. ♃

Agropyron repens (Triticum repens)
Quecke. Chiendent rampant. Couchgrass, Scutch, Twitch

Nährstoffreiche, oft trockenere Lehme und Sandlehme. Gern in Kalklagen. Auf besseren Sanden kommt eine Sandform mit stark behaarten Blattscheiden vor. Tiefwurzler. Pflanze geringen Reaktionswertes. Wegen bescheidener Temperaturansprüche (T 1) Pflanze weiter Verbreitung. ♃

8

Crepis biennis
Wiesengrundfeste. Crépide bisannuelle. Rough hawsk beard
Im Grünland- und Egartengebiet in den Acker übergehend. R 4, daher in kalkarmen Böden selten, sonst Zeigerpflanze für nährstoffreiche Lehme und Tone, besonders in Fettwiesen.

Daucus Carota

Wilde Möhre. Panais, racine jaune. Wild carrot

Vorzugsweise am Ackerrain, an Halbtrockenrasenstellen, daher W 3–4. Wärme- und nährstoffliebend, in Sand, besonders in Lehm und Kalklehm, somit reaktionsunscharf. Zweijährig, daher im Acker besonders im zweijährigen Klee. Auch in Schuttgesellschaften, Hauptverbreitung in trockeneren Fettwiesen.

Glechoma hederaceum
Gundelrebe, Gundermann. Ground Jvy

Besonders im Übergangsgebiet vom Grünland zum Acker, namentlich in Feuchtlagen. Pflanze nährstoffreicher, mildhumoser Lehme, Sandlehme, Niederungsmoore; auch auf Tonen. Verschleppt (Kosmopolit). Blüten blauviolett, rosa, auch weiß. Neben größerblütigen Zwitterblüten treten auch kleinerblütige weibliche Stöcke auf. Blüht in der Regel erst im 3. Jahr. ♃

Taraxacum officinale
Kuhblume, Löwenzahn. Pissenlit. Common Dandelion

Lückenbesiedler im Acker (Luzerne, Klee), im Grünland meist auf schweren, lehmig-tonigen, nährstoffreichen Böden; in nährstoffarmen Sandgebieten erkennbar zurücktretend. Tiefwurzler, verschleppt (Kosmopolit). Vielgestaltig. Im Bild Aspektbildner auf oberbayerischem Terrassenschotter. Die grünen Horste stellen Frühjahrsformen des Glatthafers, Arrhenatherum-elatius, dar. ♃

Agrostemma Githago
Kornrade. Nielle des champs. Corn cockle, Corn rose

Pflanze besonders sandig-lehmiger, lehmiger, nährstoffreicher, humoser Böden mit guter Wasserführung (W 3) und mittlerer Reaktion R 2–4. Kaum in armen, saueren Sanden. Sekundärer Kosmopolit, stark im Rückgang.

Centaurea Cyanus
Kornblume. Bluet, bleuet. Bluebottle, Cornflower

Pflanze nährstoffreicher, lockerer, kalireicher Sande und Sandlehme. Unbeständig, kältefest (T 1), Mittelwurzler, ohne zuverlässige Reaktionsaussage. Verschleppt (Kosmopolit). Besonders in Wintersaat. Links Blätter vom Lehmzeiger Klatschmohn.

Polygonum. Habitusbild der aufrechten dichtblütigen Ackerarten
Knöterich

Zwei ähnliche, vielgestaltige Arten. P. Persicaria (pfirsichblättrig) und P. lapathifolium (ampferblättrig) unterscheiden sich zuverlässig durch die Nebenblattröhre (Ochrea, Tute): langbewimpert bei P. Persicaria, unbewimpert bei P. lapathifolium. Ackerwerte bei P. Persicaria N 4, G 3–4, W 3–4, R. unsicher; bei P. lapathifolium auch auf Feucht- und Naßstellen W 1–2. Besonders in Hackfrucht. Fast Kosmopoliten.

Galeopsis speciosa. G. versicolor
Prächtiger Hohlzahn. Bunter Hohlzahn

Pflanze nährstoffreicher, oft frischer Böden. Keine zuverlässige Reaktionsaussage, daher auf vielen Böden, falls nicht zu arm. Auf der Unterlippe ein violetter Fleck; Unterschied zu dem kalkfliehenden gelben Hohlzahn G. segetum.

Galeopsis tetrahit (arvensis)
Ackerhohlzahn. Common Hemp Nettle. Narrow=leaved Hemp=nettle

Nährstoffliebend (N 4–5), nässescheu, kältefest T 1, reaktionsunstet, daher auf allen besseren Böden. Auch reichlich in Hackfrucht mit Chenopodium album, Polygonum convolvulus. Formenreich. Knotenverdickung, Kelchzähne hart, stechend.

Galeopsis pubescens
Weichhaariger Hohlzahn

Pflanze nährstoffreicher, humoser, nicht zu schwerer Böden. N 3, W 3 deuten auf meist guten Acker. Reaktionsaussage R 3 unsicher. Gelenkknoten nur schwach entwickelt. Blatt mit mindestens 10 Zähnen je Seite, zum Unterschied von Ackerhohlzahn, G. Ladanum mit 3–7 Blattzähnen.

Chenopodium polyspermum
Vielsamiger Gänsefuß

Nährstoff- und Stickstoffzeiger (N 5 [4]), auch Garezeiger. Besonders auf Sandlehm, frischem Lehm, auch Ton. Viel in Hackfrucht. Kaum in armen Sanden. Ohne besondere Reaktionsaussage. Wärmekeimer.

Chenopodium polyspermum
Vielsamiger Gänsefuß
Hier in Hackfrucht, Beta, auf frischem Sandlehm.

Galium Aparine
Klettenlabkraut. Gaillet gratteron, gleton. Cleavers
Pflanze humoser, nährstoffreicher Lehme, Tone. Lehmzeiger, Humuszeiger. N 4, G 4, mittlerer Profilerschließer. Im Bild links Mentha arvensis.

Solanum nigrum
Schwarzer Nachtschatten. Morelle. Morel, garden nightshade

Pflanze nährstoffreicher, sandig-lehmiger, humoser, oft gartenähnlicher Böden; gern in Hackfrucht. Reaktionszahl etwa 4. Mäßige Aufwertungspflanze, da G 4 (5) und N 4 (5) in diesem Sinn sprechen. Flachwurzler.

Veronica polita
Glänzender, glatter Ehrenpreis

Pflanze nährstoffreicher, lockerer Böden von guter Reaktion (R 4, R 5); meist mit Sinapis. Die Kelchzipfel greifen übereinander. Im Bild auf Terrassenschotter, der Weizen, Gerste und Rüben (Beta) trägt. Frühjahrs- und Herbstblüher.

Veronica hederaefolia

Efeublättriger Ehrenpreis. Veronique a feuilles de Lierre. Ivy Speed well

Pflanze nährstoffreicher, humoser Sandlehme, Niederungsmoore, Lehme, lockerer, warmer Böden und Gartenböden. Aufwertungspflanze. Fehlt nahezu allen a r m e n Sanden. Ackerwerte: R etwa 3, W 3, T 3, N 3, G 3. Durchaus gute Standortsaussagen. Oft mit Stellaria media, Veronica persica, Senecio vulgaris, Lamium purpureum.

Veronica persica = V. Tournefortii
Persischer Ehrenpreis. Veronique de Perse. Buxbaums Speedwell

Lehmzeiger auf nährstoffreichen, warmen Böden, in Garten und Hackfrucht. Aufwertungspflanze. Ackerwerte ähnlich wie bei Veronica hederaefolia, doch stärker auch in Lehme übergehend, R 4, fast das ganze Jahr blühend. Oft mit Sinapis, Galeopsis, auch Raphanus. Rechts oben Senecio vulgaris.

Thlaspi arvense

Hellerkraut. Tabouret des Champs, Monnoyère. Penny Cress

Pflanze nährstoffreicher Lehme, Sandlehme und Kalkböden. Kaum in nassen, zu saueren oder überschweren Böden. Relative Aufwertungspflanze vieler Böden. Kein besonderer Reaktionszeiger, aber meist Zeiger guter Wasserführung (W 3); in Lehmen oft stark Aspekt bildend. Im Bild links mit Lamium purpureum, rote Taubnessel, auch diese Zeiger für nährstoffreiche Böden.

Scharbockskraut

Diese Pflanze humusreicher Böden, besonders in hellen Wäldern und Hecken, trägt im Frühjahr zahlreiche goldgelbe Blüten, die einen reichen Fruchtansatz erwarten lassen. Tatsächlich ist aber die Fruchtbildung trotz guten Insektenbesuches vielfach sehr gering. In den Blattachseln entstehen Brutknöllchen, durch welche die Pflanze auf ungeschlechtlichem Weg vermehrt wird. Diese stärkereichen Knöllchen haben, wenn sie vom Regen zusammengeschwemmt werden, zur Sage vom Weizenregen Anlaß gegeben. In jungem Zustande wurde das Scharbockskraut gegen Skorbut verwendet, daher der Name. Ältere Blätter sind scharf und giftig, wie das für die Gattung Ranunculus bezeichnend ist. Das Scharbockskraut ist typischer Frühjahrsblüher.

Ranunculus Ficaria
Feigwurz, Scharbockskraut

Im Grünlandgebiet in nährstoff- und humusreiche Äcker mit guter Wasserhaltung eindringende Auwaldpflanze. Trotz reicher Blütenbildung oft nur wenig Früchte bringend. Humuszeigerpflanze. Formenreich. ♃

Papaver Rhoeas

Klatschmohn, Feuermohn. Pavot, Coquelicot. Corn=poppy, Field poppy

Pflanze lehmig-warmer, nährstoffreicher, neutraler bis alkalischer Böden. Oft mit Ackersenf und der Rittersporngesellschaft. Ackerwerte: R 4, W 3–4, T 3. Profilerschließer, da Wurzeln mitteltief, also bis etwa 30 cm, gehend. Im Bild mit Matricaria inodora.

Amaranthus retroflexus
Haariger Fuchsschwanz

Wärmeliebende Pflanze. Gern in Hackfrucht, auf nährstoffreichen lockeren Sandlehmen. Vermutlicher Reaktionswert R 4.

Euphorbia Peplus
Gartenwolfsmilch. Petty Spurge

Besonders in Hackfrucht und in Ortsnähe. Warme, lockere, humose, nährstoffreiche, gartenähnliche Böden mit guter Wasserführung. Ackerwerte N 4, G 4–5, R 3–4, W 3–4; also gute Zeigerpflanze im Acker im Gegensatz zur breitblättrigen E. platyphyllos, die auf schwerem Lehm und Ton (R 5) im Muschelkalk als relative Abwertungspflanze vorkommt. Häufig mit Mercurialis. Kosmopolit. Im Bild vorne: Röte, Sherardia, Lehmzeiger.

Euphorbia Cyparissias
Zypressen=Wolfsmilch. Tithymale, rhubarbe du paysan
Rainzeigerpflanze, an warmen trockenen Stellen. Kein Kalkzeiger, ökologisch sehr anpassungsfähig. Tiefwurzler, Rohbodenbesiedler. Halbtrockenrasenpflanze. Als Kosmopolit verschleppt. ♃

Feldhornkraut

Die Bezeichnung Ackerhornkraut für Cerastium arvense beruht auf einer unscharfen Übersetzung von arvense, das „im Feld vorkommend" bedeutet, während agrestis das Ackervorkommen hervorhebt. Das Feldhornkraut ist in Tracht (Habitus) und in Behaarung veränderlich. Es steigt bis in die alpine Region (3000 m) und überschreitet damit weit die Grenzen des Ackerbaues. Das Feldhornkraut gehört zur Gruppe der Hornkrautarten mit großen Kronblättern. Diese Art meidet nasse Füße. Sie geht keineswegs nur auf Kalkböden, hat also keine Bedeutung als Reaktionszeiger. Neben normalgeschlechtlichen Stöcken finden sich weibliche Stöcke mit kleineren Blüten; hier sind die Antheren zurückgebildet. So entsteht Scheinzweihäusigkeit, Gynodiöcie. Der Name Hornkraut wird auf die hornförmig gebogenen Fruchtkapseln zurückgeführt; keras = Horn.

Cerastium arvense
Feldhornkraut. Ceraiste des champs. Field Chickweed

Rainpflanze, seltener im Acker und Grünland. Wärmeliebend. Durchaus nicht immer auf Kalk beschränkt, nicht auf Naßstellen. Durch große weiße Blüten unter allen Arten von Cerastium unverkennbar. Weit verschleppt. Kleinblütige Formen sind weiblich durch Verkümmerung der Antheren. ♃

Rasenhornkraut

Diese bis etwa 20 cm tief wurzelnde Pflanze auf Rainen und Wiesen geht auch in Äcker, wo sie regional als geringwertige Zeigerpflanze für nicht zu nasse, nicht zu trockene und nicht zu arme Böden in Betracht kommen kann.

Die Blüten dieser kosmopolitischen Art stehen in lockerer Trugdolde. Die kleinen weißen Kronblätter sind meist so lang wie der Kelch. Die Blütenstiele stehen nach dem Verblühen seitlich ab, später sind sie aufrecht. Das Rasenhornkraut tritt häufig auf besseren Böden, auch auf Fettwiesen, in der Egartenwirtschaft und im Niederungsmoor auf. In den Alpen erreicht es eine Höhe von 2500 m. Blütezeit von April bis zum Herbst.

Cerastium triviale. Cerastium caespitosum
Rasenhornkraut. Mous=ear Chickweed

Im Acker, im Grünland und in der Egartenwirtschaft. Anspruchslose, weitverbreitete Pflanze (T 1) ohne sichere Standortsaussagen. Flachwurzler. Auf Lehmen etwas häufiger als auf anderen Böden. Nahezu Kosmopolit. ♃

Plantago lanceolata

Spitzwegerich. Oreille de lièvre, bonne femme. Ribwort plantain

Im Acker in trockeneren Sandlehmen, milden Lehmen und humosen Wiesenmoorböden; selten in armen Sanden und schweren Tonen. Besonders im Rotklee. Mittelwurzler, doch ohne klare Standorts- und Reaktionsaussagen. Formenreich. Kosmopolit (verschleppt). ♃

Melandrium rubrum
Rote Lichtnelke. Floquet. Red Campion

Pflanze frischer, auch sickernasser, nährstoffreicher Lehme und Auwaldböden; oft Vernässung anzeigend. Besonders in Süddeutschland und im Egartengebiet. Hier oft aspektbildend. Bis in den Herbst blühend. Neben Zwitterblüten auch männliche und weibliche Blüten, daher als dreihäusig zu bezeichnen. Blütenmäßig also eine Ackerbesonderheit. ♃

Melandrium album
Weiße Lichtnelke. Compagnon blanc. White campion

Auf nährstoffreichen, warmen Böden, nicht in armen oder nassen Sanden. Im Klee oft massenhaft aspektbildend. Ohne besondere Reaktions- oder Bodenhinweise. Tiefwurzler. Nachtblüher, daher tagsüber oft wie vertrocknet. Zweihäusige Abend- und Nachtfalterblume.

Cirsium arvense
Ackerdistel. Sarrête des champs. Creeping Thistle

Tiefwurzler. Lehmzeiger. Besonders auf nährstoffreichen Böden (N 3). Reaktionsunscharf. Kaum in saueren Sanden; kältefest T 2, daher im Gebirge über die Ackergrenze hinausgehend (bis etwa 2000 m). Formenreich: var. horridum mit kräftigen Stacheln. Verschleppt (Kosmopolit). ♃

Capsella bursa pastoris
Hirtentäschel, Capselle. Bourse à pasteur. Shepherds purse

Pflanze meist nährstoffreicher Lehm-, Sand- und Humusböden, auch auf Rohböden. Blüht fast das ganze Jahr, T 1. Formenreicher Kosmopolit ohne großen Zeigerwert, oft starker Aspektbildner. Der mittlere Ast vom Weißrostpilz Albugo = Cystopus befallen. Vielgestaltig.

Atriplex patula
Gewöhnliche Melde

Pflanze vieler Standorte; Äcker, Hackfrucht, Dorfplätze und Wegränder mit reicherem Stickstoffgehalt besiedelnd; oft mit Artemisia vulgaris, daher zur Beifußordnung gerechnet. Vermutliche Ackerwerte: G 3 (gut), N 4 (gut), R 3–4; auf alle Fälle Stickstoffzeiger. Vielgestaltig. Blüten unscheinbar, grünlich. Weibliche Blüten ohne Blütenhülle (Perigon).

Freizügige Pflanzen

Pflanzen stark wechselnder Standorte

Lamium amplexicaule
Stengelumfassende Taubnessel. Ortie rouge aux feuilles rondes.
Henbit dead nettle

Pflanze vieler Standorte, jedoch nicht auf nassen und stark verdichteten Böden. Vorkommen auf saueren Stellen mit Raphanus und Scleranthus, auf neutral-alkalischen Böden mit Sinapis, Delphinium und Aethusa, somit ohne Reaktionswert. Ungeeignet für eine biologische Ackerbeurteilung, da Ubiquist wie Polygonum convolvulus. Etwas wärmeliebend, blüht vom Frühjahr bis zum Herbst. Reichlich in Hackfrucht. Verschleppt. Im Vordergrund des Bildes Stellaria media und Veronica persica.

Chondrilla juncea

Binsenknorpelsalat, Rutencichorie. Chondrille effilée. Gum succory

Seltene Pflanze sandiger, warmer, trockener Stellen mit großen Verbreitungslücken, oft unbeständig. Im Sandacker mit Raphanus, Trifolium arvense und Artemisia campestris. Vorzugsweise in der Roggenlandschaft, doch ohne nennenswerte Ackerbedeutung. ♃ Links Ähren von Borstenhirse, Setaria viridis.

Tussilago Farfara

Huflattich im Verband am lehmigen Ackerrain. Rechts oben: Ranunculus, kriechender Hahnenfuß; links: Trifolium dubium, kleiner Klee. Standortsaussage: alle drei Arten haben eine große Standortsbreite, besonders auf festem, lehmigen Boden. ♃

Medicago lupulina
Hopfenklee, Gelbklee. Minette dorée. Black medic

Am selben Standort neben Huflattich, Weißklee, Trifolium repens, und Hopfenklee. Alle drei irgendwie Rohbodenpioniere und Lehmzeiger. Gelbklee und Huflattich einigermaßen Reaktionszeiger, R 4, jedoch nicht der Weißklee, R 0.

Trifolium procumbens = Tr. campestre z. T.
Liegender Klee

Vielgestaltige Art. Mittleres Blättchen deutlich länger gestielt. Pflanze trockener, nährstoffreicher, oft kalkhaltiger Lehm- und Sandlehmböden. Wärmeliebend.

Vicia hirsuta

Behaarte Wicke, Zitterlinse. Vesceron, ers velu. Common or hairy tare

Der Name bezieht sich nur auf die rauhhaarige, wenigsamige Hülse. Pflanze meist trockener, nährstoffreicher, oft lockerer Sandlehme. Keine besondere Reaktionsaussage. Blattende deutlich spitz, zum Unterschied von der ähnlichen Vicia tetrasperma, die beide oft miteinander vorkommen. Weltweit verschleppt.

Vicia tetrasperma
Viersamige Wicke. Lentillon, cicerole. Smooth tare

Meist auf kalkarmen Sanden und Sandlehmen. Ohne besondere Aussagen, sowohl mit Raphanus wie mit Sinapis vorkommend. Der Unterschied von der ähnlichen Vicia hirsuta ist auf Abb. 15 dargestellt.

Vicia angustifolia
Schmalblättrige Wicke

Meist als Einzelgänger, d. h. ohne hohen Deckungsgrad in nährstoffreichen, lockeren Sandlehm- und nicht zu schweren Lehmböden. Kein sicherer Reaktionszeiger. Reife Hülse ganz schwarz.

Vicia Cracca, Sammelart

Vogelwicke. Vesce craque, pois à crapaud. Birds tare.

Vielgestaltige Art. Die meist kahle Unterart ssp. tenuifolia, schmalblättrige Wicke, manchmal etwas seltener; in Nordwestdeutschland fehlend. Auffallende Ackerpflanze ohne sichere Standortsaussage. Die stark behaarte Zottelwicke, Vicia villosa, mit zottigen Kelchzipfeln oft verwildert und ebenfalls ohne sichere Ackeraussage. ♃

Poa annua

Einjähriges Rispengras. Paturin annuelle

Trittpflanze, Festigkeitszeiger auf frischen, dichten, meist nährstoffreichen, selbst überdüngten Böden. Reaktionswert gering. Als Abwertungspflanze verdächtig. Im Bild links oben der Lehmzeiger Ranunculus arvensis, Ackerhahnenfuß.

Arenaria serpyllifolia
Quendelblättriges Sandkraut

Pflanze verschiedener Standorte, in Kalklagen und in Sandfluren. Reaktionswert gering. Flachwurzler. Im Bild links unten Ackerminze, Mentha arvensis. Hier steht das Sandkraut mit der angeblichen Wasserzahl 4 (oft trocken) neben der Feuchtigkeit liebenden Minze mit Wasserzahl 1.

Matricaria inodora. Chrysanthemum inodorum
Geruchlose Kamille. Corn mayweed

Stattliche, tiefgrüne, kamillenähnliche Pflanze, jedoch mit markigem Blütenboden und ohne Spreublättchen (Unterschied von Anthemis). Besonders auf nährstoffreichen, lehmigen, nicht immer kalkreichen Böden. R 3–4, daher im Acker sowohl mit Raphanus, wie auch mit Sinapis vorkommend, nicht in armen Sanden.

Veronica arvensis
Feldehrenpreis

Diese aufrecht wachsende Art ist im Acker und im Grünland auf einigermaßen nährstoffreichen lockeren Sandlehm- und Gesteinsböden nicht selten. Ohne sichere Reaktionsaussage, kein Kalkzeiger. Im Bild auf Terrassenschotter mit Löwenzahn. Etwas vergrößert.

Geranium dissectum
Schlitzblättriger Storchschnabel

Meist auf warmen (T 3), trockeneren (W 3), oft steinigen und lehmigen Böden. Reaktionszahl vermutlich um R 4, daher oft mit Ackersenf, auch mit Klatschmohn. Als Lehmzeiger (Kalkgebiete) auch mit Rittersporn und Venuskamm. In Hackfrucht nicht selten. Verschleppter Kosmopolit. Vergleiche F. 169.

Polygonum aviculare
Vogelknöterich. Renouée des oiseaux. Door weed

Sommer- und Herbstpflanze so ziemlich aller oberflächlich verdichteten Ackerböden. Trittpflanze, Teppichpflanze, Aspektbildner, ohne nennenswerten sonstigen Aussagewert. Erscheint im Getreide in aufrechter Form (var. erectum), auf der Stoppel als var. procumbens. Sekundärer Kosmopolit. Blüten unscheinbar. Blütenhülle grünlich, am Rand rosa oder weißlich.

Crepis virens. Crepis capillaris
Dünnstengelige Grundfeste
Pflanze meist lockerer, sandiglehmiger auch steiniger und trockener Böden von wechselnder Reaktion, im Acker und in Rasenflächen. Leicht kenntlich an den bauchig-krugförmigen Köpfchen.

Myosotis arvensis. Myosotis intermedia
Ackervergißmeinnicht. Myosotis des champs. Scorpion grass, Forget=me=not

Pflanze nährstoffreicher Sandlehme und Lehme, geringe Reaktionszeiger. Meist in kalkärmeren Böden gemäß seinem eurasiatischen (subozeanischen) Arealcharakter. Mäßiger Lehmzeiger. Selten. Das kleinblütige M. micrantha (arenaria) hat den Reaktionswert R 2, es ist stärker auf sauere Gebiete beschränkt. Sandzeiger.

Sisymbrium officinale
Wegrauke. Vélar. Julienne jaune. Hedge mustard
Oft in Dorf- und Menschennähe, auf Wegrändern, Schutt und stickstoffreicheren Stellen. Im Acker selten. Pflanze der Beifußordnung Artemisietalia.

Rohboden-, Stein-, Schutt- und Wegebesiedler

Rohbodengruppe

Gestörte Standortsbedingungen, d. h. Aufhebung des normalen Wettbewerbes auf Rohboden lassen standörtlich wenig zusammenpassende Arten wie Anagallis (Vordergrund), zierliche Wolfsmilch (Mitte) und Filzkraut (Filago, oben rechts) nebeneinander wachsen. Die geschlossene Blüte von Anagallis zeigt, daß die Aufnahme nach 14 Uhr gemacht ist.

Plantago major
Großer Wegerich. Grandplatain, way=bread
Besonders auf festgetretenen Wegen und auf Rohböden. Zeiger meist feuchter, nährstoffreicher Böden. Im Acker Abwertungspflanze. Vergleiche auch Pl. intermedia. ♃

Geranium dissectum
Schlitzblättriger Storchschnabel

Gelegentlicher Rohbodenbesiedler. Lehmzeiger. Im Bild auf Lehm mit mäßigem Kalkgehalt. Im Bild auch als Einzelgänger, d. h. am Standort mit geringem Deckungsgrad.

Daucus Carota
Möhre

Wuchsbild einer freistehenden Pflanze, Grundblätter dem Boden angedrückt. Standort: nährstoffreiches Niederungsmoor. Unten im Bild Gänseblümchen, Bellis perennis; Acker in Grünlandlage, daher Bellis im Acker.

Gagea arvensis
Ackergoldstern. Ackergelbstern
Pflanze nährstoffreicher, oft kalk- und humushaltiger Böden, auch in humosen Sandböden. Im Bild Blüten mit mehr als 6 Blütenhüllblättern. Stein- und Scherbenboden (Weizenlage) im weißen Jura. ♃

Polygonum Convolvulus
Windenknöterich. Renouée liseron. Black bindweed

Pflanze vieler nährstoffreicher Böden von wechselnder Reaktion, falls der Boden nicht nässend, nicht zu schwer und nicht zu kalkhaltig. Typus einer Allerweltspflanze auf allen besseren Böden. Im Bild auf diluvialem Grobsand. Blüten klein, grünlich weiß.

Rohbodenbesiedlung

Diluvialer, grobkörniger Sand, ziemlich sauer, humus- und lehmarm. Durch Aufhebung der Konkurrenz kann eine Pflanze mit höheren Ansprüchen G 3, N 3–4, W 3 auf solch armen Böden zu guter Entwicklung kommen. Der mäßige Lehmzeiger Anthemis arvensis, Ackerhundskamille, kann infolge Aufhebung der Konkurrenz auf völlig lehmarmen Boden wachsen.

Erophila verna = Draba verna
Hungerblümchen. Drave printanière. Whitlow Grass

Frühjahrs-, Wärme- und Trockenrasenpflanze sandig-grusiger Böden; auch in schwachsaueren, rissigen Tonen. Als Sandzeiger und Oberflächenwurzler von geringem Aussagewert. Viele Kleinarten. Gesellige Pflanzen. Im Herbst ein zweites Mal blühend wie Stenophragma. Die Arten E. spathulata und praecox in Kalklagen; praecox z. B. im weißen Jura. Etwas vergrößert.

Tertiärer quarzitischer steiniger Sand
Veronica triphyllos, Dreiblattehrenpreis neben Rosetten des Hungerblümchens, Erophila. Zwei mäßige Sand- und Wärmezeiger. Blüten lebhaft blau, selten weißlich.

Gypsophila muralis
Mauer=Gipskraut

Pflanze feuchter, verdichteter, sandiger Lehme, Tone und degradierter Lößböden; auch in Ackerrinnen. Als Oberflächenwurzler von geringem Zeigerwert (R 2–3, W 2). Im Bild mit Anagallis arvensis, einer deutlichen Lehmzeigerpflanze. Etwas vergrößert.

Melilotus officinalis

Ackerhonigklee, gebräuchlicher Steinklee. Couronne royale. Field melilot

Pflanze warmer, trockener Lehm-, Stein- und Schuttböden, vorzugsweise Lehmzeiger. Rohbodenbesiedler. Reaktionswert unsicher. Im Bayerischen Wald selten.

Schmarotzer

Raubpflanzen verschiedenen Grades

Odontites rubra. Euphrasia Odontites. Sammelart
Zahntrost. Roter Augentrost

Grüner Halbschmarotzer. Oft gesellig auf nährstoffreichen, meist frischen, festen Böden. Lehmzeiger? Reaktionswert unklar. Vielgestaltig, hell- und dunklerblütig. Im Bild vorne deutlich der Mauerpfeffer, Sedum.

Melampyrum arvense

Feld=Wachtelweizen. Blé rouge, queue de renard. Cow wheat

Kalkliebende Trockenrasenpflanze, auf warmen Kalkböden und schweren Tonen. Oft mit Haftdolde und Venuskamm. Schädlicher Halbschmarotzer im Getreide. Reaktionswerte zwischen R 4 und R 5.

Alectorolophus hirsutus. Rhinanthus hirsutus
Behaarter Klappertopf. Cocriste. Rattle, yellow rattle

Der Name „behaart" bezieht sich auf den behaarten Kelch. Halbschmarotzer, Wasser- und Nährsalzräuber. Der ähnliche Al. major, auch im Acker, aber seltener, hat unbehaarten Kelch. Offensichtlich Kalklagen bevorzugend, daher für Al. hirsutus R 5 und für Al. major R 4 wahrscheinlich. Vielgestaltig.

Orobanche minor
Kleeteufel, kleine Sommerwurz
Oft herdenweise auf Rotklee, Trifolium pratense. Blattgrünfreier Ganzschmarotzer als solcher nur von geringem Zeigerwert. Samen sehr klein.

Orobanche lutea, Orobanche rubens
Rötlichgelbe Sommerwurz

Besonders auf Medicago falcata, auch auf Trifolium. Im Jura und im Muschelkalk häufiger als in anderen Gebieten. Ganzschmarotzer mit sehr kleinen Samen. Ohne besonderen Zeigerwert.

Gesamtregister

Vorbemerkung. Die Benützer älterer oder nicht streng nomenklatorisch be= arbeiteter Floren werden bei der Schreibart und der Autorenbezeichnung der Pflanzennamen oft eine beachtliche Ungleichheit finden. Die Entstehung dieses Zustandes sei hier kurz erläutert. Für gewöhnlich trägt jede Pflanze zwei, wenn man den Erstbeschreiber, d. h. den Autor, mit anführt, drei Namen, nämlich den Gattungs=, den Art=Spezies= und den Autorennamen. Die Quecke heißt Triticum repens Linné; Linné hat die Quecke in die Gattung Weizen = Triticum gestellt. Triticum repens L ist der Name des Erstbeschreibers. Nun hat man (Palisot de Beauvais = PB) die Quecke in die Gattung Agriopyrum = Wildweizen und später in die Gattung Agropyrum gestellt (Krause). Heute heißt die Quecke „offiziell", wenn auch physiologisch schlecht begründet, Agropyrum repens (L) Krause. Die Einklammerung (L) bedeutet, daß Linné die Quecke zuerst, aber in einer anderen Gattung beschrieb. Bei Weglassung der Autorennamen bleibt Quecke Quecke und Triticum repens ist so klar wie Agropyrum repens. Nimmt man aber die Gattung Agriopyrum, so heißt die Quecke Agriopyrum repens (L) PB. Alle drei Namen bedeuten mit und ohne Autorennamen Quecke. In schwierigen Gattungen kommt es vor, daß eine Art viele Namen trägt, z. B. die Haftdolde, Caucalis daucoides L. = Caucalis Lappula (Web.) Grande. Das sind die zwei heutigen Namen. Gewöhnlich ist der Artname (Speziesname) ein Adjektiv. Dann wird er natürlich klein geschrieben. Wenn er aber einem Personen= namen, einem Hauptwort oder sonst einem nichtadjektivischen Wort entspricht, dann kann man ihn groß schreiben. (Man kann ihn aber auch klein schreiben.) So findet man folgende Schreibarten:

Delphinium Consólida L. und Delphinium consólida L.
Euphorbia Peplus L. und Euphorbia peplus L.
Centaurea Cyanus L. und Centaurea cyanus L.

Die erstere Schreibweise erscheint korrekter, weil sie z. B. anzeigt, daß Consólida kein übliches Adjektivum ist; die weibliche Endung a wird in diesem Fall nicht als störend zum „Neutrum" Delphinium empfunden, was z. B. bei der Schreibweise Delphinium consólida der Fall ist. Diese Schreibweise gilt als „moderner"; sprach= lich ist sie beanstandbar. Die sehr beachtliche Zeigerpflanze Schmalwand führt heute folgende zwei Namen: Stenophragma Thalianum Cel. und Arabidopsis Thaliana (L) Heynh. Die erste Bezeichnung ist pädagogisch die bessere; bei der strengen Namengebung (Nomenklatur) gilt sie als nicht „ganz exakt". Das Wort Schmalwand ist wegen der weißen schmalen Scheidewand der Schote ungemein anschaulich. Die neuere Bezeichnung Arabidopsis = Scheinkresse (Kressengesicht) ist weniger einprägsam. Linné hat die Art zuerst beschrieben. Man stellte sie dann in die Gattung Arabidopsis. So findet man heute in vielen Floren noch die zwei Namen Stenophragma und Arabidopsis. Insgesamt hat diese Art sogar fünf systematische, gleiches bedeutende, d. h. synonyme Bezeichnungen. Drei von diesen fünf sind völlig überholt. Sie werden aber in größeren Werken aus wissenschaftsgeschichtlichen Gründen aufgeführt. Soviel zu den Art= und Autorennamen, zur Namengebung (Nomenklatur), zur Namenvergleichung (Synonymie), d. h. zur Namensvielfalt bei vielen Arten. Für die biologische Ackerbeurteilung und die Standortslehre sind diese Namensbelastungen bedeutungslos.

A

B

C

*) Galinsoga quadriradiata R. et P. ist auf F 109 miterwähnt.

P

Q

R

S

Hinweise auf Verbesserungen und Druckfehler.

Seite 46, Zeile 6 von oben lies: Consolidae

Seite 85, Zeile 2 von unten lies: Vaillantii

Seite 98, Abb. 35 lies: Silberfingerkraut

Seite 225, Zeile 9 von unten lies: Netzblättrige,

Seite 240, Zeile 16 von oben lies: Sandstiefmütterchen

Tafel 109, Zeile 2 von unten: streiche das 2. convolvulus

Inhaltsübersicht

ALLGEMEINER TEIL

SPEZIELLER TEIL

Ackerbeispiele in ausführlicher Darstellung

BILDTEIL